职业教育"十二五"规划教材

金相分析基础

戴丽娟 主编

化学工业出版社
·北京·

本书共十四个单元，包括金相试样的制备、金相显微镜、偏振光金相分析方法、显微硬度及其应用、电子显微分析、非金属夹杂物的检验、金属断口分析、金属无损探伤基础、结构钢常规金相检验、工具钢常规金相检验、特殊钢常规金相检验、铸钢和铸铁件常规金相分析、零件表面处理后的金相检验、焊接件的金相检验。书中注重内容的精选，力求突出科学性和实用性。同时，注重吸收前沿技术，以拓展学生视野，适应金属热处理、焊接、铸造等热加工技术的新发展。为方便教学，配套电子课件和习题答案。

本书可作为高职高专相关专业的教材，并可供相关工程技术人员参考。

图书在版编目（CIP）数据

金相分析基础/戴丽娟主编. —北京：化学工业出版社，2014.8（2025.1 重印）
职业教育“十二五”规划教材
ISBN 978-7-122-20950-4

Ⅰ.①金… Ⅱ.①戴… Ⅲ.①金相技术-高等职业教育-教材 Ⅳ.①TG115.21

中国版本图书馆 CIP 数据核字（2014）第 128034 号

责任编辑：韩庆利　　　　文字编辑：张绪瑞
责任校对：宋　玮　　　　装帧设计：孙远博

出版发行：化学工业出版社（北京市东城区青年湖南街 13 号　邮政编码 100011）
印　　装：北京虎彩文化传播有限公司
787mm×1092mm　1/16　印张 11¾　字数 280 千字　　2025 年 1 月北京第 1 版第 5 次印刷

购书咨询：010-64518888　　　　售后服务：010-64518899
网　　址：http://www.cip.com.cn
凡购买本书，如有缺损质量问题，本社销售中心负责调换。

定　　价：38.00 元　　

前　言

本教材针对职业岗位的任职要求，把工学结合作为高等职业教育人才培养模式改革的重要切入点，针对金属热处理、焊接、铸造等热加工专业以就业为导向，以能力为本位，以职业岗位技能要求为依据，以促进学生职业生涯发展为目标，与企业专家合作，开发构建了以学习型工作任务为课程内容载体的工作过程系统化课程体系。《金相分析基础》是金属热处理、焊接、铸造等热加工专业教改后课程体系中的一门核心课程，本教材根据金属热处理、焊接、铸造等热加工专业人才培养目标和《金相分析基础》课程教学标准组织编写。

本教材编写过程中，坚持理论知识以应用为目的，注重内容的精选，力求突出科学性和实用性。同时，注重吸收前沿技术，以拓展学生视野，适应金属热处理、焊接、铸造等热加工技术的新发展。本教材共十四个单元，全书由包头职业技术学院戴丽娟主编、统稿并且编写单元一至单元六、单元九、单元十、单元十一和单元十三；包头职业技术学院张瑞负责编写单元八和单元十二；包头职业技术学院部建中负责编写单元七和单元十四，北方重工集团理化中心高级工程师刘霞主审。

编写过程中，得到了北方重工集团理化中心刘霞和内蒙古一机集团有关专家及同行的有益指导，在此一并表示衷心感谢！

本书配套电子课件和习题答案，可赠送给用本书作为授课教材的院校和老师，如有需要可发邮件到 hqlbook@126. com 索取。

由于编者水平有限，书中不妥之处在所难免，敬请读者批评指正。

编　者

目　录

单元一　金相试样的制备

金相试样的制备一般步骤为：取样、镶嵌、标号、磨光、抛光、显示。如果选取的试样形状、大小合适，便于用手握持磨制时，则不必进行镶嵌。检验非金属夹杂物或铸铁中石墨，就不必进行浸蚀。总之，应根据检验的目的来确定制样步骤。

1.1　取样与镶嵌

1.1.1　取样

试样的切取是金相试样制备的第一道工序，若取样不当，则达不到检验目的，因此，切取试样的部位、数量和磨面方向应严格按照相应的标准规定进行。

1.1.1.1　取样部位、数量和磨面方向的选择

取样部位必须与检验目的和要求相一致，使切取的试样具有代表性。必要时应在检验报告中绘图说明取样部位、数量和磨面方向。例如，检验裂纹产生的原因时，应在裂纹部位取样，而且还应在远离裂纹处再取样，以利比较；检验铸件时，应在垂直于模壁的横断面上取样，对于厚壁铸件，还应从表面至中心的横断面上取 3～5 个试样，磨制横断面，由表面到中心逐个进行观察比较。

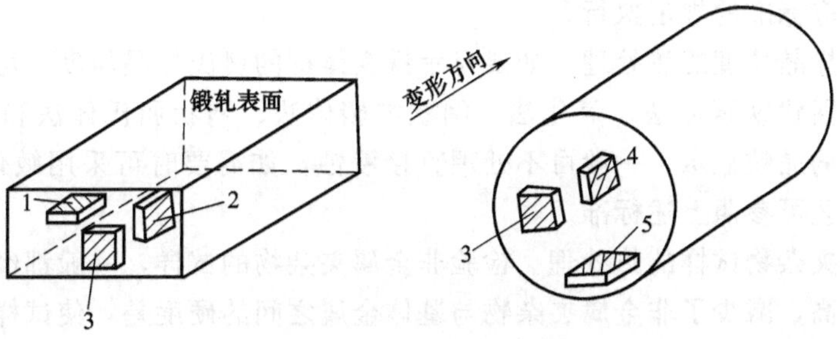

图 1-1　锻轧型材金相试样的切取

图 1-1 表示锻轧型材金相试样的切取方位，其纵断面（图 1-1 中的 1、2、4、5）主要用于：①检验非金属夹杂物的数量、大小和形状；②检验晶粒的变形程度和锻造纤维组织；③检验钢材的带状组织，以及通过热处理对带状组织的消除程度。横断面（图 1-1 中的 3）主要用于：①检验从表面到中心的金相组织变化情况及偏析；②检验表层各种缺陷，如氧化、脱碳、过烧、折叠等；③检验表面热处理结果，如表面淬火的淬硬层，化学热处理的渗碳层、氮化层、碳氮共渗层以及表面镀层等；④检验非金属夹杂物在整个断面上的分布；⑤测定晶粒度等。

一般说来，在进行非金属夹杂物评定时，应磨制纵横两个面；在观察铸件组织、表层缺陷以及测定渗层厚度、镀层厚度、晶粒度等均需磨制横断面；在进行破断（失效）分析时，往往需要切取几个试样，同时磨制纵横两个面进行观察分析。

1.1.1.2 取样方法

金相试样一般为 ϕ12mm×12mm 的圆柱体或 12mm×12mm×12mm 的立方体。若太小则操作不便，若太大则磨制平面过大，增加磨制时间，且不易磨平。由于被检验材料或零件的形状各异，也可以选用外形不规则的试样。不是检验表面缺陷、渗层、镀层的试样，应将棱边倒圆，防止在磨制时划破砂纸和抛光织物，避免在抛光时试样飞出造成事故。反之，凡检验表面组织的试样，严禁倒角要保持棱角完整，并保证磨面平整。

取样方法有多种，可根据取样零件的大小、材料性能、现场实际条件灵活选择。其中最常用的方法是砂轮片切割。一般硬度较低的材料（小于 230HBS）如低碳钢、中碳钢、灰铸铁、有色金属等均可用锯、车、刨等机械加工。硬度较高的材料（约大于 450HBS）如白口铸铁、硬质合金以及淬火后的零件等脆性材料，可用锤击法，从击断的碎片中选出大小合适者作为试样。对于大断面零件或高锰钢零件等，可用氧-乙炔焰气割，但需预留大于 20mm 的余量，以便在试样磨制中将气割的热影响区除掉。

不论采用何种方式取样，都须防止因温度升高而引起组织变化，或因受力而产生塑性变形。如淬火马氏体因温度升高而转变为回火马氏体；裂纹因受热而使之扩展；某些低熔点金属如锌、锡等，因受热而出现再结晶；低碳钢、奥氏体类钢和某些非铁合金等，因受力易引起塑性变形，使滑移线增多或出现孪晶，诸如此类都能使试样原来的组织发生变化，从而导致错误的检验结论。因此，在取样时务必注意试样的冷却和润滑，特别是采用氧-乙炔气割的试样，一定要磨去热影响区。

1.1.1.3 试样的热处理

经取样而获得的试样，有的可直接进行磨制，有的尚需进行热处理后才能磨制。如检验金属的晶粒度、非金属夹杂物、碳化物不均匀度等项目的试样，往往需要热处理。其热处理工艺规程可按相应标准的规定执行。

(1) 显示试样晶粒度的热处理　如要显示铁素体钢的奥氏体晶粒度，可根据材料不同分别采用渗碳法、网状铁素体法、氧化法、网状渗碳体法、网状屈氏体法和直接淬火硬化法等；对奥氏体钢的晶粒显示，一般可不处理直接浸蚀，如需要时可采用敏化处理后再显示。其具体热处理工艺可参照上述标准。

(2) 非金属夹杂物试样的热处理　检验非金属夹杂物的试样，一般都经淬火热处理，淬火后钢的硬度增高，减少了非金属夹杂物与基体金属之间的硬度差，使试样在磨制时可避免夹杂物脱落，保证磨制质量。

(3) 碳化物不均匀度试样的热处理　检验非金属夹杂物的试样，须经淬火和高温回火，浸蚀后使基体呈暗黑色，而碳化物呈白亮色，利于鉴别。

1.1.2 镶嵌

当需检验的材料为丝、带、片、管等尺寸过小或形状不规则的试样时，由于用手不便握持，常采用镶嵌的方法，来获得尺寸适当、外形规则的试样。在检验表层组织时，为防止磨制试样过程中产生倒角，也常采用镶嵌方法。

常用的是有机材料镶嵌法和机械夹持法，一般在取样后用砂轮机、锉刀或粗砂纸将磨面修平，就可以进行镶嵌。

1.1.2.1 机械夹持法

在机械夹持法中，常见的几种机械夹持器如图 1-2 所示。它适用于检验表层组织的试样，磨制时不易产生倒角。夹持器与试样间的垫片多用厚 0.5～0.8mm 铜、铝等薄片，垫片的电极电位应高于试样，才能不被浸蚀。夹具材料可用低、中碳钢，其硬度应略高于试样，以免磨制时产生倒角，保证磨面平整。

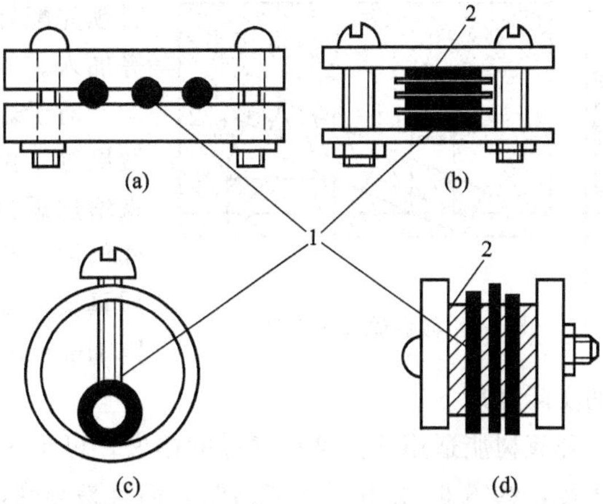

图 1-2 常见的几种机械夹持器
1—试样；2—垫片

1.1.2.2 有机材料镶嵌法

(1) 环氧树脂镶嵌 主要材料为环氧树脂加固化剂等组成。镶嵌时的作用如下：环氧树脂＋固化剂＝聚合物＋热。

固化剂是胺类化合物，其用量应适当。用量过多易使树脂变脆，用量过少则不能充分固化，故一般固化剂的用量约占总量的 10%。常用的几种配方如表 1-1所示。

表 1-1 常用环氧树脂镶嵌配方

序号	原料名称	用量/g	固化时间/h	用途
1	618 环氧树脂 邻苯二甲酸二丁酯 二乙醇胺(或乙二胺)	100 15 10	室温 24 60℃,4～6	较软及中等硬度的金属材料
2	618 环氧树脂 邻苯二甲酸二丁酯 二乙醇胺(或乙二胺)	100 15 13	室温 24 120℃,10 150℃,4～6	固化温度较高,收缩小,适用于镶嵌形状复杂的小孔和裂纹的试样
3	6101 环氧树脂 邻苯二甲酸二丁酯 间苯二胺 氧化铝或碳化硅粉(40μm)	100 15 15 适量	室温 24 80℃,6～8	高硬度试样或氮化层试样

加入耐磨填料是为了提高镶嵌材料的硬度和耐磨性，可用氧化铝、碳化硅以及铸铁屑、石英、水泥等作为填料。对于保护试样边缘防止倒角特别有利。

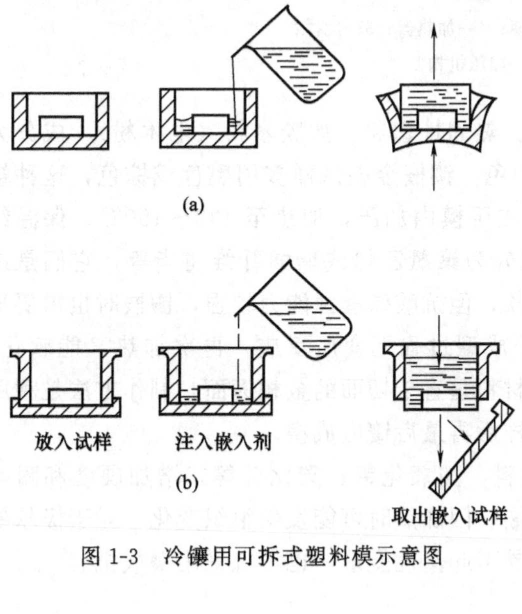

图 1-3 冷镶用可拆式塑料模示意图

镶嵌时首先将欲镶嵌的试样磨面磨平，置于光滑平板上，外部套以适当大小的套管。然后按配方顺序准确称量，搅拌均匀成糊状后浇注，凝固即成。

套管可以是钢管、铜管、铝管等，也可以是塑料管。它可以是一次性消耗的，也可以重复使用。若重复使用时，应在套管和平板上涂一薄层油脂，则便于将镶嵌试样顶出。也有使用可拆式塑料模的，如图 1-3 所示。塑料模的材料常用硅橡胶和聚四氟乙烯塑料等。

在选用上述各种配方时，可将前两种材

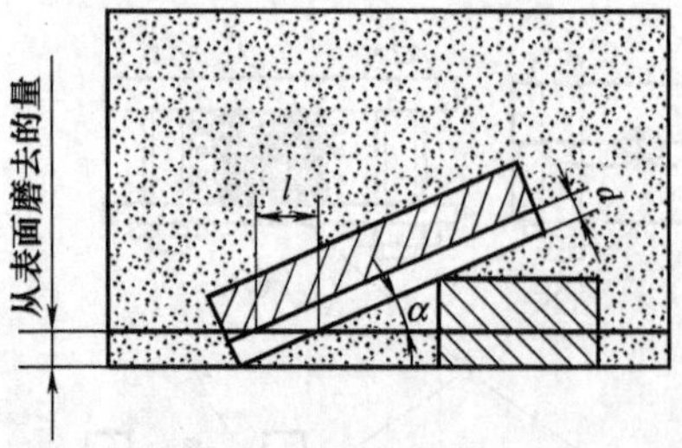

图 1-4 倾斜镶嵌示意图

料预先配好储存备用，使用时再将乙二胺和耐磨填料等加入。

对于表面薄层组织，如渗层、镀层、变形层、扩散层等，由于太薄不易观察和测量，可采用倾斜截面来增加观察厚度，图 1-4 为倾斜镶嵌示意图，被观察试样借助于垫块倾斜置于塑料模中，其倾斜角为 α，若薄层真实厚度为 d，观察到的倾斜镶嵌的薄层厚度为 l，则 $\sin\alpha=d/l$，当 $\alpha=5.7°$时，则 $d=0.1l$，便可求得薄层的实际厚度。

环氧树脂适用于大批量试样的镶嵌，可预先配置，操作迅速简便，无需专用设备，但固化缓慢，约需 6～24h 后才能磨制，而且易因受热而软化，因此对于较硬的材料和热敏感性不高的材料，大都采用热镶嵌法，即用镶嵌机进行镶嵌。

(2) 镶嵌机镶嵌　是在专用金相试样镶嵌机上进行镶嵌，镶嵌机主要由加热器、加压机构和压模装置等组成，如图 1-5 所示。

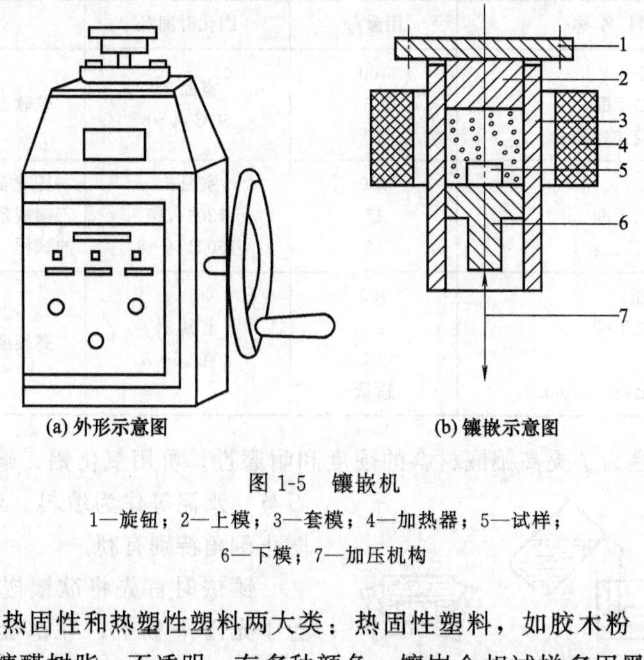

(a) 外形示意图　　(b) 镶嵌示意图

图 1-5 镶嵌机

1—旋钮；2—上模；3—套模；4—加热器；5—试样；6—下模；7—加压机构

镶嵌用塑料有热固性和热塑性塑料两大类：热固性塑料，如胶木粉（电木粉），成分为酚-甲醛树脂或酚-糠醛树脂，不透明、有多种颜色，镶嵌金相试样多用黑色或棕色，这种塑料质地较硬，但抗酸碱浸蚀能力较差，镶嵌时在压模内加压，加热至 130～150℃，保温约 15min 后冷却至 70℃脱模即成；热塑性塑料成分为聚氯乙烯或醋酸纤维树脂等，它们是透明或半透明的塑料，与有机玻璃类似，质地较软，但抗酸碱浸蚀能力较强，镶嵌时也需要加压、加热，加热温度一般为 140～170℃。由于成型过程无变质反应，再次加热又能软化，因此可以回收再用。据此，可获得线材、薄片材料垂直于切面的金相磨面，制作方法是利用热塑性塑料预压成型，再沿纵向锯开，放入试样后再最后镶嵌成型。

在镶嵌机上进行镶嵌时，亦可加入耐磨填料，如氧化铝、碳化硅等，增加硬度和耐磨性。对于淬火马氏体组织的试样不宜采用热镶嵌，因加热时可能发生组织变化；对于极软的金属及合金，如铅、锡、轴承合金等，因加压易引起塑性变形，也不宜采用镶嵌机。

1.2 磨光与抛光

金相试样经过切取、镶嵌后，还要进行磨光、抛光等工序，才能获得表面平整光滑的磨面。图 1-6 表示切取试样后形成的粗糙表面，经粗磨、细磨、抛光后磨痕逐渐消除，得到平整光滑磨面的示意图。

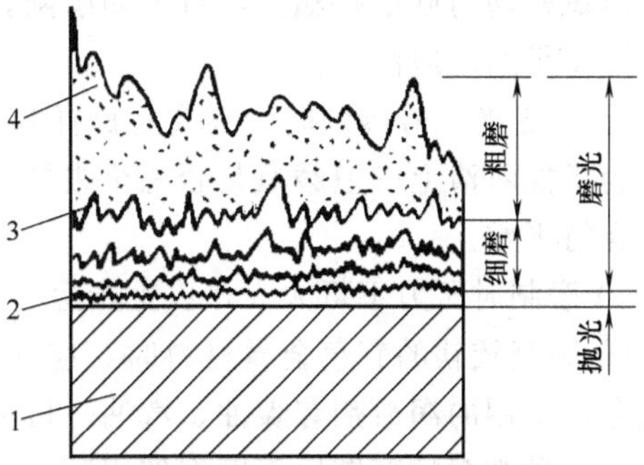

图 1-6 金相试样在磨光、抛光时磨面的变化示意图

1—试样；2—细磨痕；3—粗磨痕；4—切割痕

1.2.1 磨光

磨光的目的是得到平整光滑的磨面。磨面上允许有极细而均匀的磨痕，此磨痕在以后的抛光中消除。磨光分粗磨和细磨两种方法。

1.2.1.1 粗磨

粗磨是将取样所形成的粗糙表面和不规则外形的试样修整成形，再根据检验目的确定磨面方向（纵、横面），并将其修整平坦。粗磨可采用手工操作或机械操作，手工操作适用于极软的非铁合金。一般用锉刀或粗砂纸修整外形和磨面，而不能使用砂轮机，因为软金属容易填塞砂轮空隙，使砂轮变钝，并且使试样表面变形层加厚。机械操作适用于较硬的钢铁材料，可在砂轮机、砂带或磨床上进行修整。砂轮机应是专用砂轮，不能用于其他工具的磨削，否则砂轮侧面不平，粗磨后试样磨面也不平整。一般在砂轮圆周上修整外形，在砂轮侧面修整磨面。

使用砂轮机粗磨时，必须注意接触压力不可过大，试样需冷却，防止受热而引起组织变化。若压力过大，可能使砂轮碎裂造成人身和设备事故，而且极易使磨面温度升高影响组织，并使磨痕加深，给细磨、抛光造成困难。粗磨后将试样和双手清洗干净，以防将粗砂粒带到细磨用的砂纸上，造成难以消除的深磨痕。

1.2.1.2 细磨

细磨是消除粗磨留下的较深磨痕，为抛光工序作准备，一般可分手工细磨和机械细磨两种。

(1) 手工细磨　手工细磨是在由粗到细的各号金相砂纸上进行。金相砂纸的规格，如表 1-2所示。

表 1-2 金相砂纸的规格

磨料微粉粒度号	砂纸代号	尺寸范围/μm	磨料微粉粒度号	砂纸代号	尺寸范围/μm
280	1	～40	1400	07	3.5～3.0
320	0	40～28	1600	08	3.0～2.5
400	01	28～20	1800	09	2.5～2.0
500	02	20～14	2000	010	2.0～1.5
600	03	14～10	2500		1.5～1.0
800	04	10～7	3000		1.0～0.5
1000	05	7～5	3500		0.5～更细
1200	06	5～3.5			

所谓磨料微粉的粒度号，是按规定用目或粒度表示，它们是指标准筛网上每英寸长度上筛孔的数目。

砂纸上涂有碳化硅或氧化铝微粉。将砂纸平铺在玻璃板、金属板、塑料板或木板上，一手紧压砂纸，另一手平稳地拿住试样，将磨面轻压在砂纸上向前平推，然后提起、拉回，在拉回时试样勿与砂纸接触。不可来回磨削，否则磨面易成弧形，得不到平整的磨面。

手工细磨时应注意：

① 每更换一号砂纸时，需要将试样和双手洗净，并转 90°与旧磨痕垂直磨削，转动的目的是为了能看清上一道磨痕是否完全去掉，而且有利于去掉上一道磨制时产生的变形层，使磨面保持平整。

② 磨制时压力不可太大，以免产生过深的磨痕，或使磨面温度升高引起组织变形。

③ 磨制较软的有色金属材料时，应加润滑剂，以免砂粒嵌入软金属表面，减少表面撕裂现象。常用的润滑剂有煤油、汽油、机油或石蜡汽油溶液、甘油 5%水溶液以及肥皂水溶液等。当砂纸磨粒变钝后，磨削作用减小，需及时更换新的砂纸，否则砂粒与磨面会产生滚压作用，使变形层增厚，因此旧砂纸虽未撕破，也不宜继续使用。

④ 凡磨制过硬材料的砂纸，不能再用来磨制软材料，以免硬的微粒嵌在软材料上，造成很深的划痕，抛光时难以除掉。

(2) 机械细磨　机械细磨常用预磨机来加快细磨过程。

预磨机细磨是把由粗到细的各号水砂纸置于旋转圆盘上，加水润滑兼冷却。试样磨面轻压在水砂纸上，沿圆盘径向移动并与旋转方向作反向轻微转动，待粗磨痕完全消除、新磨痕一致后即可。

使用预磨机细磨可提高制样速度，在 3～5min 内可完成细磨工序。操作时应注意安全，防止试样飞出，并遵守手工细磨的注意事项。

常用的水砂纸有 180 号、240 号、320 号、400 号、500 号、600 号、800 号、1000 号等，预磨时可选择粒度不同的几种砂纸。当预磨结束后，将砂纸刷洗、晾干，下次使用前再浸入水中，待平整后使用。

1.2.2　抛光

抛光是金相试样磨制的最后一道工序，目的是消除试样细磨时所留下的细微磨痕，得到平整的镜面。按抛光方式可分为机械抛光和电解抛光。

1.2.2.1　机械抛光

细磨后的试样冲洗后，将磨面置于抛光盘上抛光。按抛光微粉粒度分为粗抛与精抛。粗抛时所用抛光微粉颗粒直径为 1～6μm，精抛时其直径为 0.3～1μm。对较软的非铁合金，必须经过粗抛与精抛才能获得较理想的抛光面，但对钢铁材料，按检验的目的不同，一般经过粗抛即可。

(1) 机械抛光设备　金相用抛光机由电动机带动抛光盘旋转，抛光盘用铜或铝制成，使用时将抛光布固定在抛光盘上，洒以 15%抛光粉悬浮液，抛光盘旋转后将洗净的试样磨面轻压在盘子中心附近，沿径向从中心到盘边往复缓慢移动，并且逆旋转方向轻微转动。

(2) 机械抛光原理　机械抛光是抛光微粉与磨面间的相对机械作用使磨面变成光滑镜面的过程，其主要作用如下。

① 磨削（切削）作用　抛光微粉嵌入抛光织物纤维中，暂时被织物纤维所固定，露出

部分的刃口，抛光时产生切削作用，图 1-7 为抛光时试样磨面被切削的示意图。

② 滚压作用　当抛光盘旋转时，暂时被固定的抛光微粉极易脱出或飞出盘外，这些脱出的抛光微粉，在抛光织物和磨面间滚动，对磨面产生机械滚压作用，使表面凸起的金属移向凹陷处。

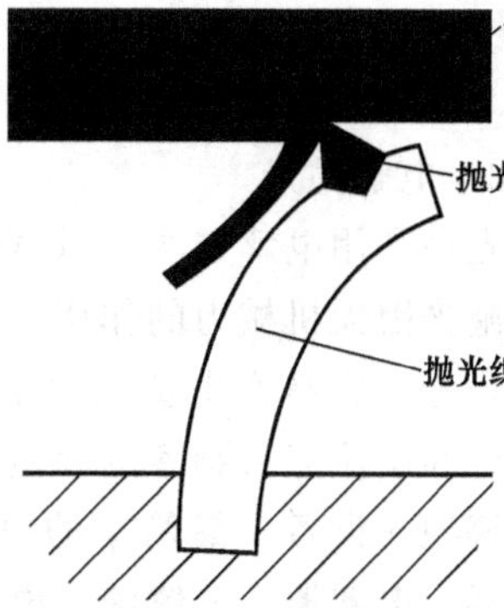

图 1-7　抛光时试样磨面被切削的示意图

(3) 抛光微粉　抛光微粉（抛光粉）是颗粒极细的磨料，要求具有高硬度和一定的强度，颗粒细而均匀，外形呈多角形、刃口锋利。外形越尖锐，磨削作用越强，反之，颗粒呈圆形，只能在抛光布与磨面间滚动，滚压作用强烈。表 1-3 为常用抛光微粉的种类、性能及用途。

表 1-3　常用抛光微粉的种类、性能及用途

材　　料	莫氏硬度	特　　点	适 用 范 围
氧化铝(刚玉,包括人造刚玉)	9	白色透明,外形呈多角形	通用于粗抛
氧化镁	5.5～6	白色,颗粒细而均匀,外形尖锐	铝镁及其合金,非金属夹杂物等精抛光
氧化铬	9	绿色,硬度较高	淬火后的合金、高速钢及钛合金等
氧化铁	6	红色,硬度稍低	较软金属、光学零件
碳化硅(金刚砂)	9.5	绿色,颗粒较粗	粗抛光
金刚石粉(膏)	10	颗粒尖锐,锋利	各种材料的粗、精抛光

(4) 抛光织物　抛光织物即抛光布，在试样抛光时起以下作用：

① 织物纤维能嵌存抛光粉，且能阻止微粉因离心力而散失；

② 能储存部分润滑剂，使抛光顺利进行；

③ 织物纤维与磨面间的摩擦，能使磨面更加光亮。

因此，要求织物纤维柔软，牢固耐磨，不得夹杂硬而粗的纤维。适于抛光的织物有棉、毛织品、丝织品以及人造纤维等。一般粗抛用细帆布、工业毛毡、毛呢等；精抛用金丝绒、法兰绒、纺绸、涤纶和尼龙等。应根据检验目的、试样材料以及现场实际情况灵活选用。

(5) 抛光操作　在抛光过程中应注意以下事项。

① 在抛光时，试样和操作者双手及抛光用具必须洗净，以免将粗砂粒带入抛光盘。

② 抛光微粉悬浮液的浓度为每 1000g 蒸馏水中加入 50～150g 抛光微粉。装在瓶中，使用时摇匀，滴注在抛光盘的中心。

③ 抛光盘湿度以提起试样后，磨面上的水膜在 1～5s 内自行蒸发干者为宜。若湿度过大，会减弱磨削作用、增大滚压作用，湿度过小时，润滑条件差，因摩擦生热而使试样温度升高，磨面失去光泽，甚至形成黑斑。故悬浮液的滴入量应该是“量少次数多，中心向外扩”。

④ 抛光时试样磨面应平稳轻压在抛光盘中心附近，沿径向从中心到盘边缓慢往复移动，并且逆旋转方向轻微转动，防止产生曳尾。一般抛光时间在 2～5min 内可消除磨痕，得到

光亮无痕的镜面，否则应重新细磨。对于不需要金相摄影的，允许个别细微划痕存在，不影响观察。

1.2.2.2 电解抛光

电解抛光是利用电解方法，以试样表面作为阳极，逐渐使凹凸不平的磨面溶解成光滑的平面。电解抛光因无机械力的作用，并兼有浸蚀作用，能显示材料的真实组织，适用于硬度较低的单相合金、容易产生塑性变形而引起加工硬化的金属材料，如奥氏体不锈钢、高锰钢、非铁合金和硬质点易剥落的合金试样的抛光。

(1) 电解抛光设备　最简单的电解抛光设备装置如图 1-8 所示，它包括阳极（试样）、阴极、搅拌器、电解槽、电解液、电流计等部件。试样为阳极，选用不锈钢、铝板或铅板为阴极，其面积不小于 50mm^2（或大于试样 2～3 倍）。用导线将阳极和阴极悬挂在电解液中，使试样磨面与阴极极板平行相对，其间距为 25～30mm。接通直流电，电解槽置于冷却水槽中，插入温度计测温。为使电解液温度均匀，防止在两极间因升温而发生爆炸，需用搅拌器进行搅拌。盛装电解液的容器多用玻璃或陶瓷缸。此外在线路中还装有电流表、电压表和可变电阻器以便观测控制。

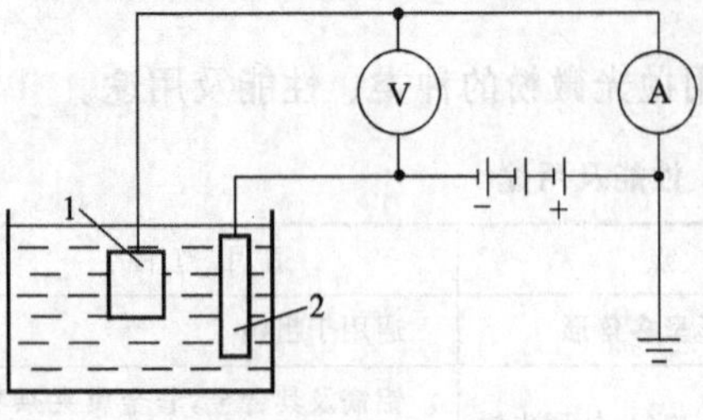

图 1-8　电解抛光设备装置示意图

1—阴极；2—阳极

(2) 电解抛光原理　电解抛光是一个较复杂的电化学溶解与物理化学变化过程，常用薄膜理论来解释电解抛光过程。图 1-9 为电解抛光原理。图 1-9 (a) 为试样（阳极）表面形成一层厚薄不均匀的黏性薄膜，试样凸起部分的薄膜厚度比凹陷处的薄，薄膜越薄，电阻越小，因而凸起部分逐渐变平坦，如图 1-9 (b) 所示。

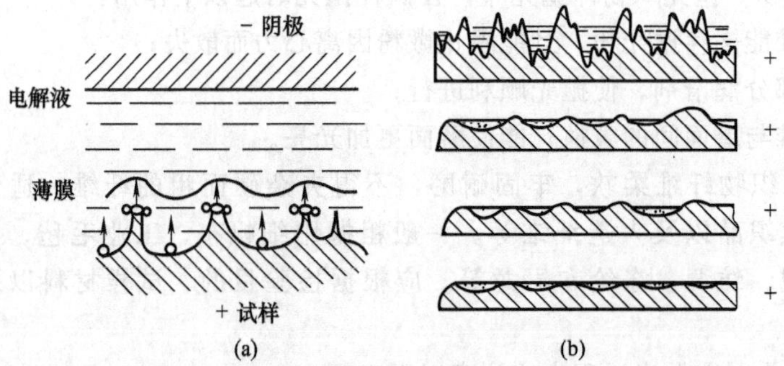

图 1-9　电解抛光原理

由此可见，欲使电解抛光过程正常进行，必须要形成稳定的薄膜。而薄膜的稳定性与试样的材料、电解抛光液的成分、电压、电流密度等因素有关，其中最主要的因素是电压和电流密度。通过实验，可获得电压和电流的关系曲线，这一曲线称为电解抛光特性曲线。

(3) 电解抛光操作　进行电解抛光的试样，需经粗磨、细磨至 02 号金相砂纸。根据试样材料选择适当的电解液，容量为 500～1000mL。抛光前首先检查线路接通电源，大多使用直流电源，一般小于 50V。再将试样置于电解液中，并调整电压和电流。抛光时间由几秒至四五分钟。抛光结束后立即取出试样，切断电源，冲洗试样。因电解抛光伴有浸蚀作用，故在金相显微镜下就能观察其组织。

在电解抛光过程中，要不断搅拌电解液，以免两极间的电解液因温度过高而发生爆炸；严格控制电解液温度，若超出使用温度范围，可通水冷却。

此外，抛光的方法还有化学抛光法和复合抛光法。

1.3 金属显微组织的显示

金相试样抛光面是平整光亮、无痕的镜面，置于金相显微镜下观察时，除能看到非金属夹杂物、孔洞、裂纹、石墨和铅青铜中的铅质点，极硬相的浮凸外，仅能看到光亮一片，看不到显微组织。必须采用适当的显示（浸蚀）方法，才能显示出组织。

显微组织显示方法很多，可分为化学显示、电解显示和其他显示等。其中化学显示法具有显示全面，操作简单迅速、经济、重现性好等优点，故在生产及科研中广泛应用。

化学浸蚀法是将抛光好的金相试样，浸入化学试剂中，显示出显微组织的方法。

1.3.1 化学浸蚀原理

化学浸蚀是化学和电化学腐蚀的过程。由于金属材料中的晶粒之间，晶粒与晶界之间，以及各相之间的物理化学性质不同，具有不同的自由能，在电解质溶液中具有不同的电极电位，可组成许多微电池，电位较低部位是微电池的阳极，溶解较快，溶解的地方则呈现凹陷或沉积反应产物而着色，如图 1-10（a）所示。在显微镜下观察时，光线在晶界处被散射，不能进入物镜而呈现黑色晶界；在晶粒平面上的光线散射较少，大部分反射进入物镜而呈现明亮色的晶粒。图 1-10（b）是纯铁显微组织示意图，黑色为晶界、明亮色为晶粒。

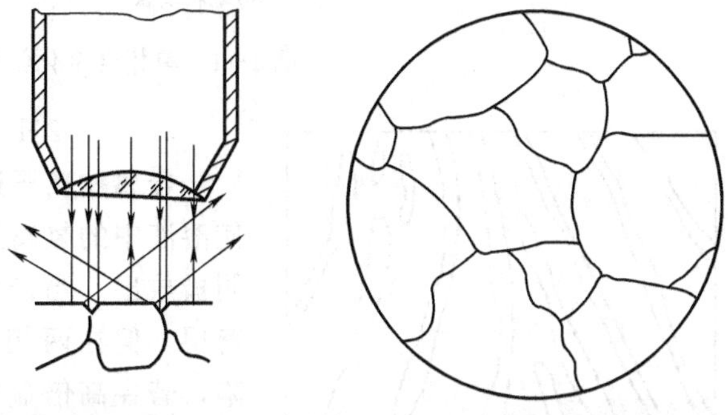

(a) 晶界处光线的散射　　(b) 纯铁显微组织示意图

图 1-10　纯铁组织显示原理

1.3.1.1 纯金属及单相合金的浸蚀

纯金属及单相合金的浸蚀，如图 1-11 所示，图 1-11（a）表示未浸蚀的抛光面；图 1-11（b）为浸蚀时首先溶去浸蚀扰乱层，再溶解晶界。因晶界处原子畸变缺陷及杂质较多，具有较高的自由能，晶界上的电极电位低于晶粒内部，二者构成微电池，其结果是晶界处被浸蚀凹陷。一般试样均浸蚀到此程度为宜。若继续浸蚀，则如图 1-11（c）所示，这时晶粒内也开始溶解，而且溶解大多是沿原子密排面进行，结果使原子密排面裸露出来。因磨面上各晶粒的位向不同，故各晶粒的浸蚀平面和原来平面倾斜角度不同，在垂直光照射下显现明暗不一的晶粒。

1.3.1.2 多相合金的浸蚀

多相合金的浸蚀比较复杂，不仅有化学腐蚀作用，同时还有电化学腐蚀作用。由于各相的电极电位不同，在浸蚀剂中将发生电化学腐蚀作用。例如在片层状珠光体组织中，是由铁素体和渗碳体片层相间所组成的，如图 1-12 所示。铁素体的电极电位为－0.5～－0.4V，渗碳体约为 0.37V，在稀硝酸浸蚀剂中铁素体为阳极，渗碳体为阴极，其电化学反应式为

$$Fe \longrightarrow Fe^{2+} + 2e \text{（阳极反应）}$$

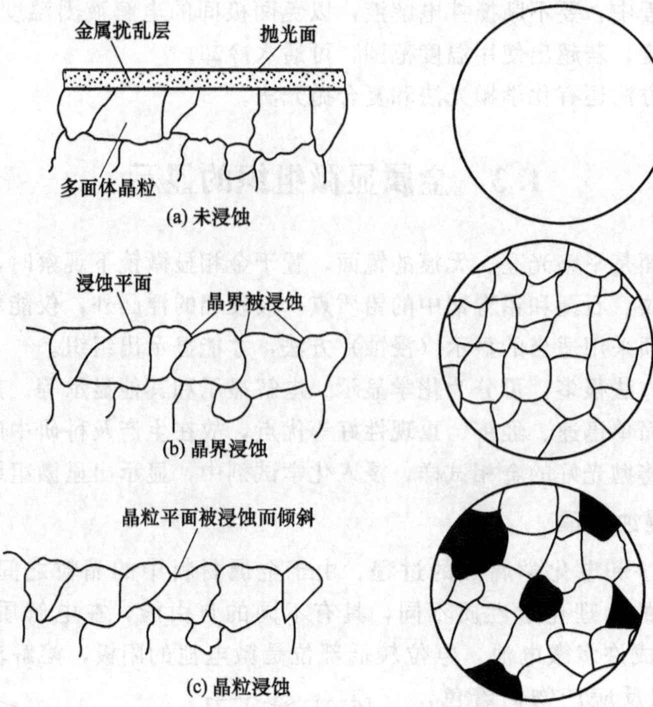

图 1-11　单相合金化学浸蚀示意图

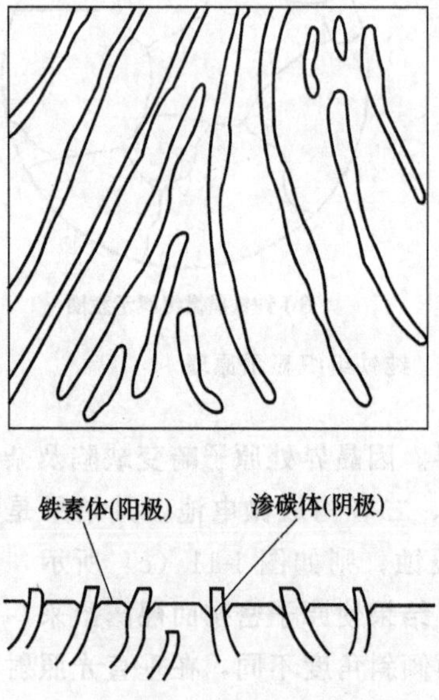

图 1-12　珠光体显示原理示意图

$$2H^- + 2e \longrightarrow H_2\uparrow \text{（阴极反应）}$$

金属铁离子进入溶液，而过剩的电子则迁移至阴极，使溶液中的氢离子放电生成中性原子，进而结合成 H_2 从阴极放出。当浸蚀时间适当时，铁素体被均匀地溶去一薄层，但在两相交界处（相界面）则被浸蚀较深呈现凹陷，若在高倍显微镜下观察时，能看到在渗碳体周围有一圈黑线围绕着，显示出两相边界。

1.3.2　化学浸蚀操作

常用的化学浸蚀剂为 10% 的硝酸酒精溶液，一般浸蚀过程是：冲洗抛光试样→酒精擦洗→浸蚀→冲洗→酒精擦洗→吹干。

将试样抛光面向上，完全浸入浸蚀剂中，再轻微移动试样，使浸蚀剂在磨面上缓慢流动，促使气泡逸出，观察磨面由镜面完全变成灰暗色，然后取出试样，再经冲洗、吹干即可。若暂时不观察，切勿用手触摸，可置于干燥器中保存。

在浸蚀时应注意浸蚀时间及其深浅程度，浸蚀程度取决于观察时的放大倍数和操作者的经验，一般需几秒至几分钟，当抛光面失去光泽变成灰暗时即可。高倍观察宜浅浸蚀，低倍观察可深浸蚀，以在显微镜下能清晰呈现组织为准。如浸蚀过度时，需重新细磨、抛光后再浸蚀。若浸蚀不足，可直接进行第二次浸蚀，如果能重新抛光一下再浸蚀，其效果最佳。

1.4　金相组织的胶膜复型

上述金相试样的制备，均需切取试样，但对某些大型机件、构件以及曲面、管道内壁、断口、放射性材料等，在不允许破坏取样检验的情况下，则可采用胶膜复型法，复制成薄膜样品，在金相显微镜或生物显微镜下进行观察。

1.4.1　胶膜复型原理

胶膜复型过程如图 1-13 所示，它是将预先制备好的胶质溶液滴在浸蚀面上，如图 1-13（a）所示，再用透明胶片覆在溶液上，使试样浸蚀面与胶片粘合，如图 1-13（b）所示，并将气泡和多余的溶液挤压除去，最后凝固成膜，如图 1-13（c）所示。经 10～20min 薄膜干燥后，再将其剥离取下，如图 1-13（d）所示，就得到透明的薄膜复型样品，将其平展于玻璃片上，置于显微镜下观察。

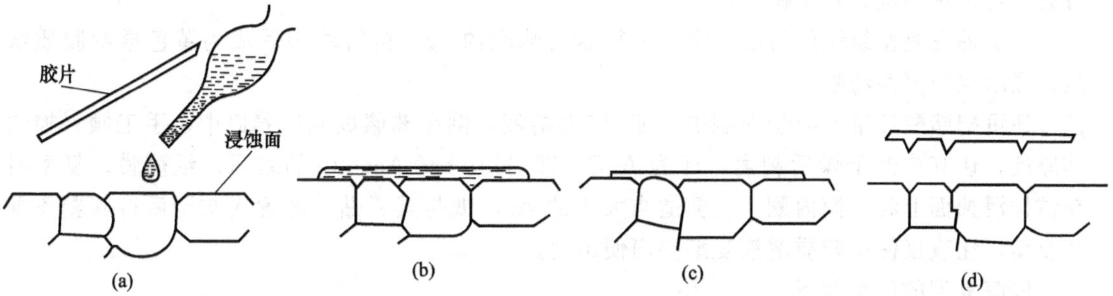

图 1-13　胶膜复型过程示意图

薄膜样品上的浮凸与浸蚀面上的凹凸恰好相反，浸蚀面上的凹陷部位，恰是薄膜上的凸起部分，此处的薄膜较厚；反之，浸蚀面上凸起处正是薄膜上的凹陷处，膜厚也相应较薄。由于胶膜复型在厚度上存在着微观差异。若用生物显微镜观察复型时，膜上厚处透过的光线较少而呈现暗色，薄处透过的光线多而呈现明亮色，如图 1-14（a）所示。图 1-14（b）所示表示在金相显微镜下观察复型时，光线投射在复型上与投射在试样浸蚀面上，所发生的反射和散射是一样的。图 1-14（c）表示在金相显微镜下观察浸蚀面所呈现的显微组织。由此可见，三种观察方法所看到的显微组织的衬度效果是相同的。

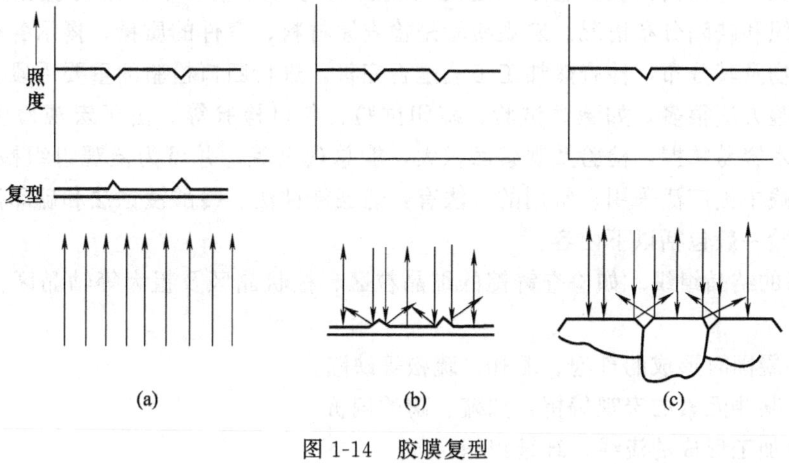

图 1-14　胶膜复型

1.4.2 胶膜复型制作技术

1.4.2.1 试样的磨制和浸蚀

对于不允许破坏取样的大型机件的检验面，需用手工或大型工件金相检查仪进行粗磨、细磨，化学抛光或电解抛光，深度浸蚀。若使用大型工件金相检查仪时，该仪器备有小型手提式砂轮组（供粗磨、细磨）和电解抛光装置。当抛光面冲洗干净后，可用吸管吸取浸蚀剂，滴于抛光面上，浸蚀程度宜深不宜浅，再经流水冲洗、酒精冲洗、吹干即可。

1.4.2.2 胶质溶液的配制

胶质溶液的配制有两种方法：一是将醋酸纤维或硝酸纤维透明胶片剪碎，用3～5g溶于100mL乙酸乙酯或丙酮中，经搅拌溶解后即为透明胶质溶液；二是将去除乳剂的照相底片（胶片）3～5g，溶入100mL三氯甲烷中，经搅拌溶解后成为乳白色胶质溶液，再加入酒精约3mL，即成无色透明胶质溶液，若透明度不够，可再加酒精直至透明。

去除胶片上乳剂的方法：将胶片浸入30%氢氧化钠水溶液中，稍经加热直至乳剂完全溶去，再用水冲洗、晾干待用。

为了提高复型组织的衬度，常加入微量苦味酸约1g，溶解均匀后成为黄色透明胶质溶液，显示组织更为清晰。

还可把醋酸纤维素溶于丙酮中，配制7%溶液，倒在玻璃板或培养皿中，手工倾斜控制其厚度，让其自然干燥后剥离，即为A.C（即Collulose Acetate的缩写）纸薄膜。复型时在试样浸蚀面上滴一滴丙酮，再剪适当大小的A.C纸与其紧贴，静置或吹干后将其剥离即为复型，比直接使用胶质溶液复型要简便迅速。

胶膜复型的优点如下。

① 操作简便迅速，可在现场复制供显微镜观察和照相的薄膜样品；

② 复型不受工件尺寸和形状限制，凡是人手可及的部位，如齿轮齿顶、管道内壁、轴颈曲面以及断口和宏观缺陷等，均可复型；

③ 复型显示的组织较清晰，可供拍摄金相照片，复型可长期保存，不会锈蚀；

④ 复型材料和设备简单，在金相或生物显微镜下均可观察。

1.5 宏观检验

宏观检验又称低倍检验，它是通过肉眼或放大镜（20倍以下）来检视金属材料及其制品的宏观组织和缺陷分布情况。宏观检验是检查原材料、零件的质量，揭示各种宏观缺陷和非金属夹杂物及其分布，检查热加工工艺是否完善，进行断口检验的重要手段。

宏观检验方法很多，如酸蚀试验、硫印试验、断口检验等。由于宏观检验所用设备简单，操作技术容易掌握，检验及观察面积大，能总观全貌，并可为微观组织检验提供信息。故在生产实践中被广泛采用。常用的方法有：热酸浸蚀法、冷酸浸蚀法和硫印试验法等。

宏观检验一般包括以下内容：

① 铸态的结晶组织。如检查铸锭的细晶粒区、柱状晶区及粗大等轴晶区。铸态的树枝状组织等。

② 铸件凝固时形成的气泡、缩孔、疏松等缺陷。

③ 钢中某些元素的宏观偏析，如硫、磷的偏析。

④ 压力加工形成的流线、纤维组织。

⑤ 热处理零件的渗碳层、淬硬层及脱碳层等。

⑥ 各种焊接缺陷和焊缝宏观组织。

⑦ 非金属夹杂物、白点、发纹、裂纹和断口等。

1.5.1 热酸浸蚀法

1.5.1.1 热酸浸蚀的基本原理

热酸浸蚀属于电化学腐蚀过程，由于试样化学成分不均匀和各种缺陷的存在，造成不同的电极电位，组成许多微电池，其中电位较高者为阴极，不被腐蚀，电位较低者为阳极而产生腐蚀。若用盐酸为浸蚀试剂，其反应为：

阳极反应 $Fe \longrightarrow Fe^{2+} + 2e$

$Fe \longrightarrow Fe^{3+} + 3e$

由于电子从阳极流向阴极，铁失去电子而氧化，则阳极被腐蚀。

阴极反应 $HCl \longrightarrow H^{+} + Cl^{-}$

在阴极（相）上 $2H^{+} + 2e \longrightarrow H_2 \uparrow$

$Fe^{2+} + 2Cl^{-1} \longrightarrow FeCl_2$（灰绿色）$\downarrow$

$Fe^{3+} + 3Cl^{-1} \longrightarrow FeCl_3$（棕褐色）$\downarrow$

酸液加热至70℃左右时，电极反应更加激烈，加速了阳极的浸蚀过程。

1.5.1.2 热酸浸蚀设备

(1) 酸蚀槽 一般为铸铅槽、塑料槽、耐酸瓷盆或辉光岩混凝土槽等。其大小按生产规模、零件大小自行设计。盛酸槽必须坚固耐用，防止碎、裂、漏造成环境污染。

(2) 碱水槽 一般为水泥槽，盛装用工业纯碱 Na_2CO_3 配制的3%～5%碱水溶液，用来中和酸蚀试样上的残留酸液，故也叫中和槽。

(3) 加热设备 用来加热浸蚀试剂，常用电阻加热和蒸气加热设备。

(4) 流水冲洗槽 一般为水泥槽，用来冲洗试样。

(5) 抽风和吹风设备 用来防止酸蒸气危害人体健康和吹干试样，防止试样生锈。

1.5.1.3 热酸浸蚀操作过程

(1) 试样制备 试样切取的部位、数量和状态应按有关标准、技术条件或双方协议规定进行。若无规定时，可在钢材（坯）上按炉（批）抽取两块试样。生产厂应在缺陷最严重部位取样。一般取横向试样，其厚度约20mm。有时也取纵向试样，其长度为直径或边长的1.5倍。钢板试样的长度为250mm，宽为板厚。常用剪、锯、切割等方法取样，不论用哪一种方法，都必须留加工余量。

试样磨制与金相试样制备相同，使表面粗糙度 Ra 数值不大于1.6μm（磨至02或03号金相砂纸）。

(2) 操作过程 热酸浸蚀的操作步骤为：制备试样（Ra 数值为0.8μm）→冲洗→热酸浸蚀→热水刷洗→中和→热水冲洗→吹干→观察表面缺陷。

热酸浸蚀用的试剂，一般为1∶1工业盐酸水溶液（容积比），加热至（70±5）℃使用，其他试剂见表1-4。浸蚀时间与钢材成分、状态、表面粗糙度、检验目的以及试剂新旧程度等有关，以其宏观缺陷能清晰呈现为宜，一般为5～40min。若浸蚀过浅尚可继续浸蚀，如浸蚀过深时，则需除去1mm后重新磨制，然后再浸蚀。

表 1-4 热酸浸蚀试剂和浸蚀时间

成　　分	应 用 范 围	浸蚀时间/min
1∶1工业盐酸水溶液，(70±5)℃	易切削结构钢	5～10
1∶1工业盐酸水溶液，(70±5)℃	碳钢，合金钢，轴承钢，高速钢等	10～40
盐酸10份，硝酸1份，水1份，60～70℃	不锈钢，耐热钢等	25～40
5%硝酸水溶液，(50±5)℃	黄铜，青铜	5～10
盐酸10mL，硝酸10mL，(70±5)℃	铜合金	5～10
10%～15%氢氧化钠水溶液，(65±5)℃	铝合金枝晶及其缺陷	2～5

热酸浸蚀操作过程是：首先将配制好的酸液盛于酸蚀槽内并进行加热，将磨制好的试样，用蘸有四氯化碳的棉花把试样上的油污擦洗干净。为了便于操作，可用塑料粗铜丝包芯线捆扎试样，使磨制面向上。然后将试样置于酸液中热蚀，经过一定时间后，取出试样除去包扎的塑料包芯线，并将试样置于流动的清水中冲洗，试样表面上的腐蚀产物可用尼龙丝板刷或软毛刷轻轻洗刷（千万不能用棉花擦洗）。刷洗必须均匀，如刷洗不均会留下类似偏析状的腐蚀产物，就会影响评定结果。为了将余酸冲洗干净，可将试样在稀碱液中中和，常用的中和溶液为3%～5%碳酸钠水溶液或2%氢氧化钠水溶液。之后，再向试样喷淋沸水，并在电热吹风机前吹干。吹热风时，试样面应稍为倾斜，使试样面上的水溶液能均匀地被逐次吹干，不产生水渍。经过上述操作后，便可用肉眼或放大镜来观察浸蚀面。

1.5.2 冷酸浸蚀法

冷酸浸蚀法是用一定成分的浸蚀试剂，在室温下对金属材料进行浸蚀（擦蚀或浸入），以显示其低倍组织及缺陷的方法。其浸蚀作用较热酸浸蚀缓慢，浸蚀时间较长。

1.5.2.1 冷酸浸蚀的应用范围

冷酸浸蚀适用于以下情况：

① 零件过大不易切取试样，或无法加热进行热酸浸蚀者；

② 已加工成形的零件，若进行热酸浸蚀，将有损于表面粗糙度；

③ 已经过热处理硬化的零件，内应力较大，若进行热酸浸蚀则易开裂；

④ 对于淬火软点、硬化层等缺陷，用热酸浸蚀不易显示者。

1.5.2.2 冷酸浸蚀操作过程

冷酸浸蚀法对试样的制备要求，与热酸浸蚀法相似，仅表面粗糙度更严格，*Ra* 数值应不大于0.8μm，一般用金相砂纸磨至03～04号即可。使用的浸蚀试剂种类较多，如表1-5所示。

表 1-5 常用冷酸浸蚀试剂

成　　分	应用范围
盐酸500mL，硫酸35mL，硫酸铜150g	钢与合金钢
氯化铁200g，硝酸300mL，水100mL	
盐酸300mL，氯化铁500g，加水至1000mL	
10%～20%过硫酸铵水溶液	碳素钢与低合金钢
10%～40%硝酸水溶液	
硝酸1份，盐酸2份（王水）	高合金钢
硫酸铜100g，盐酸500mL，蒸馏水500mL	

冷酸浸蚀操作步骤如下：制备试样（Ra 数值为 0.8μm）→冲洗→冷蚀（擦蚀或侵入）→冲洗→中和→热水冲洗→吹干→观察表面缺陷。

1.5.3　硫印试验法

硫印是用来检验硫在钢中的偏析或分布情况的一种方法，它能在整个断面上直观地显示出硫的分布和偏析程度。

硫在钢中以硫化物（FeS、MnS）的形式存在，硫化铁与铁形成共晶体，呈网状分布于晶界上，共晶温度为 989℃，由于低于钢的热加工温度，在热加工时极易产生“热裂”现象，严重影响钢材质量。

1.5.3.1　硫印的基本原理

硫印是利用稀硫酸与钢中的硫发生反应，生成硫化氢气体，硫化氢再与印相纸乳剂层中的溴化银作用，在印相纸上生成棕色硫化银沉淀。其反应如下

$$FeS + H_2SO_4 \longrightarrow FeSO_4 + H_2S\uparrow$$

$$MnS + H_2SO_4 \longrightarrow MnSO_4 + H_2S\uparrow$$

$$H_2S + 2AgBr \longrightarrow Ag_2S\downarrow + 2HBr$$

根据硫化银棕色斑点的数量、大小、色泽深浅及分布的均匀性，来评定碳钢、合金钢的质量。当印相纸上呈现深棕色大斑点时，表示硫的偏析较严重，若呈现浅棕色分布较均匀的小斑点时，表示硫的偏析较轻。

1.5.3.2　硫印操作过程

首先要取样磨制，使检验面粗糙度 Ra 数值不大于 0.8 μm。选用反差较大的溴化银光面印相纸，勿用布纹、绒面印相纸，因为此类相纸接触不良，往往效果不佳。

硫印操作过程如下。

① 配制 5%～10%硫酸水溶液，并配制定影液（20%～25%硫代硫酸钠水溶液）。

② 切取略大于试样检验面的印相纸，药面朝下浸入硫酸水溶液中 2～3min，并不断轻轻摇动，以防气泡附着在印相纸上，致使酸液浸泡不均匀。

③ 取出印相纸，抖掉多余的液滴，使相纸上的液膜均匀，将相纸药面从一边慢慢地紧贴试样磨面，再用橡胶滚筒滚压，以除去气泡，使相纸与磨面紧贴，切不可移动，否则硫印斑点将模糊不清或呈现双影。

④ 印相纸与磨面紧贴 3～5min 后，取下印相纸，进行水洗、定影（15min）、水洗（30min）、上光干燥，切边，就获得一张硫印照片。照片上棕色斑点的大小、分布，就显示出试样检验面上硫的分布和偏析程度；若试样较小，可把浸泡过硫酸溶液的印相纸药面向上，置于一块软橡胶板或纱布上，再将试样检验面向下，紧压在印相纸上即可。

硫印时一般在光线较暗的室内进行。在一个试样磨面上可重复试验两次，但每重复一次，硫印时间至少增加一倍。若需重复试验两次以上者，应将试样检验面磨去 1mm，经过磨制后再重复试验，否则硫印斑点浅淡、模糊不清。

1.5.4　常见宏观缺陷的特征及其产生原因

经过宏观检验后，所呈现的宏观缺陷特征常见的有以下几种。

（1）缩孔　又称缩孔残余或残余缩管，如图 1-15 所示。其特征为在横向截面上的试样轴心处，呈现不规则的空洞或裂纹，严重时试样磨面上也能看到。在空洞或裂纹中往往残留着外来夹杂、疏松和成分偏析等；在纵向截面上，缩孔处可能出现夹层。缩孔严重时其空洞

较大且延伸很深，甚至贯穿横向试样的正反两面，形成缩管。其产生原因是由于钢液在冷凝时，发生体积集中收缩，在热压力加工时又未彻底切除而部分残留下来所致。

(2) 中心疏松　又称收缩疏松，如图 1-16 所示，其特征为在浸蚀试样中心的组织不致密，呈现细小孔隙和小暗点，当疏松严重时，孔隙相互连接而呈海绵状。其产生原因为在钢液凝固后期，中心粗大等轴晶区的晶轴间，没有钢液补充，最后凝固的部分富集了气体、低熔点夹杂物和成分偏析等，极易被腐蚀而呈现海绵状。

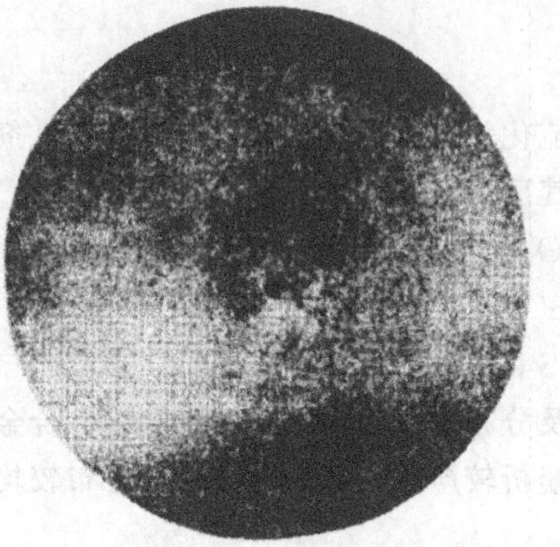

图 1-15　中心缩孔

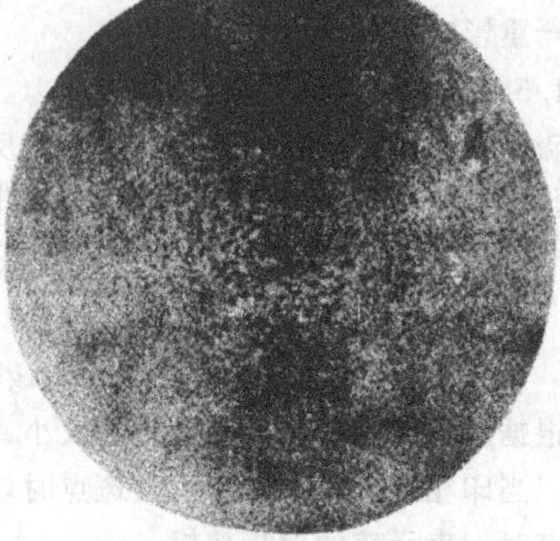

图 1-16　中心疏松

(3) 锭型偏析　又称方框形偏析，如图 1-17 所示，其特征为在横向截面试样上，呈现组织不致密易被腐蚀的暗色方框。其产生原因为钢锭结晶过程由于柱状晶的成长，往往把低熔点组元或气体以及偏析元素推向尚未冷凝的中心区域，但由于中心区等轴晶粒的形成，使其来不及在剩余钢液中充分扩散或上浮到冒口，只能富集在柱状晶区与等轴晶区的交界处。因大多数钢锭是方形的，所以呈现方框形偏析。若经不同程度的热压力加工，方框形状会稍有变形。易腐蚀的暗色方框，主要是碳、硫、磷、合金元素含量较高的偏析区。当偏析以合金元素为主时，方框形与基体主要是颜色上的差别；当偏析以碳、硫、磷为主时，则方框形是易被腐蚀而留下的疏松孔洞。如 20Cr 钢的方框偏析经进一步观察其金相显微组织证明，在方框形的外沿区域中，铁素体量较多而珠光体量较少，碳含量为正常值 $w_C=0.2\%$，在方

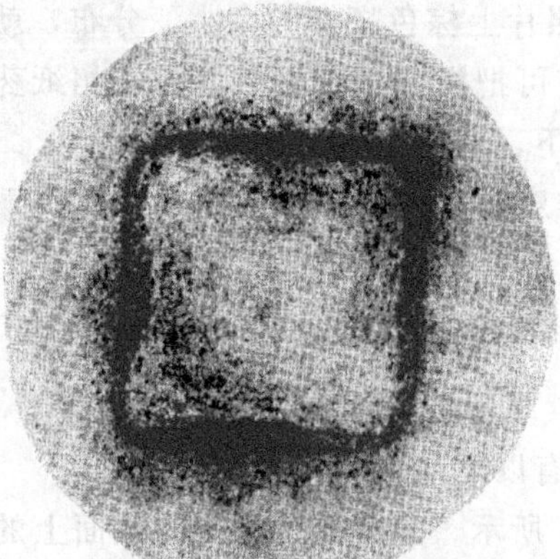

图 1-17　方框形偏析

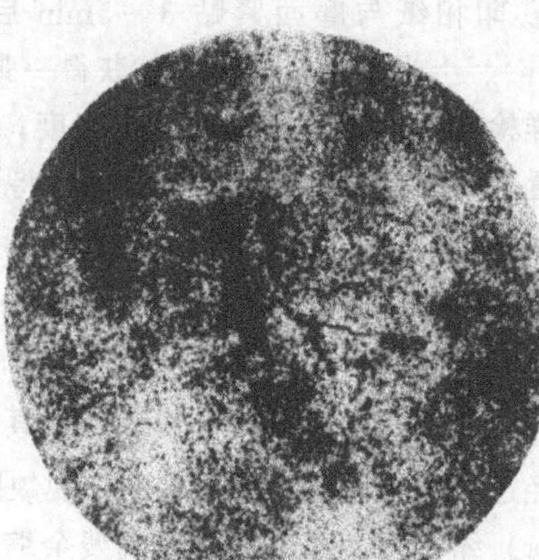

图 1-18　轴心晶间裂纹

框形区域内，铁素体量少而珠光体量增多，$w_C=0.5\%$。说明碳和硫磷杂质等存在成分偏析。

（4）轴心晶间裂纹 常存在于高铬钢和高合金铬镍钢的大锻件、大尺寸截面的轴心处。如Cr25Ti、Cr17Ni2、1Cr13、2Cr13、18Cr2Ni4WA钢和20Cr2Ni4A钢等，如图1-18所示，其特征为在横向截面的试样轴心处，呈现蜘蛛网状或放射状细小裂纹，在纵向截面的试样轴心处，晶间裂纹出现夹层。其产生原因可能是钢液冷凝时体积收缩应力所致。在冷凝后期，由于边缘对中心处的拉应力极大，致使中心处富集气体、夹杂等，最后凝固部分沿着脆弱的晶界而形成了裂纹。另外，若钢液浇注温度过高，也易形成晶间裂纹。

思 考 题

1. 金相试样的制备步骤有哪些？
2. 金相试样的切取方位有哪些？
3. 金相试样在取样时应该注意哪些事项？
4. 金相试样在磨光时应该注意哪些事项？
5. 金相试样在抛光时应该注意哪些事项？
6. 金相试样在显示组织时应该注意哪些事项？
7. 胶膜复型有哪些优点？
8. 宏观检验包括哪些内容？

单元二　金相显微镜

随着科学事业的发展和人们探索自然与改造自然的活动增加，人们迫切希望得到观察微观世界的工具，由于显微镜的发明，突破了人类生理的限制，可将视觉延伸到肉眼无法看到的微观世界中去。因此，显微镜已日益成为各个领域的科学工作者不可缺少的重要工具之一。用于医学、生物学的透射照明显微镜称为生物显微镜；对观察不透明物体的反射照明显微镜一般统称为金相显微镜。很久以前人类就采用各种方法来研究金属与合金的性质、性能和组织之间的内在联系，以便找到保证金属与合金的质量和制造新型合金的方法。但只有在显微镜问世以后，才具备了对金属材料深入研究的条件。现代的金相显微镜已发展到相当完善和先进的程度，已成为金相组织分析最基本、最重要和应用最广泛的研究方法之一。

2.1　透镜的成像原理

透镜是光学仪器的主要元件，它的作用是将光束会聚或者发散，使物像放大或缩小，在显微镜上主要用于成像、聚光和形成平行光束等。

2.1.1　透镜的种类

2.1.1.1　凸透镜

凡是透镜中心厚度大于透镜边缘者称为凸透镜，又称正透镜。当透镜的厚度比球面半径小得多时称薄透镜，如图 2-1 所示。图中定点 O_1 和 O_2 可近似地看作重合在 O 点，O 点称为透镜的光心。凡通过光心的光线不改变方向，通过光心的任意直线叫透镜的光轴。而过两个球心又通过光心的直线叫主光轴，简称主轴。其他光轴叫副光轴，简称副轴。

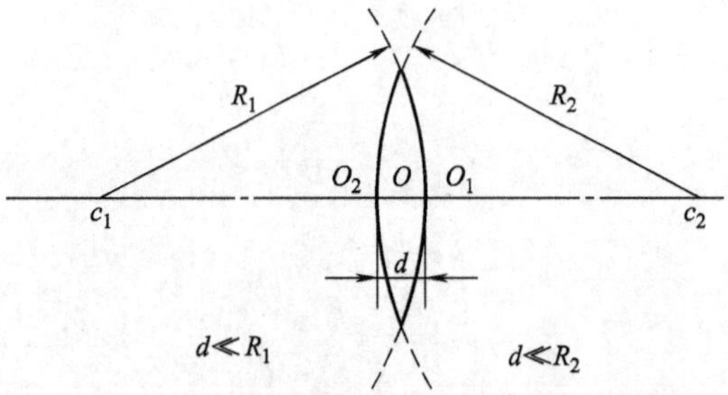

图 2-1　凸透镜

平行主轴的光线经过凸透镜折射、会聚于主轴 F' 点，此点称凸透镜的像方焦点，如图 2-2（a）所示。焦点 F' 到光心 O 的距离叫像方焦距，用 f' 表示。若点光源放在光轴 F 点处，通过透镜后光线变成平行主轴的光线，F 点称凸透镜的物方焦点，如图 2-2（b）所示。F 到光心 O 的距离称物方焦距，用 f 表示。一般 f' 与 f 相等。

若点光源放置在焦点 F 外的某一点 A 处，通过透镜后光线将会聚于像方焦点 F' 外某一对应点 B 处，B 即为点光源 A 经过凸透镜后形成的实像［图 2-2（c）］；若点光源放置于焦点 F 内某一点 A 处，则经过透镜后在另一侧不能会聚。其折射光的延长线相交于光源同侧 F 点以外的相应点 B_1 处。B_1 即为 A 的虚像，如图 2-2（d）所示。

2.1.1.2　凹透镜

凹透镜的特点是透镜中心薄、边缘厚，平行光入射于凹透镜，因折射而被发散，这些发

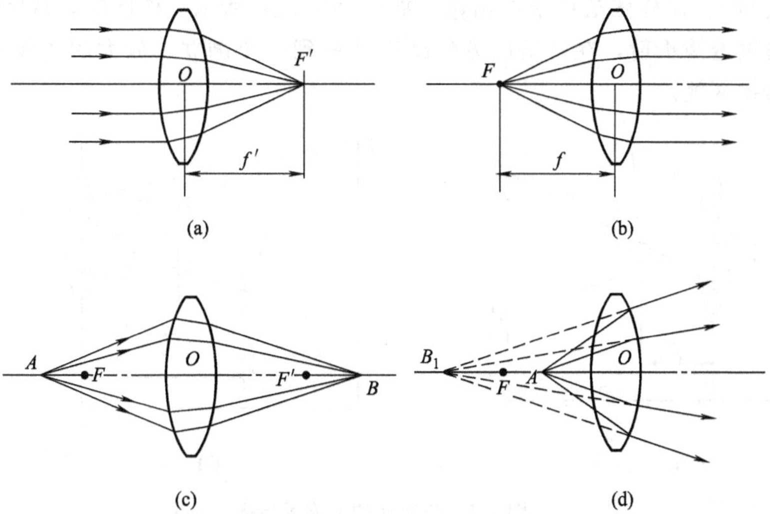

图 2-2 凸透镜的折射与聚焦

散光线的反向延长线交于 F' 点，此点称凹透镜的像方焦点，如图 2-3 所示。经过凹透镜出射的光线必然是发散的或平行的，绝对不会聚焦，所以凹透镜造成的像必然是虚像。

2.1.2 透镜的成像规律

光学系统成像时，无论放大或缩小都应使图像清晰，因而必须使一个物点发出的光线通过光学系统只与唯一的一个像点相对应。而具有一定发光面积的物体，可看作为无数发光点的集合体，因此，同样存在上述关系。通常把物体所在的空间称物空间，像所在的空间称像空间。把物、像空间符合“点对应点、直线对应直线、平面对应平面”关系的像称为理想像。符合这种关系的光学系统称理想光学系统。

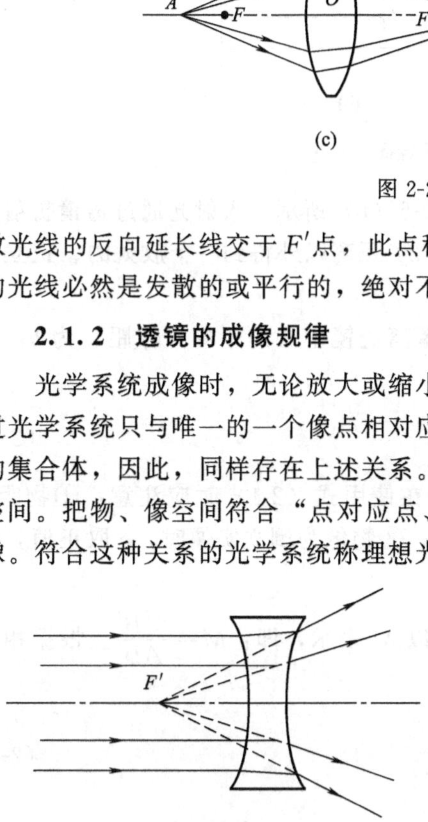

图 2-3 凹透镜的折射

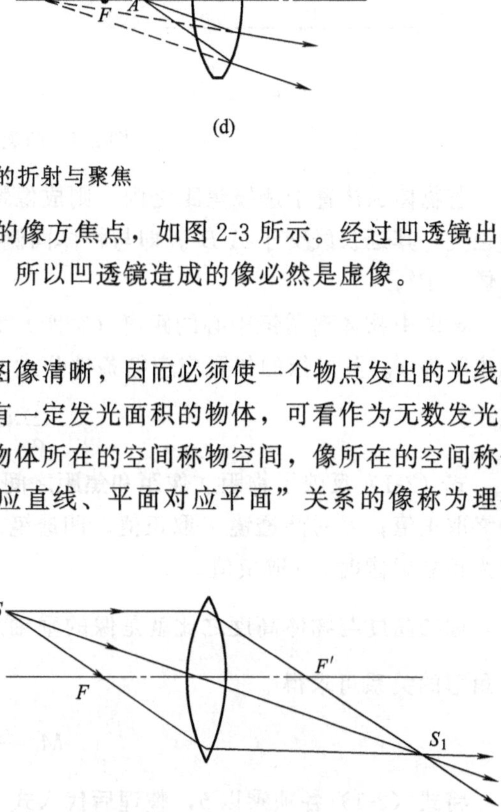

图 2-4 光点的成像规律

在理想光学系统中，物像是从物体各发光点发出的所有光线经过条件折射后分别会聚于各点而组成的，因此可采用几何作图法画出条件成像的规律。在作图时并不需要把物体（点）发出的所有光线都画出来，而只要画出从物点发出的三条特殊光线即可，如图 2-4 所示，这三条光线是：

① 平行主轴的光线，通过透镜折射后穿过焦点。

② 通过条件光心的光线方向不变。

③ 穿过焦点的光线经透镜折射后平行于主光轴。

上述三条特殊光线中，任选其中两条光线在折射后的交点，就是物体上对应的像点，从而可连成物像。

按照透镜的性能，可用作图法求得物像。若 AB 置于透镜的焦点以外，两倍焦距之内

（即 f 到 $2f$ 之间），用作图法可求得物像，如图 2-5（a）所示。作图时，从物体 AB 分别引两条光线，通过透镜折射，在两倍像方焦距以外得到一个倒立、放大的实像 $A'B'$。物体和实像分别在透镜两侧。

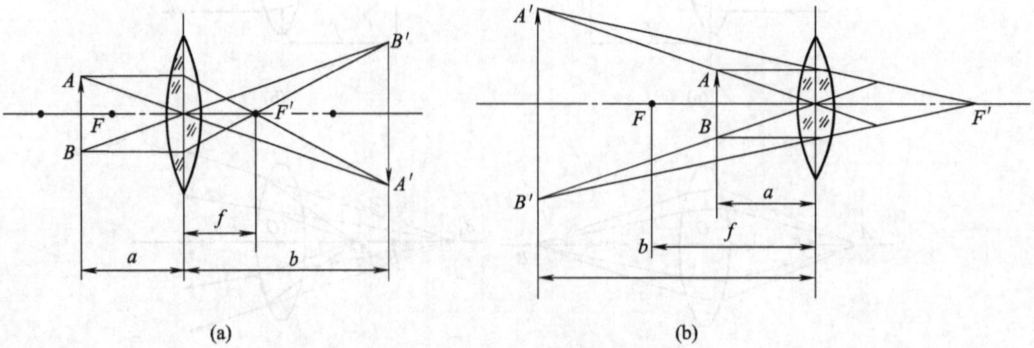

图 2-5 凸透镜的成像示意图

若物体 AB 置于透镜焦距之内，则成像特点如图 2-5（b）所示，入射光通过透镜折射后不相交，其延长线交于 $A'B'$。即与物体同侧在距透镜 $2f$ 距离以外得到一个放大的、正立的虚像 $A'B'$。

设图中物体离透镜中心的距离（物距）为 a，物像离透镜中心的距离（像距）为 b，透镜焦距为 f。其成像的位置应遵循条件公式

$$\frac{1}{a}+\frac{1}{b}=\frac{1}{f} \tag{2-1}$$

式（2-1）反映了物距、像距和焦距之间的关系。在使用式（2-1）时应注意：①物距 a 始终取正值；②对凸透镜 f 取正值，凹透镜 f 取负值；③物像为倒立实像时，b 取正值，物像为正立虚像时，b 取负值。

像的高度与物体高度之比就是像的垂轴放大率，以 M 表示，即：$M=\frac{A'B'}{AB}$。根据相似三角形的关系可求得

$$M=\frac{A'B'}{AB}=\frac{b}{a} \tag{2-2}$$

将式（2-1）各项乘以 b，整理后代入式（2-2）得

$$M=\frac{b}{a}=\frac{b-f}{f} \tag{2-3}$$

由式（2-3）知，当透镜像距一定时，透镜的焦距愈小，放大倍数愈大。

2.1.3 透镜的像差

上述的透镜成像规律都是依据单色近轴光线得出的结论。所谓近轴光线系指夹角很小的光线。而实际光学系统的成像，一般都不是在单色近轴光情况下成像，而是在多色光、宽光束下成像，这种成像与理想成像之间存在着偏离。实际成像与理想成像之间的偏离就是光学系统的像差。像差的存在影响像的清晰度和物、像之间的相似性。

根据产生像差的原因和影响成像质量的性质来看，像差可分为两大类：一类是单色光成像时的像差，如球差、像散、场曲和畸变等；另一类是多色光成像时，由于介质折射率随光的波长不同而变化所引起的像差，称为色像差，它又分为轴向色差和垂轴色差

两种。

各种像差的存在从不同方面影响显微镜的成像质量，在设计制造中应尽量使之减小，但不可能完全消除。因此，使用者应了解各种像差产生的原因，通过适当的操作使像差降低到最小程度。

2.1.3.1 球差

由光轴上某一物点发出的单色光束，经光学系统后并不会聚于一点，而是分成许多个交点分布在光轴的不同位置，从而使光轴上的像点被一个弥散光斑所代替，称光学系统对该物点的成像有球差。

图 2-6 表示光轴上物点 B 发出的单色光束，经透镜边缘的光线折射后交光轴于 B_1'点，离透镜光心的截距为 L_1，而靠近光轴的光线经折射后交光轴与 B_2'点，截距为 L_2。如果把观察屏放在 B_1'、B_2'点之间的任何位置，所看到的都不是一个理想的像点，而是一个弥散的光斑。一般定义上述截距之差（L_2-L_1）为透镜的球差，用符号 ΔL 表示，即

$$\Delta L=(L_2-L_1)$$

由图 2-6 可知凸透镜的球差 $\Delta L>0$；凹透镜的球差 $\Delta L<0$。

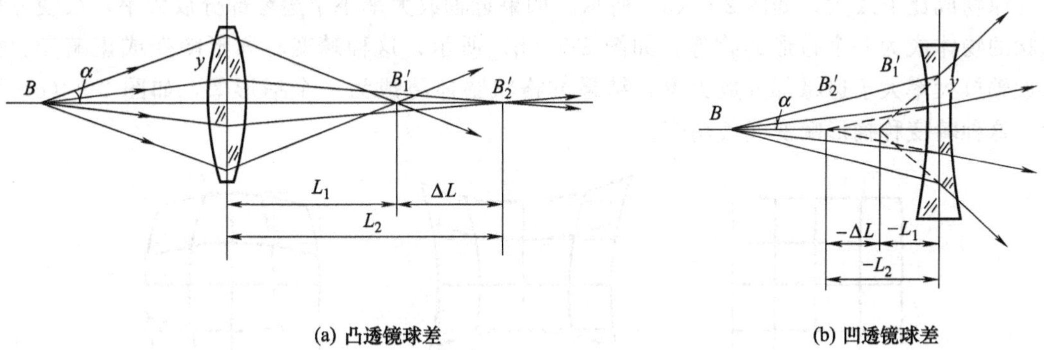

(a) 凸透镜球差　　(b) 凹透镜球差

图 2-6　透镜的球差

同样，偏离光轴的任何物点经透镜折射后也不聚焦于一点，这将使物体放大后的映像变得模糊不清。

球差的程度与透镜的孔径角 α 或光线在光学系统上的高度 y 有关，即球差的大小随 α 与 y 的增加而加大。

由凸、凹单透镜球差的性质可知，如将凸透镜和凹透镜适当地组合起来，即可得到消除球差的光学系统。图 2-7 所示的双透镜组和胶合双透镜就可起到校正球差的作用。在显微镜的物镜中常采用此类组合透镜来减小或消除球差。

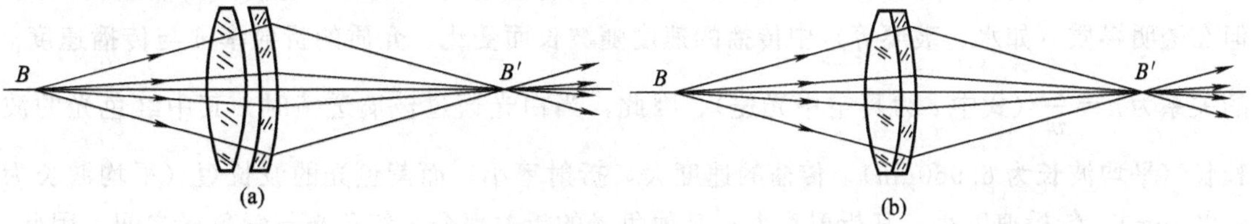

图 2-7　球差的校正

在使用显微镜时，也可采用适当缩小透镜的成像范围来减小球差，但成像范围过小会降低成像质量，常使物像形成浮雕和降低分辨能力。

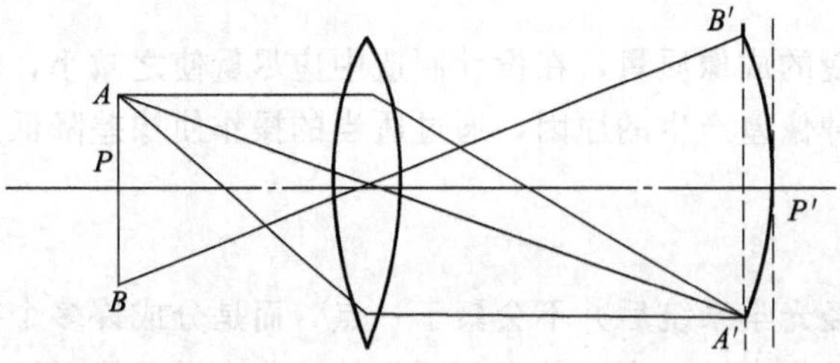

图 2-8　场曲

2.1.3.2　场曲

物体 AB 放置在一垂直于透镜光轴平面上，经过透镜折射后，每一物点均能得到一个像点，但全部像点不在一平面上，即最清晰的像呈现在一个曲面上，这种像差称为场曲（像面弯曲），如图 2-8 所示。

场曲与光学系统中透镜的焦距及其折射率有关。视场愈大，场曲愈严重。为了使大视场内形成平坦而清晰的图像，常采用各种不同折射率的光学玻璃制成复合透镜来校正场曲。如平场物镜就是为了校正场曲而设计的物镜。

2.1.3.3　畸变

影响像与物几何相似性的像差称为畸变。畸变也是由于光束的倾斜度较大而引起的，造成透镜近轴部分的放大率与边缘部分放大率不一致。如果透镜不存在畸变，则物像的任何部位与原物成比例放大，如图 2-9（a）所示。如果近轴放大率小于边缘部分放大率，会使方格网状的物体成为一个鞍形的物像，如图 2-9（b）所示，这种畸变称鞍形畸变或正畸变。如果近轴放大率大于边缘部分放大率，结果方格状物体将成为一个桶形像，如图 2-9（c）所示，这种畸变称桶形畸变或负畸变。

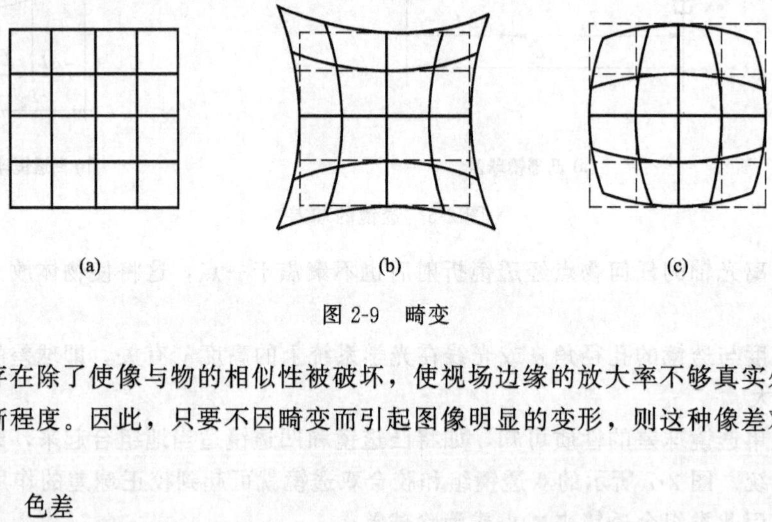

图 2-9　畸变

畸变的存在除了使像与物的相似性被破坏，使视场边缘的放大率不够真实外，它并不影响成像的清晰程度。因此，只要不因畸变而引起图像明显的变形，则这种像差对显微镜观察无多大妨碍。

2.1.3.4　色差

白光是由不同波长的色光组成的。波长不同的各色色光在真空中它们的传播速度相同，但在透明媒质（如水、玻璃等）中传播的速度随波长而变化。介质的折射率 n 与传播速度 v 的关系为 $n=\frac{c}{v}$（式中 c 为真空中光速）。因此，当白光通过玻璃透镜时，其中红色光的波长长（平均波长为 6.960μm），传播的速度大，折射率小；而紫色光的波长短（平均波长为 4.225μm），传播速度小，其折射率大；其他色光的折射率介于红色光与紫色光之间。因此，当光轴上的物点发出的多色光（白光）经过单片透镜成像时，将得到一系列与各色光对应的不重合像点，如图 2-10 所示。这种色差称为轴向色差。通常以红色光和紫色光像点间的轴向距离来表示轴向色差的大小，即 $\Delta L=L_{红}-L_{紫}$。若 $\Delta L>0$ 称色差校正不足，而 $\Delta L<0$ 称

色差校正过头，$\Delta L=0$ 说明各种色光会聚在一点，校正合适。由于轴向色差的存在，在物点使用白光成像时，会出现非点像，而是由许多色点叠集的群像，结果使像模糊不清。

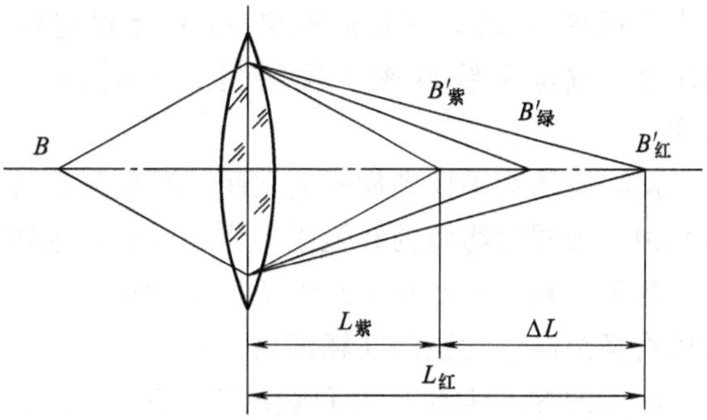

图 2-10 轴向色差

同理，由各色光成像所得的像高也各不相同。红色像最高，紫色像最低。即造成不同色光由于不同的垂轴放大率，这种由不同波长的光在同一像平面上的像高差称垂轴色差，用符号 ΔY_{CF} 表示，如图 2-11 所示。出现垂轴色差时，当物体用白光成像时，在相的边缘会出现由红到紫或由紫到红的色边，使图像模糊不清，物体愈高物像愈模糊。

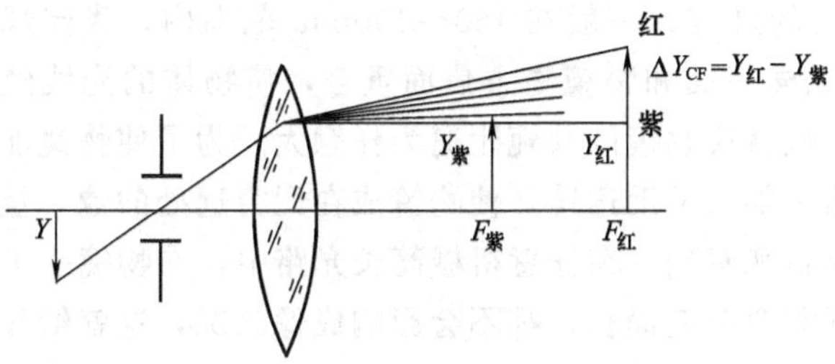

图 2-11 垂轴色差

采用不同折射率的光学玻璃制成组合光学透镜，使前者产生的色差由后者逐级消除，就可减小或消除色差。金相显微镜中的消色差物镜、复消色差物镜等均依此原理设计制成。

2.2 显微镜的成像

2.2.1 显微镜的成像原理

利用凸透镜可以将物体成像放大，但单个透镜或一组透镜的放大倍数是有限的，为此，可以利用另一透镜组将第一次放大的像再次放大，以得到更高放大倍数的像。显微镜就是用这一原理设计的。显微镜中装有两组放大透镜，靠近物体的一组透镜称物镜，靠近眼睛进行观察的一组透镜称为目镜。

图 2-12 为显微镜放大原理。物体 AB 置于物镜的物方焦点（F_1）以外，两倍焦距之内的位置上，通过物镜后可形成一个倒立、放大的实像 A_1B_1，当实像 A_1B_1 位于目镜的物方焦点 F_2 以内时，则目镜又使 A_1B_1 放大，在目镜的物方两倍焦距以外，得到 A_1B_1 的正立

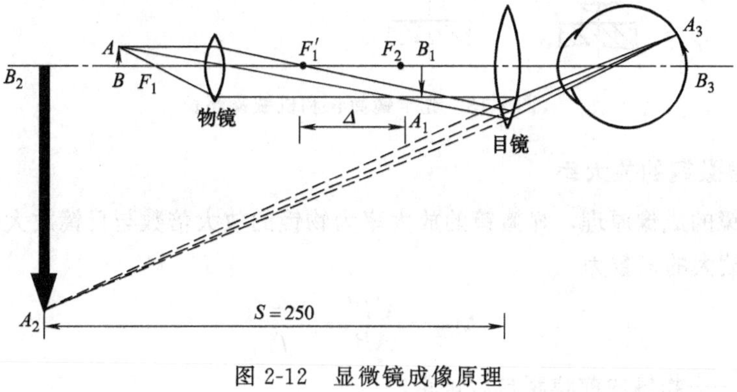

图 2-12 显微镜成像原理

放大的虚像 A_2B_2。这最后映象 A_2B_2 是经过物镜、目镜两次放大后得到的。A_2B_2 又通过眼睛这一光学系统成像于视网膜上（A_3B_3），因而可观察到相对于物体是倒立的放大图像。

从物镜的物平面到像平面之间的距离称物镜的共轭距离。物镜的共轭距离有无限远和有限两种。无限远物镜的共轭距离为∞，有限远物镜共轭距离规定为 195mm。

物镜共轭距离的规定是保证显微镜从低倍物镜转用高倍物镜时仍能保持成像清晰。即从低倍物镜至高倍物镜的共轭距离不变。

物镜的像方焦点 F_1' 和目镜的物方焦点 F_2 之间的距离称为光学镜筒长，用Δ表示（见图 2-12）。物镜的焦距愈长，光学镜筒长愈短。不同型号的显微镜，光学镜筒长不同。

物镜的支承面到目镜镜筒的上端口目镜支承面之间的距离称为显微镜的机械镜筒长，如图 2-13 所示。若镜筒曲折，则机械镜筒长为各段长之和。显微镜机械镜筒长分为有限和任意两种。有限镜筒长的数值各国都有自己的规定，一般在 160～190mm 范围内，我国规定为 160mm。任意镜筒长度，它的特点是试样表面和物镜物方焦面重合，使物体的光线经过物镜后以平行光出射，成像在无限远处，也就说物镜的共轭距离为任意大。为了使物镜能在无限远处的像也能用目镜观察到，在光路中加入补助透镜，使物镜成在无穷远处的像，重新落在目镜的物方焦点 $F_目$ 内侧，就能用眼睛观察到。在任意机械筒长光路中，在物镜一平行光出射到补助透镜那一段光路中，可根据需要改变筒长，都不会影响成像状况，这就给显微镜机械结构的布局和加入各种光学附件、发展多种功能提供了有利条件。

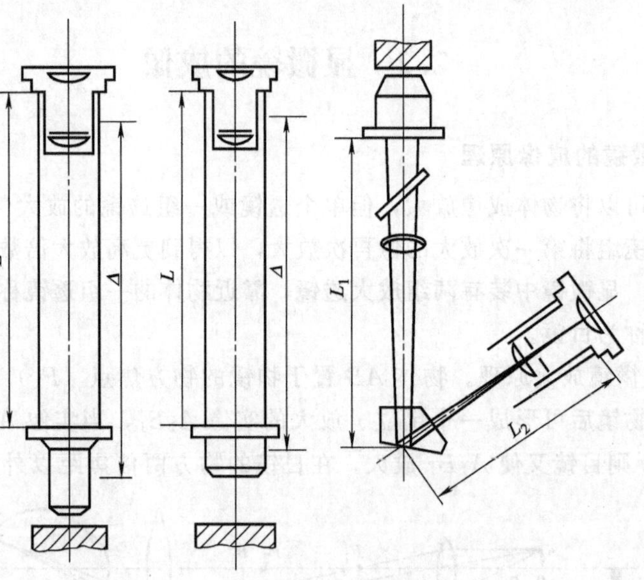

图 2-13　光学镜筒长和机械镜筒长

2.2.2　显微镜的放大率

根据显微镜的成像原理，显微镜的放大率为物镜的放大倍数与目镜放大倍数的乘积。物体 AB 经物镜放大的倍数为

$$M_{物}=\frac{A'B'}{AB}=\frac{\Delta+f_1'}{f_1} \tag{2-4}$$

式中　f_1，f_1'——物镜的前焦距与后焦距；

Δ——显微镜的光学镜筒长。

与Δ相比，物镜的焦距 f_1' 很短，可忽略不计，故式（2-4）可简化为

$$M_{物}=\frac{\Delta}{f_1} \tag{2-5}$$

物像 A_1B_1 经目镜放大的倍数为

$$M_{目}=\frac{A_2B_2}{A_1B_1}\approx\frac{S}{f_2} \tag{2-6}$$

式中 f_2——目镜的前焦距；

S——人眼的明视距离，$S=250$mm。

所以显微镜观察时总的放大倍数为

$$M=M_{物}\ M_{目}=\frac{\Delta}{f_1}\times\frac{250}{f_2} \tag{2-7}$$

通常显微镜设计的最高放大倍数可达 1600～2000 倍，但因受到物镜分辨能力的限制，实际上大多为 100～1500 倍。

2.3 显微镜的物镜和目镜

2.3.1 物镜

物镜是显微镜最重要的光学元件。显微镜的分辨能力及成像质量主要取决于物镜的性能，下面介绍常用物镜的构造及性能特点。

2.3.1.1 物镜的类型

(1) 消色差及平场消色差物镜　消色差物镜对于球差校正限于黄绿光范围，而色差校正为红绿光范围。对其他光区的球差和色差没有校正。这种物镜存在明显的像散和场曲，成像时会出现清晰范围小，中心部位清晰而边缘部位不够清晰或与之相反的情况。但这类物镜结构简单，价格低廉。一般台式显微镜多采用此类物镜。

平场消色差物镜对场曲和像散作了进一步校正，而其他像差的校正和消色差物镜相同。成像时，整个像域清晰、平坦，适用于金相显微摄影。

(2) 复消色差及平场复消色差物镜　复消色差物镜的轴向色差在红、绿、紫三个光区内均已校正，即包含了所有可见光区。球差校正的范围为绿光和紫光区，存在部分的垂轴色差。场曲与一般消色差物镜相似，没有很大改善。它与普通目镜配合使用时图像边缘略带色彩，若与补偿目镜配合则可消除。

复消色差物镜成像清晰，高倍下能获得完善的图像，对光源无特殊要求，白光照明也可得到良好的效果，但结构较复杂，价格较贵，用做精密显微镜的高倍物镜。

平场复消色差物镜除具有复消色差物镜的优点之外，场曲能得到进一步校正，能在范围较大的视场内清晰成像，即映像清晰、平坦，进一步提高了成像质量。适用于黑白、彩色金相显微摄影。

(3) 半复消色差物镜　按像差校正程度而言，半复消色差物镜介于消色差物镜与复消色差物镜之间，但其他光学性质都与复消色差物镜接近。其价格较低，常用来代替复消色差物镜，使用时最好能与补偿目镜相配合。

综上所述，各类物镜及像差校正程度如表 2-1 所示。

表 2-1 各类物镜及像差校正程度

物 镜	球 差	色 差	场 曲
消色差物镜	黄绿光区校正	红绿光区校正	存在
复消色差物镜	绿紫光区校正	红绿紫光区	存在
半复消色差物镜	多个光区	多个光区	存在
平场消色差物镜	黄绿光区校正	红绿光区校正	已校正
平场复消色差物镜	绿紫光区校正	红绿紫光区	已校正

物镜与试样之间的介质为空气时，称干系物镜。而用松柏油作介质的称油浸系物镜。低、中倍放大的物镜均为干系物镜，高倍放大时，常采用油浸系物镜。

2.3.1.2 物镜的构造

不同类型的物镜在结构上差异很大，但均可看作由各种透镜固定在金属圆筒内的复式透镜组。现以放大 10 倍和 45 倍消色差物镜为例说明其构造特点。

图 2-14 为 10 倍（10×）消色差物镜结构。它由两组透镜构成，物镜前组 1 由双凹透镜和双凸透镜胶合而成，因为它固定在物镜前端，故又称前透镜组，它主要起放大作用。物镜后组 4 由一片双凸透镜与一片凹透镜胶合在一起，固定在镜座里，它在物镜前组之后，故又称后透镜组。它主要起校正前透镜组的像差、提高成像质量的作用。两组透镜间隔的距离，要严格符合设计要求。物镜后端有连接螺纹，以便安装在物镜转换器上。物镜外壳装有外套筒 2，防止灰尘浸入物镜内部，同时便于标注物镜的性能参数。图 2-15 为 45 倍（45×）消色差物镜结构。该物镜由三组物镜构成，前透镜 1 为平凸透镜，物镜组 4、5 均由双凸透镜和凸凹透镜胶合而成。物镜座 2 放在物镜外壳 7 之内并依靠弹簧 8 维持在最前端。中、高倍物镜工作距离短，为了防止调焦时操作失误损坏镜头，内装弹簧可起缓冲保护作用。

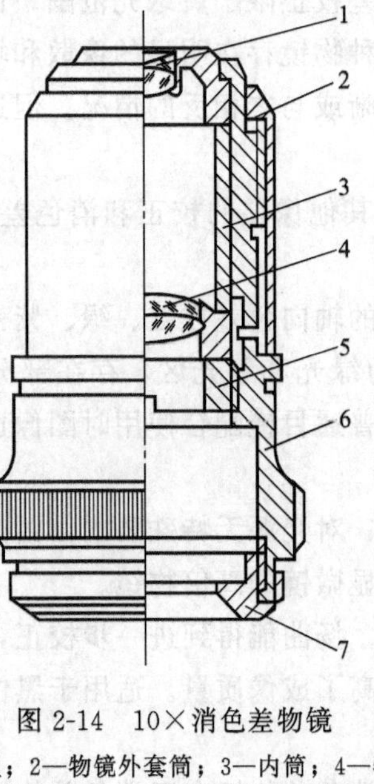

图 2-14 10×消色差物镜

1—透镜前组；2—物镜外套筒；3—内筒；4—物镜后组；5—物镜螺母；6—物镜外壳；7—物镜光阑

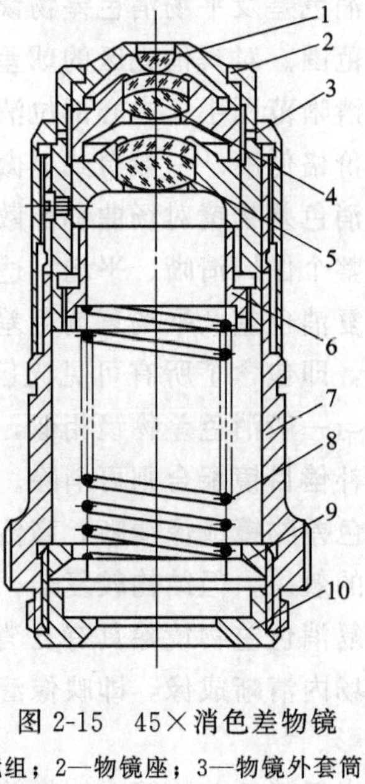

图 2-15 45×消色差物镜

1,4,5—透镜组；2—物镜座；3—物镜外套筒；6—压圈；7—物镜外壳；8—弹簧；9—弹簧压圈；10—物镜光阑

2.3.1.3 物镜的性能

物镜的质量优劣除与前述的像差校正程度有关外，还与其他几项重要特性指标有关，它

们是：数值孔径、分辨能力（鉴别率）、放大倍数、垂直分辨率（景深）等。

（1）数值孔径　数值孔径（numerical aperture）表征物镜的聚光能力，常用 NA 表示。它对显微镜的分辨能力有很大影响。根据理论计算及实际使用，物镜的数值孔径为

$$NA = n\sin\alpha \tag{2-8}$$

式中　n——物镜与试样间介质的折射率；

α——物镜的孔径角，指透镜的焦点至透镜边缘的张角之半，如图 2-16 所示。

由式（2-8）可知，物镜的孔径角和介质的折射率愈大，则数值孔径愈大。增加孔径角 α 的途径有两条：一是增加直径，但这会给像差的校正带来困难；二是缩短物镜的焦距，即减小物镜与试样的间距，这是目前常用的方法。

另外，增大物镜与试样之间介质的折射率，也是增加物镜数值孔径的有效措施。空气的折射率为 1，而松柏油的折射率为 1.515，故用油为介质的物镜有较大的数值孔径。

实际上，物镜的孔径角 α 最大不能大于 70°，所以，以空气为介质的低、中倍干系物镜的 NA 最大为 0.94，而油系物镜的最大数值孔径为 1.42。

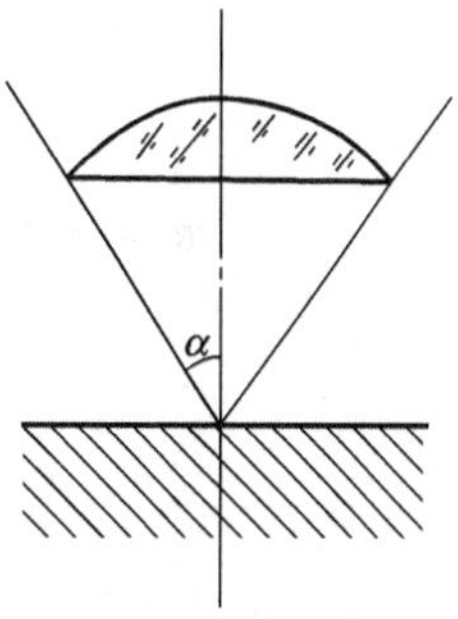

图 2-16　物镜的孔径角

（2）分辨能力　物镜的分辨能力是指物镜对显微组织构成清晰可分辨的能力。一般用能分辨两点间最小距离 d 的倒数 $\left(\frac{1}{d}\right)$ 表示。d 愈小，表示物镜的分辨能力愈高。

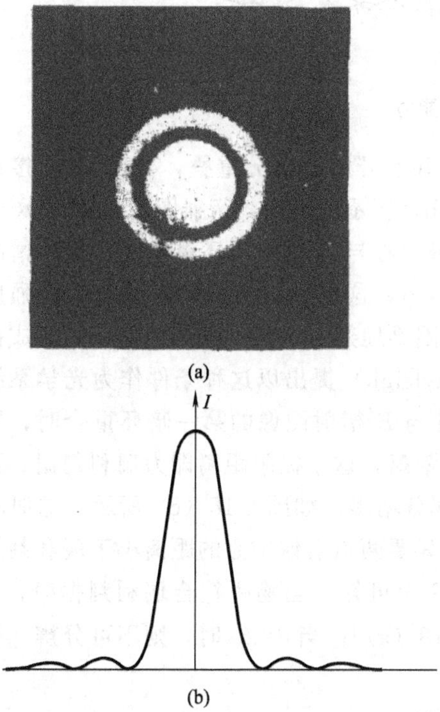

图 2-17　发光点的衍射

按照上述几何光学成像原理，似乎只要物镜消除了各种像差以后，一个物点经物镜成像为一个对应的像点，而实际上，由于光的衍射效应，物点通过物镜所成的像，可看作是物点通过针孔成像。物像已不再是一个几何点，而是成为具有一定尺寸、明暗相间的圆环状衍射图像，如图 2-17（a）所示。衍射图像中心亮度最大的亮斑称埃利（Airy）斑，在它上面分布的光能量占通过圆孔总光能量的 84%左右，其余约 16%的光能量分布在第一亮环、第二亮环、…并依次递减。衍射图像光强度分布曲线如图 2-17（b）所示。如果两个物点的距离过小，以致使光斑重叠，这时就不能清晰分辨两物点的像，故衍射现象限制了物镜的分辨能力。显然，像平面上埃利斑的半径愈大，物镜的分辨能力愈小。

如何来确定物镜的极限分辨能力？这可由图 2-18中物点 A、B 通过透镜后产生的衍射图像来分析、确定。物点 A、B 射出的光束通过透镜后将在像面上得到衍射图像 $A'B'$。若 A 和 B 相距很近，则出现图 2-18（a）所示的情况。此时，两物点的衍射图像相距较远，人们可以毫不怀疑地判断这是两个物点所成的像。右侧表示了相应光强度的分布曲线。当物点 A 和 B

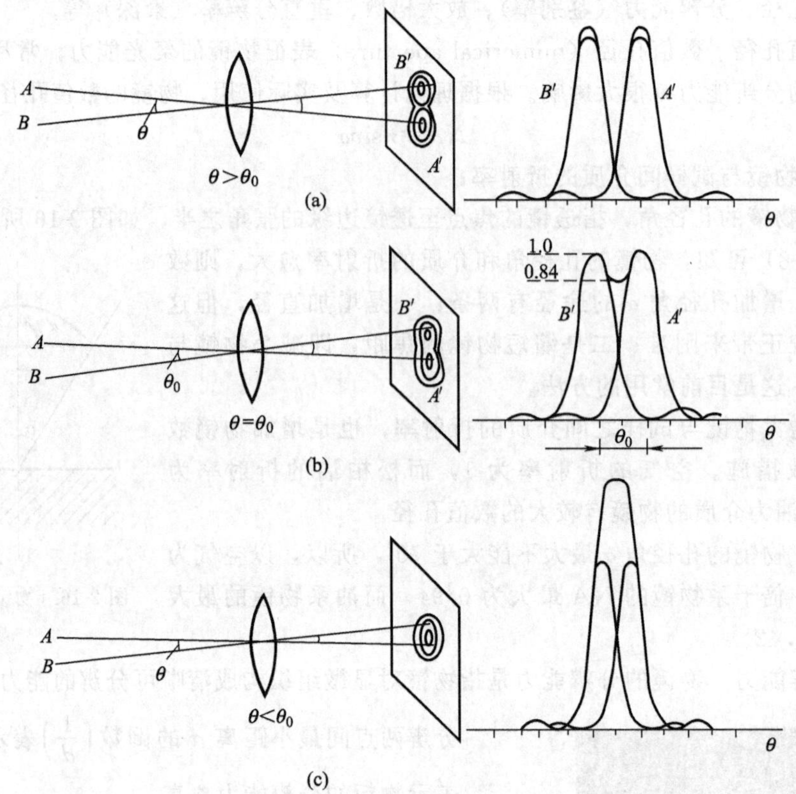

图 2-18 物镜的分辨能力

逐渐接近时，则在像面上的两衍射图像也逐渐接近，并且开始有部分重叠，当 A 和 B 接近到一定程度时，像面上两衍射图像将达到如图 2-18（b）所示的情况：衍射图像 A' 的亮斑中心峰值处与衍射图像 B' 的第一暗环重叠，也即 B' 亮斑中心与 A' 第一暗环重叠。在这种情况下，两衍射图中心之间的光强度约为中心最大值的 84%，这也可以由两衍射图像的光强度分布曲线直接相加而得，这时大多数人的视觉能毫无困难地辨别这两个光斑的形成的合成衍射物像是由两个物点所构成。英国物理学家瑞利（Rayleigh）提出以这种条件作为光学系统的分辨极限。即以 A' 衍射图像中心亮斑光强度最大处与 B' 衍射图像的第一暗环重合时，所定出的两物点距离作为光学系统能分辨两物点的最小距离，这个极限距离即为瑞利判据。当物点 A 和 B 更接近时，则相应的两衍射图像的重叠部分增多，如图 2-18（c）所示，这时将无法分辨出两个物点的存在，好像只有一个物点，即只要两衍射像中心的距离小于瑞利判据所规定距离，两个像点就不能分辨。同时，在图 2-18 中可知，当物距符合瑞利判据时，θ_0 称为极限分辨角。当 $\theta>\theta_0$ 时是完全可分辨的［图 2-18（a）］；当 $\theta<\theta_0$ 时，则不可分辨［图 2-18（c）］。

由圆孔衍射理论得

$$\theta_0=1.22\frac{\lambda}{D} \tag{2-9}$$

式中　λ——入射光波长；

　　D——针孔直径（透镜直径）。

当符合瑞利判据时，两物点的衍射图像中心距 d' 可以从图 2-19 所示的关系中求得

$$d'=\tan\theta_0 S'$$

式中 S'——物镜至像的距离。

因为 θ_0 很小，故可得

$$d'\approx\theta_0 S=1.22\frac{\lambda}{D}S' \quad (2\text{-}10)$$

在显微镜的物镜设计时，总是保证共轭点遵守正弦定律，即

$$N\sin\alpha d=n'\sin\alpha' d' \quad (2\text{-}11)$$

n 和 n' 分别为物镜前后介质的折射系数。显微镜内介质为空气，因而 $n'=1$。在图 2-19 中，当 D 相对于 S' 较小时，则

$$\sin\alpha'\approx\frac{D/2}{S'} \quad (2\text{-}12)$$

将 n' 和 $\sin\alpha'$ 代入式（2-12）得

$$d'=\frac{2S}{D}n\sin\alpha d \quad (2\text{-}13)$$

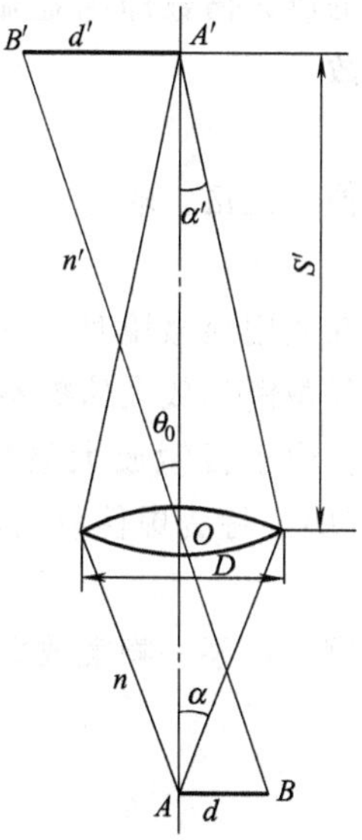

图 2-19 物镜分辨有力推导简图

比较式（2-10）和式（2-13），简化后可得

$$d=\frac{0.61\lambda}{n\sin\alpha} \quad (2\text{-}14)$$

或

$$d=\frac{0.61\lambda}{NA} \quad (2\text{-}15)$$

物镜的分辨能力还受物体的背景衬度、形貌、照明条件等因素的影响，故常用下式计算

$$d=\frac{0.5\lambda}{NA}=\frac{\lambda}{2NA} \quad (2\text{-}16)$$

由此可见，物镜的分辨能力与入射光的波长和数值孔径有关。波长愈短，数值孔径愈大，则物镜的分辨能力愈高。

显微镜成像时，通过物镜形成一个倒立的实像，而目镜是对此实像再次放大，即目镜是放大物镜已经分辨清晰的组织，不能进一步提高物镜的分辨能力。物镜未能分辨的两个物点，不可能通过目镜放大而分辨。因此，显微镜的分辨能力主要决定于物镜的分辨能力。

(3) 放大倍数 物镜的放大倍数按式（2-5）为光学镜筒长与物镜焦距的比值。当光学镜筒长一定时，物镜的焦距愈小，放大倍数愈高。因而焦距一定时，物镜的放大倍数便确定了。必须指出，显微镜生产厂不同，镜筒长度不一样，这时物镜的放大倍数就改变了。

为了合理地选择显微镜的放大倍数，充分利用物镜的分辨能力，常引入有效放大倍数的概念。

普通人眼最小分辨视角为 $2'\sim4'$，相当于在明视距离 250mm 处的分辨距离为 0.15～0.30mm 后，方能被人眼所分辨。显微镜总的放大倍数 M 应为

$$M=\frac{0.15\sim0.30}{d}$$

因

$$d=\frac{\lambda}{2NA}$$

故

$$M=\frac{2\times(0.15\sim0.30)NA}{\lambda}=\frac{(0.3\sim0.6)NA}{\lambda}$$

此时的放大倍数即为显微镜的有效放大倍数，通常显微镜采用黄绿光（$\lambda=0.55\mu m$）照明，故

$$M_{有效}=(545\sim1090)NA$$

为了便于记忆，取

$$M_{有效}=(500\sim1000)NA \tag{2-17}$$

在使用显微镜时，就应该根据有效放大倍数的范围来选择物镜与目镜的配合。如果选配后，显微镜的放大倍数不足500NA，则表示没有充分发挥物镜的分辨能力，物镜可分辨的细节，由于目镜放大倍数不足，而不能为人眼所分辨。反之，若选配的放大倍数超过了1000NA，称为虚伪放大，它是指在有效放大倍数内不能分辨的细节，过分放大后仍然看不清楚。

例如，某一物镜放大倍数为100×，NA为1.25，其有效放大倍数应为

$$M_{最小}=500NA=1.25\times500=625\text{ 倍}$$

$$M_{最大}=1000NA=1.25\times1000=1250\text{ 倍}$$

若选用12.5×目镜，则

$$M=M_{物}M_{目}=100\times12.5=1250\text{ 倍}$$

恰好符合上述有效放大倍数的要求。若选用16×目镜，则

$$M=100\times16=1600\text{ 倍}$$

此值已经超过了该物镜所能达到的有效倍数上限，因而这种配置不合理，形成虚伪放大，可见，不能用一个物镜来选配不同放大倍数的目镜，来获得任意的放大倍数。并说明在物镜上除注明放大倍数外，同时要标出数值孔径的意义。

(4) 景深（垂直分辨能力） 景深是指物镜对于高低不平的物体能清晰成像的能力。金相试样经浸蚀后表面呈现凹凸不平，欲使各种组织均能清晰地呈现在视场中，则需要物镜有一定的景深。景深一般是以物体同时清晰成像时最高点到最低点之间的距离 d_L 表示。根据理论推导，景深 d_L 可按式（2-18）计算

$$d_L=\frac{n}{7NAM}+\frac{\lambda}{2(NA)^2} \tag{2-18}$$

式中前一项为人眼调节状态不变时显微镜的景深，后一项是人眼调节能力附加的景深值。可见，显微镜的放大倍数愈大或数值孔径愈大，则景深愈小。实际操作中不要过分选择数值孔径小的物镜或过分地缩小孔径光阑来提高景深，这样会降低物镜的分辨能力。另外，当使用高倍干系物镜或油浸物镜观察金相组织时，由于景深小，其试样应浸蚀的浅些才能获得清晰的图像。

2.3.1.4 物镜的工作距离

物镜的工作距离是指物镜第一个镜片表面到被观察物体之间的轴向距离。

物镜的工作距离与物镜的数值孔径有关。物镜的放大倍数愈大、数值孔径愈大，工作距离就愈小。

一般高倍物镜其工作距离只有0.2～0.3mm。为了避免物镜和试样表面碰撞而使物镜受到损伤，在物镜体内装有弹簧起缓冲、退让作用。还应在使用时小心进行调焦操作，以保护物镜和试样。

2.3.1.5 物镜的标志

物镜的主要性能大多标刻在物镜镜筒的金属外壳上，如图 2-20 所示，其内容包括以下几项。

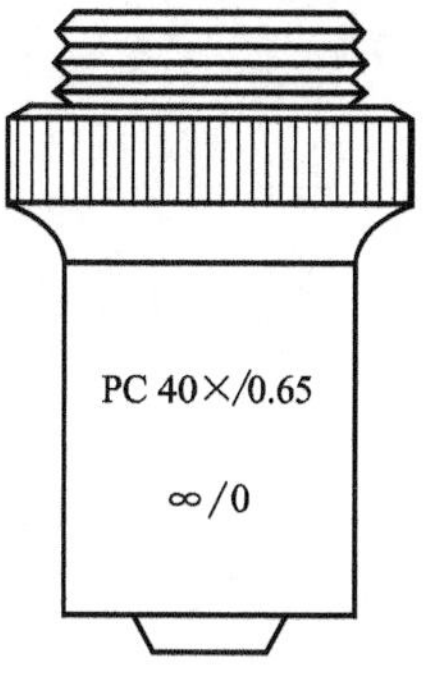

图 2-20 物镜的标志

(1) 物镜类型 消色差物镜一般不标符号，其他类型的物镜则用符号标注。例如国产复消色差物镜其外壳有“FS”字样；平场消色差物镜刻有“PC”；平场半复消色差物镜标以“PF”。

(2) 放大倍数 放大倍数用数字和符号“×”表示，有时省去符号，仅用数字表示。例如放大 40 倍，用 40× 或 40 表示。有些物镜还把焦距刻在外壳上，如 F8 或 8mm 都是表示焦距为 8mm。但国产物镜的焦距值大多列在使用说明书内，不刻在物镜外壳上。

(3) 数值孔径 数值孔径标刻在物镜外壳上时，往往略去“NA”符号，直接标出数值孔径值，如 0.25、0.65 等。

物镜放大倍数和数值孔径往往刻在一起，中间用一条斜线隔开，如 40×/0.65 表示放大倍数为 40 倍，数值孔径为 0.65。

(4) 机械镜筒长 用数字表示机械镜筒长，如 160 表示机械镜筒长为 160mm。而“∞”表示物镜像差是按任意镜筒长校正的，这种物镜可在不同镜筒长度下使用，均能获得高质量的物像。

机械筒长相同的物镜，可以互换使用；机械筒长不同的物镜不能互换。

(5) 盖玻片厚度 盖玻片用于透射式显微镜，金相显微镜一般不用，故常用“0”或“—”表示。

(6) 介质符号 表示物镜工作时物镜与试样间的介质，干系物镜介质为空气，在物镜外壳上不标符号，只有油浸系物镜才标注。国产油浸物镜其外壳刻有“油”字。

2.3.2 目镜

目镜的作用是将物镜放大的实像再次放大。当进行显微镜观察时，目镜能在明视距离处形成一个清晰的虚像；在摄影或投影时，在承影屏或投影屏上形成一个实像。某些目镜除起放大作用外，还能将物镜成像过程中产生的残余像差进一步校正。

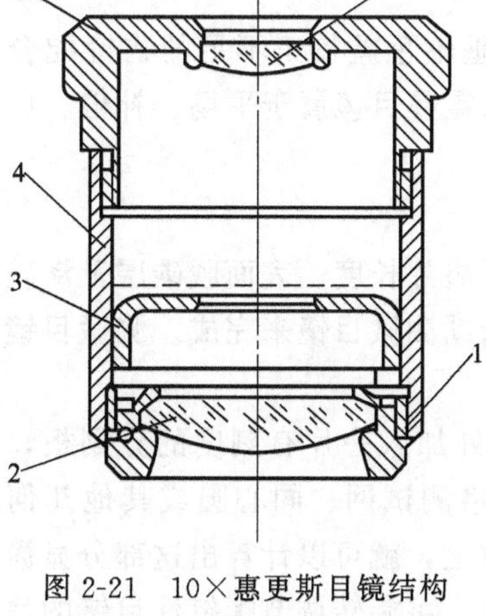

图 2-21 10×惠更斯目镜结构

1—物镜座；2—场镜；3—固定光阑；4—目镜筒；5—接目镜座；6—接目镜

2.3.2.1 惠更斯目镜

惠更斯目镜是由两块相同玻璃制成的平凸透镜组成，其结构如图 2-21 所示。在目镜上面的一片平凸透镜 6，外径较小，称接目镜，观察时接近眼睛，主要起放大作用；下面一片平凸透镜 2，外径较大，称场镜。固定光阑 3 置于接目镜和场镜之间，来自物镜的光线通过场镜，成像在光阑中心圆孔处，场镜能使映像亮度均匀。两个透镜之间的距离等于场镜的像方焦距与接目镜的像方焦距之和的一半。透镜和光阑分别固定在目镜圆筒内。

惠更斯目镜的成像原理如图 2-22 所示。试样经物镜放大成一个初像 A_1B_1 在很靠近整个目镜的物方焦点 $F_{目}$ 的内侧处，因 $F_{目}$ 在场镜后面，所以实际光线经过场镜后成像为 A_2B_2，它在接目镜物方焦点 $F_{接目}$ 的内侧，最后经

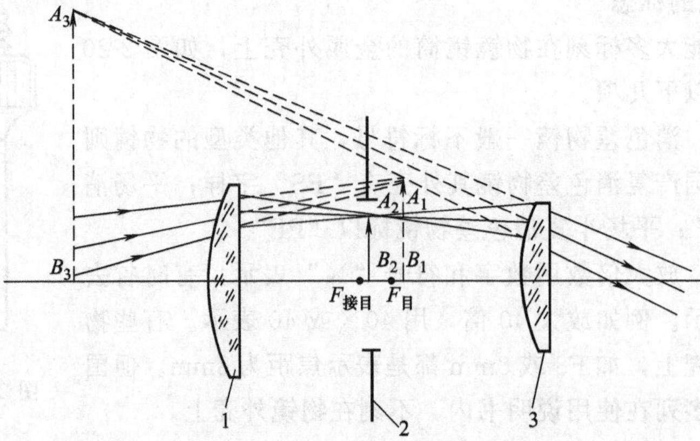

图 2-22 惠更斯目镜的成像原理

1—场镜；2—视场光阑；3—接目镜

接目镜放大，在明视距离处得一放大虚像 A_3B_3，人眼观察到的便是该像。

由于这类目镜的焦点位于两透镜之间，不能单独作为放大镜使用，故又称负型目镜。惠更斯目镜结构简单，价格便宜，未校正像差，适合于低、中倍消色差物镜配合使用。小型台式金相显微镜多用这种目镜。

2.3.2.2 补偿目镜

补偿目镜中的场镜是一个三胶合透镜，接目镜为平凸透镜。整个目镜的物点焦点 $F_{目}$ 在场镜的前方，可以单独当放大镜使用。称这类可以单独作放大镜用的目镜为正型目镜。

补偿目镜具有色“过正”的特性，即过度地校正了垂轴色差，适合与垂轴色差校正不足的平场消色差物镜、平场复消色差物镜配合使用。不宜与普通消色差物镜配合使用。

补偿目镜的像差校正较好，所以放大倍数可以比惠更斯目镜更高。

2.3.2.3 摄影目镜

摄影目镜是专为摄影及近距离投射而设计的，霍曼（Homal）型摄影目镜是这类目镜的一个例子。霍曼目镜属负型目镜，它的像方焦距 $f_{目}<0$。当通过物镜的光线，在初像尚未形成时，已经进入目镜中，通过目镜后在承影屏上形成一个被目镜所放大的实像，就可供摄影或投影用。

霍曼型目镜的像差校正与补偿目镜大体相同，只宜与垂轴色差校正不足的物镜配合使用，在规定的放大倍数范围内，可得足够平坦的像面，所以霍曼目镜属于平场、补偿、广角目镜。

2.3.2.4 测微目镜

在观察金属组织时，常需对某些组织（如晶粒大小、石墨片长度、表面脱碳层及渗碳层的深度、显微硬度的压痕等）进行定量测定，这时就需要借助测微目镜来完成。测微目镜有固定和游动两种形式。

(1) 固定式测微目镜（分划目镜） 在这类目镜的光阑处加入一片有刻度的分划板，在这块玻璃片上刻有直线刻度尺寸，或刻有十字交叉线、方格测试网、同心圆或其他几何图形。使用时，将显微刻度尺（或几何图形）叠印在组织图像上，就可以计算出这部分显微组织的尺寸或比较、测量出结果。为了调节刻度线的清晰程度，可旋转调节螺钉使目镜的目透镜略作上下移动对焦。

(2) 游动式测微目镜　在这类目镜上除装有固定的刻度玻璃外，还有一块可以移动的玻璃片，在其上刻有标线，借旋转镜头外侧的鼓轮而平动。在鼓轮上刻有百分刻度，从而可表示出玻璃片移动的距离。

金相显微镜的目镜，在外壳端面上都标明其放大倍数。此外，除惠更斯目镜外，都刻有识别符号，反映目镜的性能。国产的各种目镜标志是：平场目镜用“P”字母，平场补偿目镜刻有“PB”，广角补偿目镜刻有“GB”，摄影目镜刻有“TY”等。

2.4 显微镜的照明系统

金相显微镜所研究的对象是不透明的金相试样，必须依靠附加的光源，照射到试样的表面，才能识别显微组织的形貌。照明系统的任务是根据不同的研究目的，对光束进行调整，改变采光方式，并完成光线行程的转换。

2.4.1 光源及其使用方法

2.4.1.1 光源

显微镜的光源应具有足够的发光强度，而且能在一定范围内进行调节。这是因为不同的组织衬度、不同的照明方式和不同的放大倍数均需要有不同的照明强度。

① 光源应发光均匀。可借助反光镜、聚光镜、毛玻璃置于光路的适当位置，从而可获得均匀的照明光束。

② 光源应具有足够的发光面积，但面积不能过大。

③ 光源的发热程度要低，否则会损伤光学元件。对于强光源可增添专用的吸热、散热装置。

④ 光源位置（高低、前后、左右）应可调节，便于使整个视场获得均匀一致的照明。

⑤ 光源应是寿命长、成本低、安全可靠的。

目前使用较多的有两种光源：钨丝灯和卤钨灯。此外，还有超高压汞灯、氙灯、碳弧灯等电光源。

(1) 低压钨丝灯　低压钨丝灯又称白炽灯，是目前各类金相显微镜中使用最广泛的一种光源。在灯泡内钨丝分布集中、圈数少、发光面积小，发光强度高而且均匀。工作电压为6～12V，配有专用的降压变压器，功率为15～100W。钨丝灯结构简单、价格低廉，但这种灯泡发光效率低、寿命短，它属于固体热辐射型光源，电能中只有10%左右转化为光能，其余大部分以热的形式损失掉。如果要提高发光强度，需增大电流，提高灯丝温度，这样势必导致钨丝挥发加剧，会使灯泡玻璃发黑，灯丝易被烧断而影响使用。

低压钨丝灯多用作金相组织的明场观察，如用作显微摄影，因亮度低需增加曝光时间或选用感光速度快的胶片。

(2) 卤钨灯　卤钨灯外壳用耐高温的石英玻璃制成。在钨丝灯泡内充有一定量的卤族元素化合物，如溴化物或碘化物，因此，前者叫溴钨灯，后者叫碘钨灯。卤化物的作用是将蒸发在玻璃壳表面的钨结合成溴化钨或碘化钨，然后扩散到灯丝的高温区，使化合物分解，钨又附在灯丝上，从而造成卤化物的循环，大大减少了钨丝的消耗。卤钨灯的发光效率高，为连续光谱，色温约为3000K；体积小，500W灯泡相当于同功率普通钨丝灯泡体积的1%；灯泡亮度高，发光稳定，选用适当的滤光器可获得单色光。能作为暗场、偏振光、相衬显微分析的光源。需要指出，卤钨灯的紫外线辐射比普通钨丝灯强得多，应注意防护，减少有害影响。

（3）氙灯　氙灯是一种新型的照明光源。它的发光效率高，体积小，发光稳定，光强度大，色温约为 6000K 近似日光，具有连续光谱。显微镜照明一般采用短弧氙灯。在石英玻璃壳内，两端各有一个金属电极，阳极为纯钨制作，阴极用钍钨或铈钨合金制成，这样可保证有良好的热电子发射，管内充有一定压力的高纯度氙气。通电后管内氙气受激发而发出强烈的光。它的弧隙短，亮度集中。由于氙气的击穿电压很高，需要有专门的触发装置来"点燃"，即在两极间造成短时间的高压（20～40kV），使氙气电离，由高频放电过渡到自持弧光放电。完成触发作用后，转而保持正常的电压和电流。

氙灯适宜作暗场、偏振光、相衬分析观察和显微摄影，尤其是彩色摄影的光源。

2.4.1.2　光源使用方法

为了获得不同的照明效果，光源有几种使用方法，如科勒（Köhler）照明、临界照明等。它们的区别在于在光路设计时聚光镜的位置不同，聚焦情况和照明效果不一样。

（1）科勒照明

科勒照明是由科勒于 1898 年提出的一种比较理想的照明方式，目前仍被广泛应用。

科勒照明的特点是：光源的一次像借助聚光镜聚焦在孔径光阑处，孔径光阑与光源的一次像一起聚焦在接近物镜的后焦面上，然后通过物镜出射一平行光束照射到试样表面。其光路如图 2-23 所示。科勒照明特点是照明均匀，光利用率高，照明效果好。另外，这种照明对光源的要求不甚严格，不需要均匀发光的光源。

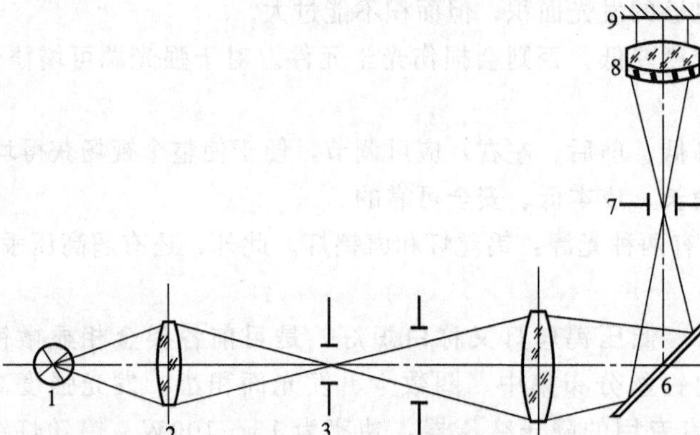

图 2-23　科勒照明

1—光源；2,5—聚光镜；3—孔径光阑；4—视场光阑；6—半透半反射镜；7—物镜孔径光阑；8—物镜；9—试样

（2）临界照明

临界照明时，灯丝像会聚在视场光阑处，再经过另一透镜和物镜的聚焦，将灯丝像投射到试样表面，即整个照明系统是将光源成像于试样表面，如图 2-24 所示。如果光源的亮度不均匀或明显地出现光源的细小结构（如灯丝），那么，光源成像在试样表面后会使整个照明场不均匀，这是其主要缺点。其优点是光能利用率高，亮度高，适用于高倍率摄影照明。目前在金相显微镜中使用不多。

2.4.2　垂直照明器及照明方式

金相显微镜的光源通常位于镜体的侧面并与主光轴垂直。侧向入射的光线要投射到试样

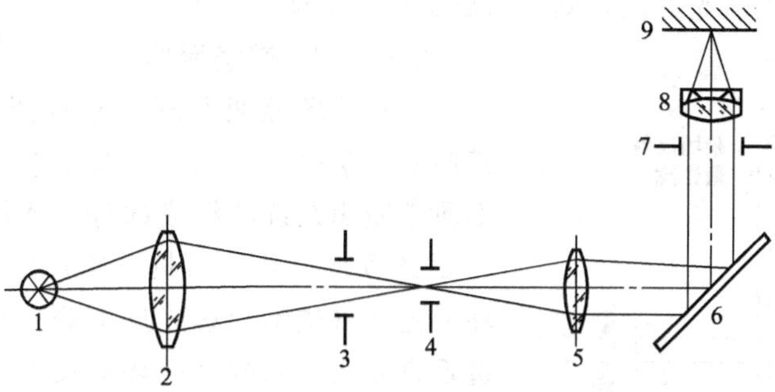

图 2-24 临界照明

1—光源；2,5—聚光镜；3—孔径光阑；4—视场光阑；6—半透半反射镜；7—物镜孔径光阑；8—物镜；9—试样

表面，必须折转 90°，就需要借助一套专门装置，使光线垂直转向，这类装置统称为垂直照明器。垂直照明器的种类有：平面玻璃反射镜、全反射棱镜、暗场用环形反射镜。

金相显微镜为了满足不同的观察要求，试样照明方式也不同，可分为明场照明和暗场照明。

2.4.2.1 明场照明

明场照明的特点是将来自光源的光束经过垂直照明器转向后，穿过物镜近于垂直地投射到试样表面，然后，试样表面的反射光，再经过物镜放大成像，即光束两次穿过物镜。故物镜起着聚光与放大的双重作用。

在明场照明时，试样磨面平坦部分能将光线大部分反射回物镜，而凹陷部位则会将光线散射到物镜外面，这样使显微组织以黑色的影像衬映在明亮的视场内，所以称为明场照明。明场照明可分为垂直光照明和斜射光照明。

（1）垂直光照明 垂直光照明法是金相显微镜最基本的照明法。照明时，光线均匀地垂直射在试样表面，被浸蚀后的试样凹凸处无阴影产生，得到清晰平坦的图像。

垂直光照明方式是采用平面玻璃作垂直照明器，平面玻璃与主光轴成 45°作为折光元件，如图 2-25 所示。水平入射的照明光束，经平面玻璃反射成垂直光束，再经物镜投射在试样表面，试样组织又经物镜成像，再通过平面玻璃进入目镜。平面玻璃既能反射光线又能透过光线，因此，光线的强度损失大，对未镀膜的平面玻璃损失率达 90%以上。若涂（或镀）一层硫化锌、硫化银或其他高反射系数材料的薄膜，制成半透明反射镜，则可显著减少光线的损失。

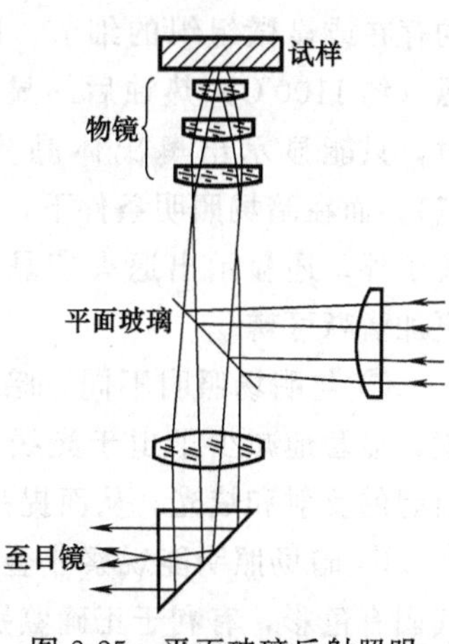

图 2-25 平面玻璃反射照明

垂直光照明方法的光线充满物镜，能最大限度地发挥物镜的分辨能力，但图像的亮度低，衬度差，缺乏立体感。

（2）斜射光照明 斜射光照明是利用照明光线与显微镜体的光轴倾斜 30°，照射到试样表面的一种照明方法。斜射光照明可以提高显微镜的分辨能力，可呈现更多的显微组织细节，并使试样表面凸出部位产生阴影，从而增加了像的衬度和立体感。由光学原理可知，斜射光照明时由于物镜的孔径角可更充分地利用，以及可有更多的衍射光进入物镜，故能提高分辨率，呈现更多的组织细节，并使图像具有凹凸感。如果调节平面玻璃反光装置的角度，或调节孔径光栏中心，使之偏向一边，以改变入射光方向，则可得到斜射光照明。

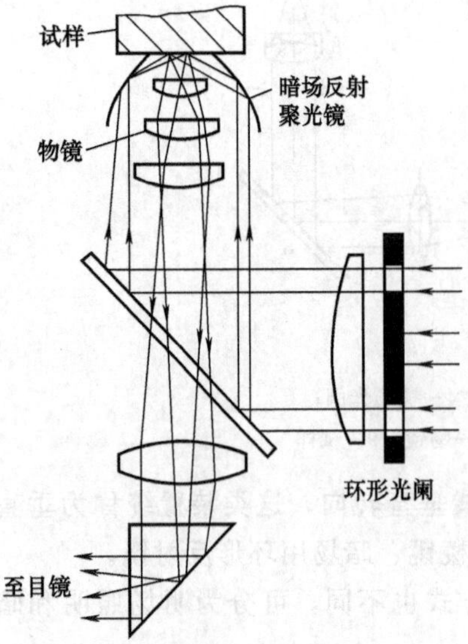

图 2-26　暗场照明

2.4.2.2　暗场照明

（1）暗场照明原理　暗场照明与明场照明相比，其照明光束以很大的倾斜角度投射在试样表面，物镜不属于照明系统的组成部分。暗场照明的光学行程如图 2-26 所示。由图可见，来自光源的平行光束，通过环形光阑（或锥形遮光反射镜）后形成环形光束，经过垂直照明器内的平面环形反射镜转向，再经物镜外围的抛物面反射镜，光束以较大的倾斜角投射到试样表面，入射光束不通过物镜。

暗场照明时，如果试样是一个抛光的镜面，则倾斜的入射光经试样镜面反射后，光线将以极大的倾斜角度反射而不能进入物镜成像，此时在目镜视场内只能观察到一片暗黑；如果试样经抛光浸蚀后，则从被浸蚀的组织凹陷部分的散射光线，有一部分可进入物镜成像，而平坦部分的反射光不进入物镜。这样，试样的组织便以明亮的物像映衬在暗黑的视场内，暗场照明就由此得名。

（2）暗场照明的特点和应用　暗场照明和明场照明所显示的组织，其明暗程度恰好相反。暗场照明具有以下特点。

① 暗场照明时，入射光束的倾斜角度大，使物镜的有效数值孔径增加，从而提高了物镜的分辨能力。加之暗场照明可消除显微粒子（或组织）成像时的背景亮度，从而加强了这些粒子像的衬度。因此可以观察到超微粒子（直径小于 0.1μm）的存在或显微组织的细节。图 2-27 为 T8 钢经高温（约 1100℃）热蚀后的显微组织，在明场照明时，只能显示出奥氏体晶界及氧化物粒子（质点），而在暗场照明条件下，除看到晶界和氧化物粒子外，还显示出退火孪晶和亚结构，并使质点更加清晰可辨。

② 与明场照明不同，暗场照明光线不经过物镜，显著地减少了由于光线多次通过物镜界面所引起的反射和炫光，从而提高了像的衬度。

③ 暗场照明能观察非金属夹杂物的透明度及其固有色彩，有利于正确鉴别非金属夹杂物。

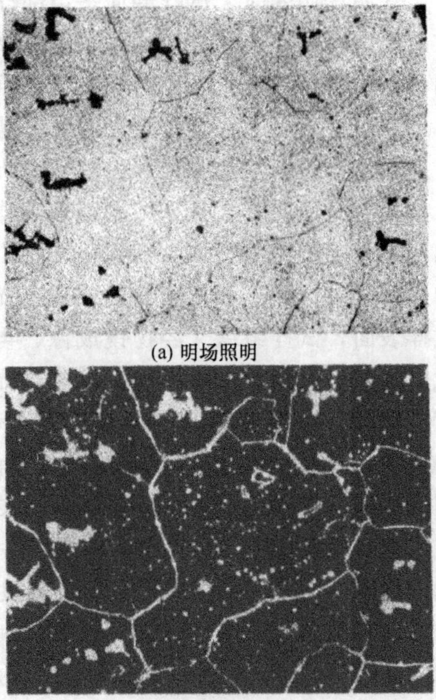
(a) 明场照明

(b) 暗场照明

图 2-27　T8 钢经高温（约 1100℃）热蚀后的显微组织

为什么在暗场照明下能判别非金属夹杂物的固有色彩和透明度呢？因为在明场照明时，金属抛光表面的反射光很强，使夹杂物的透明度无法判断，在暗场照明时，金属磨面的反射光大部分不能进入物镜，而透明夹杂物与基体金属交界面上产生的反射光，有部分可进入物镜，故可以观察到夹杂物呈明亮色。不透明的夹杂物便成暗黑，但其周围有亮边。

任何夹杂物都具有固有的色彩。在明场照明下，有时所观察到的夹杂物色彩，是被金属磨面反射光混淆后的色彩，不是夹杂物本身固有的色彩。在暗场照明时，没有磨面反射光的干扰，尤其是透明夹杂物，透过夹杂物的反射光可以进入物镜，就能正确地观察到夹杂物的固有色彩。应该指出，物镜的鉴别能力愈高，放大倍数愈大时，夹杂物的颜色愈清楚，色彩也愈真实。

(3) 暗场照明的调节使用　通常在明场照明下观察试样组织后，就可按下列步骤进行暗场观察。

① 将暗场反射聚光镜安装在物镜座上，将环形光阑（或锥形遮光反射镜）插入光程中，推入环形反射镜（图 2-26）。

② 调节暗场反射聚光使其焦点刚好在试样表面。

③ 在暗场观察时，应将孔径光阑开大（作为视场光阑），可调节视场光阑（起孔径光阑作用），以控制环状光束的粗细。

④ 进行调焦操作使像清晰。

用作暗场观察的试样，必须经过良好的抛光操作，否则残留的微小划痕也能明显地显现出来。一般暗场照明的放大倍数不宜太大，以中等放大倍数为宜。

2.4.3 显微镜的光学行程

不同类型的金相显微镜，按其光学行程分为直立和倒立行程两大类。其区别在于金相试样安放的位置。凡金相试样的磨面向上、物镜向下的光学布置，均称为直立式光程（或正置式）金相显微镜，如图 2-28（a）所示。由于显微镜的主光轴垂直于试样载物台，因此，只有金相试样的上下表面保持水平时，才能在整个视域内获得清晰的像。当金相试样表面与载物台平面稍有倾斜时，则视域内将有一边模糊不清。同时，试样放在镜筒下面，镜筒的上升高度是有限的，过于高大的试样就难于使用这种金相显微镜。

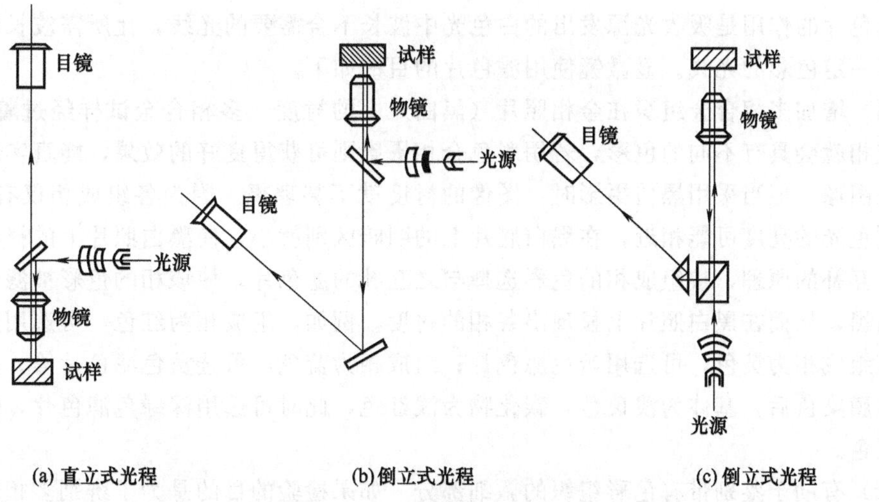

图 2-28　金相显微镜的光学行程

倒立式光程金相显微镜避免了上述的两个缺点，其光程布置如图 2-28（b）、（c）所示。物镜朝上，试样磨面向下，只要试样磨面磨平就可以观察分析。金相试样放在载物台上部，空间不受限制，可以安放尺寸较大的试样，但应考虑镜体的强度，试样不能过重。

2.4.4 光阑

在金相显微镜的光学系统中，常采用光阑来限制成像空间和光束孔径。光阑的作用是：①改善光学系统成像质量；②决定通过系统的光通量；③拦截系统中有害的杂散光等。主要有孔径光阑和视场光阑。

2.4.4.1 孔径光阑

孔径光阑位于光源聚光镜之后，是用来控制物镜孔径角的光阑。当孔径光阑缩小时，进入物镜光束的孔径角亦随着变小，这对提高显微镜的景深和消除宽光束单色像差，提高像的衬度有利。但孔径角变小，会使显微镜的分辨能力有所降低。所以孔径光阑调得太小是无益的。

随着孔径光阑的张大，物镜成像光束的孔径角也随着增大。从理论上说，当孔径光阑张大到使入射光线刚好充满物镜孔径时，物镜的分辨能力达到了设计时的理论值。但孔径光阑张开过大，会使镜筒内部的反射及杂散光增加，降低成像质量。

为了充分发挥物镜的分辨能力，又能兼顾景深，获得良好的衬度，孔径光阑应调到使入射光束刚好充满或略小于物镜孔径为宜。各种物镜的孔径不同，在更换物镜后，孔径光阑也应作相应调整，以保证成像清晰。

调整孔径光阑，改变了成像光束的能量，视域内的亮度会发生变化，但这不是主要目的。即调整亮度不应采取调节孔径光阑来实现，而应采用更换光源或调节光源电压等措施。

2.4.4.2 视场光阑

用来限制光线系统成像范围的光阑称视场光阑。调节视场光阑的大小，就能改变试样表面被照亮的范围。若将视场光阑调得过大，就会增加镜筒内的杂散光，降低成像的衬度。故视场光阑应调整到目镜观察的视场不再增大时为止，由于各种放大倍率目镜的视场大小不一样，在更换目镜后，视场光阑也应作相应调节。

2.4.5 滤色片

滤色片的作用是吸收光源发出的白色光中波长不合需要的光线，让所需波长的光线透过以获得一定色彩的光线。显微镜使用滤色片的目的如下。

(1) 增加多相合金组织在金相照片（黑白）上的衬度　多相合金试样经过着色浸蚀后，各组成相就会具有不同的色彩，若用彩色金相摄影则可获得良好的效果，能真实地记录组织的彩色图像。但当采用黑白摄影时，图像的衬度就不甚理想。因为各组成相仅有色彩差别，但不同色光的亮度可能相近，在黑白底片上的明暗区别就小，使黑白照片上的衬度较差。根据色光互补的原理，按组成相的色彩选择与之互补的滤色片，使该相的色彩被滤色片吸收而变得暗黑，从而在黑白照片上显现出各相的衬度。例如，组成相为红色，可选用蓝绿色滤色片；若组成相为黄色，可选用蓝色滤色片；组成相为蓝色，可选黄色滤色片等。如淬火高速钢经薄膜染色后，基体为浅黄色，碳化物为浅红色，此时可选用深绿色滤色片，使碳化物变成暗黑色。

(2) 有助于鉴别带有色彩组织的微细部分　如果检验的目的是为了辨别多相合金某一组成相的细微部分，各组成相之间的衬度在这种情况下并不重要，此时选用的滤色片应与需要鉴别相的色彩相同。例如，淬火高碳钢在热染后残余奥氏体呈棕黄色，马氏体为绿色，为了研究马氏体内部细节，可以加绿色滤色片后再摄影，这时马氏体内部的细节看得更清晰。

(3) 校正消色差物镜的残余色差　在讨论物镜分类时已指出，消色差物镜仅在黄绿光区的球差得到校正，而对其他波区的球差没有校正。故在使用消色差物镜时，宜用黄、绿滤色片，可减小像差，提高成像质量。复消色差物镜对各波区都已校正，可以不用滤色片，在没有其他特别要求时，可使用黄、绿滤色片，会使人眼感觉舒适些。

（4）提高物镜的分辨能力　由式（2-16）可知，在物镜数值孔径一定时，波长愈短，物镜分辨能力愈高。因此，采用蓝色（$\lambda=0.44\mu m$）滤色片比用绿色（$\lambda=0.55\mu m$）滤色片能提高分辨能力约25%。

在金相显微镜的附件中，均备有黄、绿、蓝、紫等滤色片以供使用。

2.5　金相显微镜的维护保养

金相显微镜由光学镜片和精密的机械零件组成，属精密光学仪器。为了避免过早的损坏，应做到：正确使用，及时维护，妥善保管，这样才能减少故障发生，延长使用寿命。

2.5.1　光学透镜的维护保养

透镜是光学仪器中的关键部件，它直接影响成像质量及使用效果。透镜常见疵病有：镜片生霉、起雾、脱胶、破损、表面镀层损坏或脱落等。

（1）生霉和起雾　生霉是镜头表面呈现出蜘蛛丝状物质，它是由霉菌繁殖引起的。霉菌在25～35℃、相对湿度在80%～95%的条件下最易繁殖。霉菌依靠油脂、汗渍、空气中的灰尘、指纹等供给营养而生长。

起雾是指在镜头表面出现微小“露水”状的一层物质，它有油性、水性和油水混合三种类型。它们是因油脂污染、扩散、挥发到透镜表面。或因潮湿的气体在温度急剧变化时，在镜头表面凝结成微小水珠而形成的。

透镜一旦生霉或起雾则视场就变得模糊不清，分辨能力降低。它们的形成是与制造、装配、光学玻璃的化学稳定性、环境条件、使用和保管等多方面因素有关。

为了防止生霉和起雾，金相显微镜应放置在干燥、通风的地方。使用完毕应立即将镜头放入干燥器内，并将光学系统密封好。

（2）脱胶　镜头一般为多片透镜胶合而成，若胶合面的胶层开裂，即为脱胶。根据脱胶的程度不同，视场内会呈现不正常的斑痕，如霓虹斑、树叶斑、丝状斑、群点等。脱胶使成像质量降低，严重时便不能使用。

产生脱胶的原因有：外界温度剧烈变化，胶层与玻璃的膨胀系数不一致，造成脱胶；在搬运、使用过程中受到较大的振动与冲击；或有机液体浸入胶层使之溶解，均易造成脱胶。

为了防止脱胶，显微镜室要尽量保持恒温，在搬运、使用时避免受到冲击，不能使阳光直射在显微镜上。另外要注意不能用大量有机溶液来擦拭镜头。

（3）划伤、裂纹和破损　光学零件表面，为了提高其化学性质，常涂镀上一层不同性质的薄膜，如增透膜、反射膜等。平时在维护、擦拭镜头时，如未将镜头表面灰尘除去（应先用橡胶吹气球除尘）或擦布不洁净，就易擦伤镀膜。若遇腐蚀介质，易使镀膜变质或脱落。

光学玻璃性脆易碎，使用时要轻拿轻放。在显微镜调焦时，要注意避免碰伤镜头。

2.5.2　机械装置的维护保养

金相显微镜机械装置的作用，有的是使光学元件保持在确定的位置，有的是保证在一定范围内精确移动。它们常出现的疵病有：零件变形、润滑脂干涸、脏污、腐蚀、调节不灵活、松动等。其主要保养的部位如下。

(1) 载物台　载物台台面要平，且应与主光轴保持垂直，否则会影响视场的均匀性和清晰度。载物台上不应放置过重的试样，显微镜用毕应降到最低位置，防止变形。活动部位应定期用汽油清洗油污并涂上中性润滑脂。

(2) 物镜转换器　显微镜的物镜转换器，是机械精度要求较高的重要部件。它应具有良好的稳定性和重合性。常见的故障为定位机构失灵，多由定位簧片变形、断裂或定位槽磨损引起。平时使用时应平稳地转动物镜转换器，而不要抓住物镜转动。

(3) 粗动和微动机构　粗动调节机构一般采用齿轮、齿条传动装置。齿条固定在镜臂上，与粗动手轮带动的斜齿轮啮合。转动手轮，齿轮便带动齿条沿镜体燕尾槽上下运动，也就是使镜臂上方载物台及试样跟着运动。经常使用后，由于磨损而松动，即出现所谓“镜臂自溜”现象。这种故障可在齿条背面加垫金属薄片或旋紧定位螺钉，减少啮合间隙来修复。

微动调节机构是一种多级齿轮传动装置。其作用是使镜体缓慢平稳地升降。微动手轮外侧有分度，它本身是一个侧位螺杆，每一分度格值为1～2μm，微动调节的距离小。调节时应在规定的刻度范围内移动，不可用力过大，调到极限位置便应停止。长期使用后，齿轮磨损或油污太多，会使微动机构失灵，应请专人修理。微动机构十分精密，出厂时均已调好，不可随意拆卸。

2.5.3 显微镜的操作要点

① 使用金相显微镜前，必须仔细看懂说明书，熟悉结构和操作规程，方可使用。

② 调焦时先用粗动手轮调至接近物镜工作距离，出现模糊的图像后，再用微动手轮进一步精确调焦，使图像清晰可辨。避免频繁地旋转手轮。

③ 不得用手指触摸物镜和目镜的镜片，用毕要及时装入干燥器内，加上物镜盖及目镜罩。

④ 光学元件上有灰尘、油污、油脂时，禁止用手或手帕去擦，只能用专用的软毛刷、镜头纸轻轻掸去或用吹气橡胶球吹去灰尘。

⑤ 金相显微镜的光源一般用低压钨丝灯，务必通过降压变压器接入，不能将灯泡插头直接插在220V电源上。

⑥ 金相显微镜应放在无灰尘、无腐蚀气氛、无振动、无阳光直射且通风良好的地方。

⑦ 金相显微镜最好放在专用的活动玻璃罩内，罩内放些氯化钙或硅胶干燥剂。也可用软绸布罩，切勿使用塑料罩。如能装设专用的空调、恒温、去湿设备则更为理想。

思　考　题

1. 透镜的像差有哪些？
2. 简述显微镜的成像原理（画图说明）。
3. 物镜和目镜各有哪些类型？
4. 光源的使用方法有哪些？显微镜中常用哪一种？
5. 明场照明和暗场照明各有哪些特点？
6. 显微镜中光阑的作用是什么？
7. 显微镜中滤色片的作用是什么？

单元三　偏振光金相分析方法

3.1　偏振光基础知识

3.1.1　自然光与偏振光

光是一种电磁波，属于横波。根据电磁理论，任何电磁波都可以由两个相互垂直的矢量 E 和 H 来表示（E 为电场强度；H 为磁场强度），如图 3-1 所示。在光波传播时，电矢量和磁矢量处于同等的地位，但从光与物质的作用来看，二者并不相同。实验证明，使照相胶片感光的是电矢量而不是磁矢量；对人眼视网膜起作用的也是电矢量。因此，在讨论光波传播时，有意把磁矢量撇开，用电矢量 E 来代表光的振动，所以矢量 E 称光振动矢量，简称光矢。

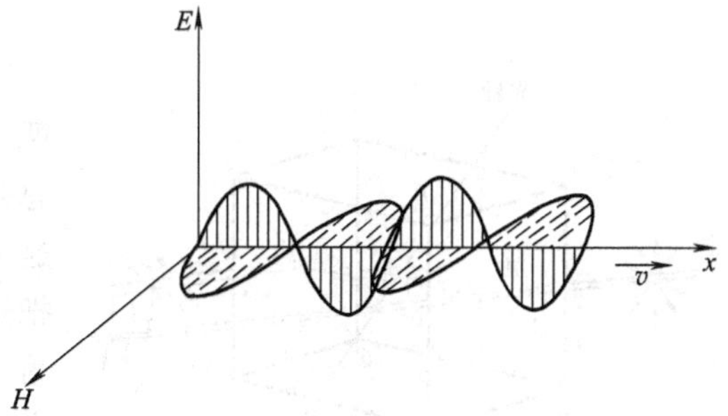

图 3-1　光波示意

任何光源发出的一束光，都是由大量的原子、分子互不相关地、间歇地发光的总和。虽然某一原子在某瞬间发出的一列光波有一定的振动方向，但大量的随意的光波混合后，使得光振动在任意方向上的振动机会均等，呈均匀分布。具有这种振动特征的光称为自然光，太阳光、电灯光等均属自然光。自然光可以用两个相互垂直的光矢量来表示，如图 3-2（a）所示。这两个相互垂直光矢量的振幅相同，但相位关系不固定，而且瞬息万变。因此，它们不能相互合成。自然光通过某种物质制成的光学元件（如偏振片）后，它的电场振动方向 E 被限制在一个确定的方向，而其余方向的电场振动振幅却被大大的削弱，甚至没有，这种光线称作直线偏振光，简称线偏振光，如图 3-2（b）所示。图中以短线箭头“↔”表示平行纸面的光矢量；以点“·”表示垂直纸面的光矢量。

3.1.2　偏振光的获得

3.1.2.1　偏振棱镜

一束自然光在光学各向同性介质（如玻璃）表面折射时，只有一束符合折射定律的折射光线形成，这已成为一般的常识了。然而，当一束光线入射到光学各向异性介质界面上折射时，会分裂为两条折射光线，在介质中沿不同方向传播，这种现象称为双折射。图 3-3 为光线通过方解石（方解石又称冰洲石，成分是 $CaCO_3$。天然方解石晶体的外形为平行六面体，很容易击碎为菱形）晶体时的双折射现象。当一束单色自然光由 A 点射入晶体，在晶体内分裂为两束折射光线，沿不同方向传播。当光线足够细和晶体足够厚时，由晶体出射的将是在空间完全分开的两个光束。

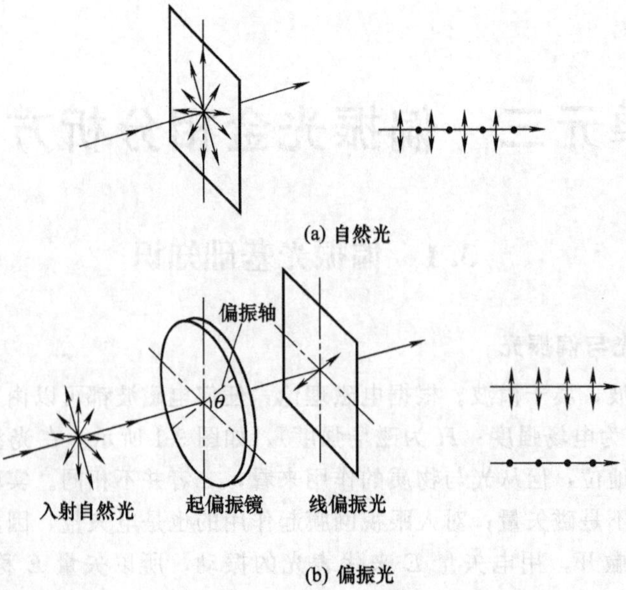

图 3-2　自然光和偏振光

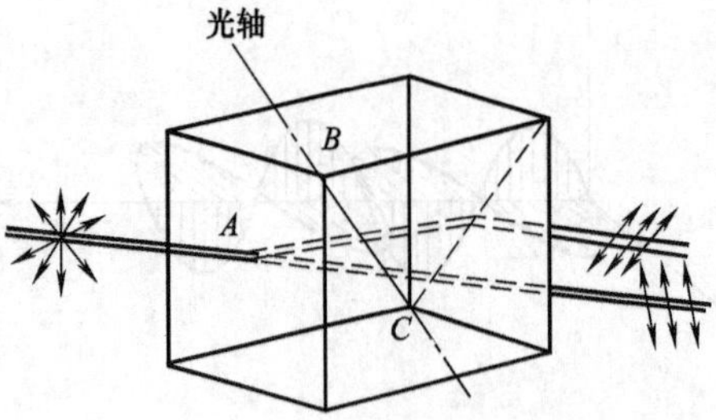

图 3-3　方解石晶体的双折射现象

对方解石晶体双折射现象的进一步研究表明，两束折射光线都是偏振光。其中一束光线的传播总是遵守折射定律。无论折射光束的方位如何，这束折射光线总是在入射面上，它的折射率不变。把这束折射光线称为寻常光线，用符号 o 表示。另一束光线则不然，它不遵守折射定律，而且这束折射光往往不在入射平面上，当入射光束方向变化时，它的折射率也随之变化，这束光线称为非常光线，用符号 e 表示。形成寻常光线和非常光线的原因，是由于不同振动方向的光在光学各向异性晶体内传播速度不同造成的。据测定，在方解石晶体内 o 光和 e 光的折射率不同，它们分别为：$n_o=1.6583$，$n_e=1.4864\sim1.6584$。

在方解石晶体内有这样一个固定的方向，光束沿着这个方向射入晶体时不产生双折射现象，即这时 o 光与 e 光重合，它们的传播速度和传播方向相同，这个方向称为晶体的光轴。在图 3-3 中棱边等长的方解石晶体的两个钝隅（指在平行六面体中，由三个钝角组成的顶角）的连线方向 BC 即为光轴。当光束垂直于光轴射入晶体时，o 光与 e 光的传播方向相同，但传播速度差别最大。必须指出，光轴并不是经过晶体的某一条特定的直线，而是一个方向，凡平行于这个方向的线都是光轴。所以，在晶体内的每个点都可以作出一条光轴来。这和几何光学中光学系统的光轴不同，几何光轴是指通过组成光学系统球面中心的线，平行于这条线的其他直线则不是光轴。在自然界中，像方解石、石英等这类晶体只有一个光轴，故称为单轴晶体。如果有两个光轴方向（如云母等），称为双轴晶体。

在单轴晶体内，由 o 光线和光轴组成的面称为 o 主平面；由 e 光线和光轴组成的面称为 e 主平面。一般情况下，o 主平面和 e 主平面不重合。若光线在由光轴和晶体表面法线所组成的平面上入射时，则 o 光和 e 光都在这个平面上，这个面就是 o 光和 e 光的共同主平面。

这个由光轴和晶体表面法线所组成的面称为晶体的主截面。实验表明，o光和e光都是直线偏振光，但它们的光矢量振动方向不同。在主截面上，o光和e光的光矢量振动方向相互垂直，即o光矢量的振动方向垂直于主截面，e光矢量的振动方向就在主截面上。

尼科尔（Nicol）棱镜就是利用晶体双折射性质得到偏振光的工具。图 3-4 为尼科尔棱镜剖面图，它是用长方形的方解石制成。取一块长度约为宽度三倍的优质方解石晶体，将两端的天然面由原来与底面成 71°的夹角磨成 68°，然后沿对角剖开成两个直角棱镜，把切开面磨成光学平面，再用加拿大树胶将剖面粘合起来，即成尼科尔棱镜。加拿大树胶是一种非双折射物质，在用黄绿光照射时，加拿大树胶的折射率 $n=1.550$，这个数值恰好介于方解石晶体对这种颜色o光的折射率 $n_o=1.6583$ 和e光的折射率 $n_e=1.5159$ 之间。显然，对于e光来说，加拿大树胶相对于方解石是光密介质，而对o光而言，加拿大树胶相对于方解石却是光疏介质。

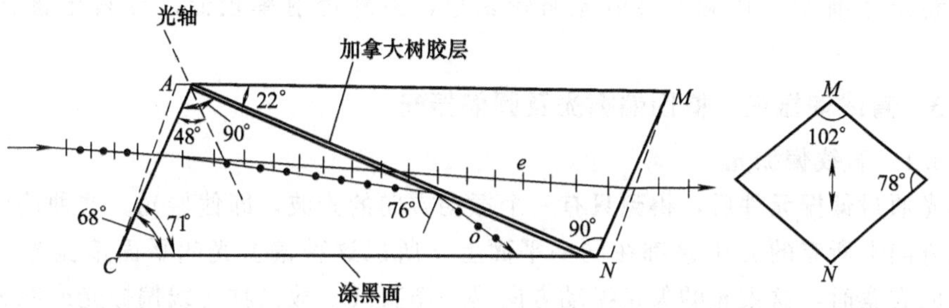

图 3-4 尼科尔棱镜

当黄绿自然光沿棱镜长度方向由端面 AC 入射到前半个棱镜中，自然光被分解为振动面相互垂直的o光和e光。其中o光以约 76°入射角射在加拿大树胶层上，这个角度已经超过了树胶与晶体对o光的临界角（约为 69°，即 $\arcsin\frac{1.550}{1.6583}$），因而$o$光不能穿过加拿大树胶，而在界面上发生全反射，反射光线折向棱镜的涂黑侧面 CN，而被吸收；由前半个棱镜所形成的e光，在树胶层上不产生全反射，穿过树胶层后进入后半个棱镜，最后从棱镜的另一端面 MN 透射出来。穿过尼科尔棱镜的这束光就是偏振光，它的振动平面就是棱镜的主截面 $AMNC$ 面。尼科尔棱镜的优点是它对各色可见光的透明度都很高，并能均匀地起偏，用它可得到光强度、偏振度较高的直线偏振光。尼科尔棱镜的缺点是入射光束与出射光束不在同一条直线上，这对仪器设计带来不便。另外，天然的方解石晶体都比较小，使制成的尼科尔棱镜的有效使用截面很小，而且价格十分昂贵。

3.1.2.2 偏振片

某些晶体能够强烈地吸收寻常光线，而对非常光线的吸收却很少。例如，自然光入射到电气石（是一种天然矿物，属于次等宝石，是化学成分各不相同的硅酸硼化物）晶片上，经过很短光程（约 1mm）后，o光几乎全部被吸收，而e光被吸收很少，大部分都透过，如图 3-5 所示。这种对寻常光线和非常光线有不同吸收的现象，称为晶体的二向色性。具有二向色性的晶体都可以用来产生偏振光。目前在金

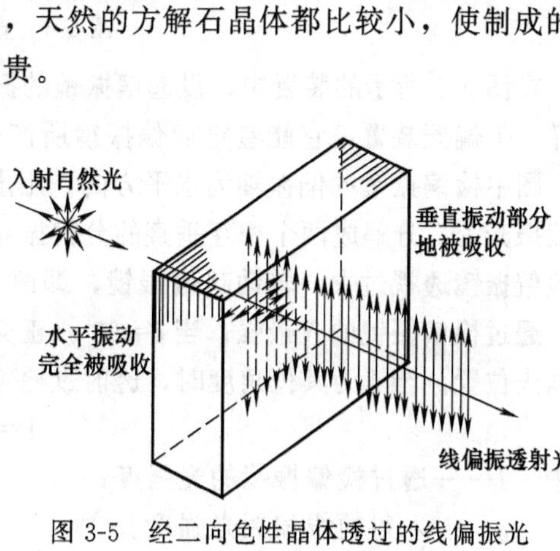

图 3-5 经二向色性晶体透过的线偏振光

相显微镜上大都采用这类晶体来制作产生偏振光的附件，这些附件都呈片状，故称偏振片。

人工制造的偏振片，可分为微晶型和分子型两类。微晶型偏振片是将具有二向色性的有机化合物碘化硫酸奎宁微晶，沉淀在聚氯乙烯薄膜或其他塑料薄膜上，当薄膜经过一定方向拉伸后，这些微晶就沿着拉伸方向整齐地排列起来，表现出和单晶体一样的二向色性。当自然光射来时，吸收 *o* 光而使 *e* 光通过。*e* 光的振动方向就是偏振片的偏振轴。分子型偏振片是将聚乙烯醇薄膜在碘溶液里浸泡后，在较高温度下拉伸 3～4 倍，再烘干后制成。经过拉伸后的碘-聚乙烯醇分子沿着拉伸方向规则地排列起来，形成一条条导电的长链。碘中具有导电能力的电子能够沿着长链方向运动。当自然光入射时，沿着长链方向的电矢量（光矢量）推动电子做功。因此，这个方向的分量被强烈地吸收，垂直长链方向的光矢量不做功而透过，这就得到了偏振光。人工制造的偏振片的优点是价格便宜，尺寸大小不受限制，故使用较普遍，目前各种型号的金相显微镜的偏振元件绝大多数都采用人造偏振片。其缺点是薄膜及晶体粉末本身带有色彩，透射光略带颜色，另外透射率较低，自然光通过后被吸收较多。

3.1.3 直线偏振光、椭圆偏振光及圆偏振光

3.1.3.1 直线偏振光

自然光通过偏振元件后，得到只有一个振动方向的光波，即偏振光。这种偏振光由于其光波传播方向上所有的 E 矢量都在同一平面上，所以这种偏振光叫平面偏振光。在正对光的传播方向观察时，这束光的矢量振动方向是一条直线，故又称直线偏振光或线偏振光。产生偏振光的装置称起偏振镜。如果起偏振镜绕主轴旋转，则透过起偏振镜的直线偏振光的振动面也跟着转动。

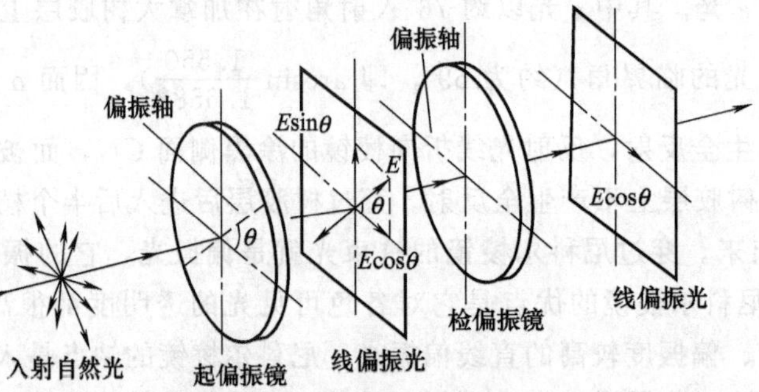

图 3-6　直线偏振光分析

在图 3-6 所示的装置中，设起偏振镜的振动面与水平方向呈 θ 角。在起偏振镜的后面加入同样一个偏振装置，它能鉴定起偏振镜所产生的偏振光，所以称这类装置为检偏振镜或分析器。图中检偏振镜的偏振轴为水平方向，用虚线表示。可以把自然光通过起偏振镜后产生的直线偏振光 E，分解成两个相互垂直的分偏振光 $E\sin\theta$ 和 $E\cos\theta$，显然只有振幅为 $E\cos\theta$ 的分量能被检偏振镜透视过去，转动起偏振镜，即改变 θ 角的大小，$E\cos\theta$ 值就会发生变化。当 $\theta=0°$ 时，通过检偏振镜的光最强；当 $\theta=90°$（正交）时，通过检偏振镜的光强度为零，这个位置称为消光位置。当 θ 为其他角度时，透射过检偏振镜的光强度由式（3-1）确定：

$$I=I_0\cos^2\theta \qquad (3\text{-}1)$$

式中　I——透过检偏振镜的光强度；

I_0——入射的线偏振光强度。

这一关系式称为马吕斯（Malus）定律。

θ角也可以是起偏振镜和检偏振镜的偏振轴之间的夹角。如果旋转检偏振镜或起偏振镜，则透射偏振光的强度也随二者之间的夹角按式（3-1）关系变化。如果两偏振装置的偏振轴正交时，就会产生消光现象。

3.1.3.2 椭圆偏振光与圆偏振光

（1）波片 如果在双折射晶体上沿着平行于光轴方向切下一薄片，并使晶片表面与光轴平行，这样制得的晶片称为阻波片，简称波片。根据双折射晶体的性质，当光线垂直光轴方向射入晶体，o光和e光传播方向相同，传播速度相差最大，所以两束光并不分开，波前保持一前一后地传播。

当一束直线偏振光垂直入射到波片表面时，入射的偏振光分解为o光和e光，它们的光矢量相互垂直，o光和e光在晶片内的传播速度不同，经过晶片出射后，二者会产生一定的光程差，波片愈厚，则出射时o光与e光的波前相距愈大。根据光程差的大小可分为半波片、全波片。利用不同厚度的阻波片就可使直线偏振光变为其他不同性质的偏振光。

（2）各类偏振光的形成 自然光通过晶体所产生的o光与e光，虽然它们的频率相同，振动方向可以相互垂直，但是它们之间无固定的相位差，在光线行进方向上的任一点，o光与e光的相位差均随时间作无规则的变化，因此它们不能合成为偏振光，而仍为自然光。

当一束直线偏振光照射到波片时，也会分解为两束偏振光（即o光与e光）。这时它们的频率相同，振动面相互垂直，且是由同一光矢量分解出来的，因而在光线行进方向的任一点上，o光与e光之间有着固定的相位差。因此，它们可以合成，其合成光矢量的末端轨迹，从迎着光线方向看，一般呈椭圆状，因此，这种合成光称为椭圆偏振光。椭圆偏振光在每一瞬间，只有一个振动方向，所以仍属偏振光。但随着时间变化，振动面也在不断地变更，而且合成振动的振幅也在不断变化。当合成光矢量末端的轨迹呈圆形时，这种合成光称为圆偏振光。圆偏振光是椭圆偏振光的一种特殊情况。

实际上，除了波片能将直线偏振光改变为椭圆偏振光之外，还可通过从某些物质表面反射使o光与e光的相位差为任意值时，均可产生椭圆偏振光。

直线偏振光和椭圆偏振光在金相分析工作中常被应用。如何才能鉴别它是椭圆偏振光还是其他偏振光呢？通常可以用检偏振镜来加以鉴别。由前面的分析可知，当起偏振镜与检偏振镜的偏振轴正交时，直线偏振光将产生消光现象而呈暗黑。如果是圆偏振光，不管检偏振镜的位置如何，总有一定的等量的偏振光通过检偏振镜，当转动检偏振镜时，光的强度没有任何变化，当然也就没有消光现象。同样，椭圆偏振光也没有消光现象，但它通过检偏振镜后，光线的强度却随检偏振镜的位置改变而变化。转动检偏振镜，当椭圆长轴与检偏振镜的偏振轴方向重合时，透射光的强度最强；当椭圆短轴与偏振轴方向一致时，透射光的强度最弱，即会出现光线明暗的变化。

3.2 偏振光金相分析原理

金属材料按照它的光学性质，可分为各向同性金属和各向异性金属。一般立方点阵的金属晶体具有各向同性性质，而正方、六方、三斜等点阵的金属具有各向异性性质。下面分别讨论它们在偏振光照射下的反射性质。

3.2.1 偏振光在各向异性金属磨面上的反射

各向异性金属的磨面对偏振光的反应极为灵敏，随着金属晶粒的位向不同，它的光学性质也随之改变。因此，利用偏振光来研究各向异性金属就十分方便，可以用矢量方法进行分析。

3.2.1.1 单晶体

如前所述，直线偏振光射入各向异性晶体时，产生双折射现象，而偏振光照射到各向异性金属磨面上时，则会发生“双反射”。所谓双反射，就是指一束直线偏振光投射到各向异性金属磨面上，分解为两束振动面相互垂直的直线偏振光并反射出来。这两束反射偏振光分别沿着晶体的主方向振动和垂直于主方向振动。为了和前面晶体双折射现象的讨论相对应和便于叙述，将金属表面的主方向也称为光轴，两束振动面相互垂直的直线偏振光，也称为 *o* 光和 *e* 光。

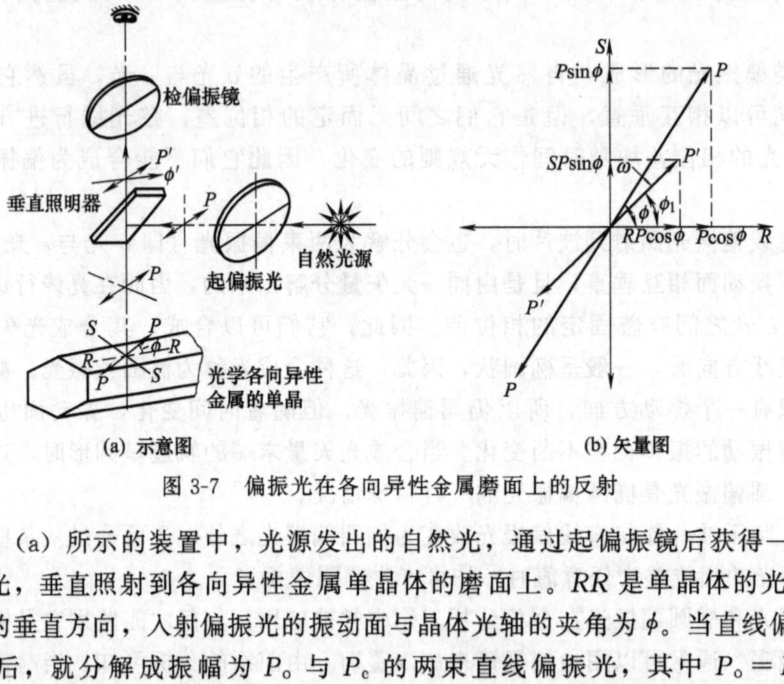

(a) 示意图　　(b) 矢量图

图 3-7　偏振光在各向异性金属磨面上的反射

在图 3-7（a）所示的装置中，光源发出的自然光，通过起偏振镜后获得一束振幅为 P 的直线偏振光，垂直照射到各向异性金属单晶体的磨面上。RR 是单晶体的光轴方向，SS 为晶体光轴的垂直方向，入射偏振光的振动面与晶体光轴的夹角为 ϕ。当直线偏振光射到金属单晶表面后，就分解成振幅为 P_o 与 P_e 的两束直线偏振光，其中 $P_o = P\sin\phi$，$P_e = P\cos\phi$，其振动面相互垂直，如图 3-7（b）所示。经各向异性金属磨面反射后，反射光将分别平行或垂直于光轴。若以 R 表示光轴方向的反射能力，S 表示垂直于光轴方向的反射能力。因此，沿光轴 RR 的反射光振幅为 $RP\cos\phi$，垂直光轴方向反射光的振幅为 $SP\sin\phi$。各向异性金属沿光轴方向的反射能力和垂直光轴方向的反射能力不同，若正光性金属，$R > S$（负光性金属 $R < S$），则两束相互垂直的反射光合成时，合成反射光的振动矢量不再沿着入射光的振动方向 PP，而是沿着 $P'P'$ 方向振动，即反射的直线偏振光的振动面发生了旋转。若反射光的振动面与光轴的夹角为 ϕ_1，则旋转角度 $\omega = \phi - \phi_1$，如图 3-7（b）所示。振动面旋转角 ω 的大小与入射光振动方向和光轴的夹角 ϕ 有关。在偏振光分析时，试样的光轴可以随显微镜载物台旋转而转动，所以 ϕ 角是可变的。

如前所述，当起偏振镜与检偏振镜振动面正交时，有消光现象。在图 3-7（a）所示的装置中，调整起偏振镜与检偏振镜呈正交，若观察各向同性金属抛光表面时，反射偏振光的振动面不发生旋转，就没有光线通过检偏振镜，看到的只是暗黑的消光现象。若观察各向异性金属抛光表面时，则反射偏振光的振动面将发生旋转，使反射偏振光与检偏振镜的振动面不呈正交位置，这样一部分反射光就能通过检偏振镜而为人眼所察觉。反射光振动面旋转得愈大，通过检偏振镜的光线就愈强。操作时，可在正交偏振下转动检偏振镜，即转动检偏振镜来改变 ϕ 角的大小，在检偏振镜转动的过程中，可观察到光线强度有四次明亮及四次消光暗黑的现象。

3.2.1.2 多晶体

由上面的讨论可知，在正交偏振时，一个单晶体试样视域的亮度是由入射光的振动方向与试样光轴之间夹角决定的，当入射光一定时，光轴的位向就决定了视域的亮度。在各向异性多晶体试样上，各个晶粒的光轴位向不同，在偏振光照明下，入射光和每个晶粒光轴的夹角中也就各不相同，故反射偏振光振动面的旋转角 ω 就不一致，因而有的晶粒明亮，有的暗黑，有的介于二者之间。因此，在正交偏振光下，可以直接观察到各向异性多晶体磨面上的晶粒，而不需要进行化学腐蚀。图 3-8 为经过机械抛光及化学抛光后的纯锌组织，如在明场照明下，只能观察到一片白色，而在正交偏振光下，晶粒及孪晶均清晰可辨。经验表明，如将检偏振镜（或起偏振镜）从正交位置作小角度偏转，能使晶粒的明暗差别增大，提高映像的衬度。

图 3-8 纯锌在正交偏振光下的组织

3.2.2 偏振光在各向同性金属磨面上的反射

直线偏振光投射到各向同性金属抛光表面，它的反射光束，一般来说是椭圆偏振光。只有下列几种情况下的反射光仍为直线偏振光：

① 偏振光垂直入射（入射角等于零）时，不管偏振光的振动如何，反射光总是直线偏振光；

② 入射面（入射光与金属表面法线组成的面）与振动平面平行时，反射光仍为直线偏振光；

③ 入射面与振动平面垂直时反射光也仍为直线偏振光。

因此，在金相分析时，将起偏振镜与检偏振镜调到正交位置，若偏振光垂直射到磨面上时，反射光仍为直线偏振光，全部被检偏振镜所阻，视场中呈现消光暗黑。如果直线偏振光倾斜地射在各向同性金属磨面上，那么反射光中垂直于入射面振动的直线偏振光和平行于入射面振动的偏振光有一定相位差，且振幅也不相等，它们将合成为椭圆偏振光。椭圆偏振光的椭圆度取决于入射光和晶体表面的倾斜角度。利用这一特性，对于各向同性的金属，在制备试样时可采用深浸蚀方法，得到不同倾斜度的晶面，这样就会反射出不同椭圆度的偏振光，在显微镜里可观察到不同亮度的晶粒。

3.2.3 偏振光照明下的色彩

以上讨论的偏振光都没有考虑光线波长的作用，而是假定都是单色偏振光。如果用白色偏振光照明，观察时就可以看到彩色的图像。

金相显微镜在进行正交偏振观察时，以下几种情况会出现色彩。

① 对于各向异性金属，当光程中插入灵敏色片（全波片）时，不同晶粒会出现不同颜色。

② 观察各向同性金属时，光程中不加全波片，晶粒间就有不同颜色，但色彩不丰富，当加入全波片后，色彩就变得比较鲜艳。故把全波片称为灵敏色片。当转动灵敏色片时，晶粒颜色也随之变化。

③ 转动载物台 360°晶粒颜色也将发生变化。

在偏振光照明下所以能看到彩色图像，主要是由于各色偏振光产生干涉的结果。

3.3 金相显微镜的偏振光装置及使用

3.3.1 偏振光装置

金相显微镜的偏光装置，只需在入射光程及观察镜筒前各加入一个偏振元件，前者称起偏振镜，后者称检偏振镜，如图 3-9 所示。偏振元件可以是尼科尔棱镜，也可以是偏振片，后者在金相显微镜中采用较多。

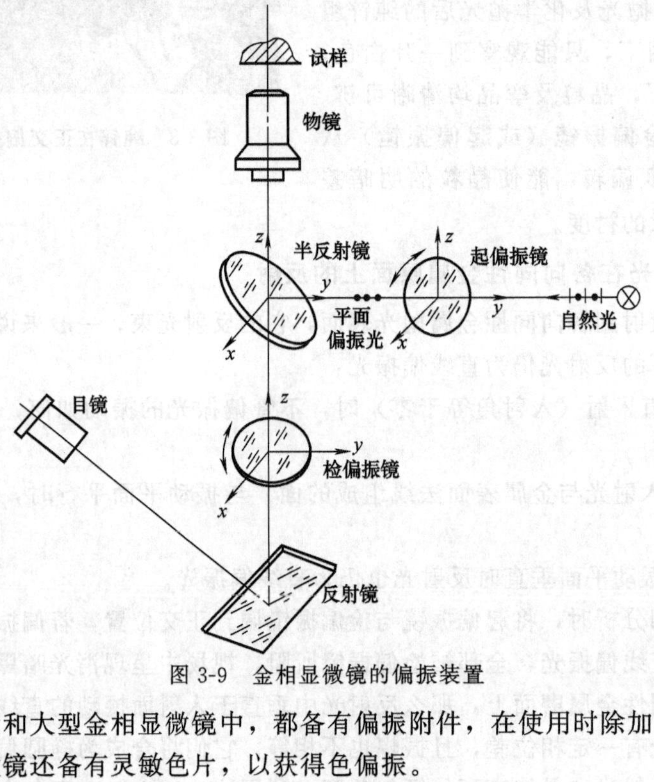

图 3-9 金相显微镜的偏振装置

在立式显微镜和大型金相显微镜中，都备有偏振附件，在使用时除加入起偏振镜和检偏振镜外，有的显微镜还备有灵敏色片，以获得色偏振。

3.3.2 偏振光装置的调节

金相显微镜的偏振装置都是在使用以前临时插入装上的，必须经过适当调整后才能进行工作。偏振附件使用前的调整包括：起偏振镜位置的调节、检偏振镜位置的调节和载物台机械中心的调节。

3.3.2.1 起偏振镜位置的调节

起偏振镜一般安装在可以转动的圆框内，借手柄扳动调节。调节的目的是要求起偏振镜的偏振轴处于水平位置，使物镜的偏振光强度最大，且仍为直线偏振光，并使半反射镜反射后的直线偏振光的光矢量和起偏振镜的偏振轴平行。

调节时，可使用经过抛光而未经浸蚀的不锈钢（各向同性金属材料）试样，将其放在载物台上，除去检偏振镜（即只装起偏振镜），在目镜中观察聚焦后试样磨面上反射光的强度。转动起偏振镜，反射光强度发生明暗变化，当反射光最强时，就是起偏振镜处在满足上述要求的正确位置。

3.3.2.2 检偏振镜位置的调节

起偏振镜调节完成后，插入检偏振镜，调节检偏振镜以取得与起偏振镜正交的位置。调节时，可先取数值孔径较小的物镜或缩小照明系统的孔径光阑。仍使用不锈钢抛光试样，经聚焦后，转动检偏振镜，当从目镜中观察到最暗黑的消光现象时，就是两偏振镜的正交位置。有时在用偏振光进行观察或显微摄影时，常需将检（起）偏振镜从正交位置略作小角度偏转，以增加映像的衬度，其转动角度可由刻度盘指示。若使检偏振镜或起偏振镜在正交位置转动 90°，则得到平行偏振光位置，可供一般金相明场观察使用。

目前有些金相显微镜的偏振装置，在出厂时已经把起偏振镜（或检偏振镜）的偏振轴位置调节并固定好，使用时只需调节另一个即可。

3.3.2.3 载物台机械中心调节

利用偏振光鉴别金属或非金属夹杂物等的光学各向异性或各向同性组织时，需要将载物台作 360°旋转。为使观察目标在载物台旋转时不离开视域，必须使载物台的机械中心与显微镜光学系统主轴相重合。

3.3.3 偏振光金相分析试样的制备

在偏振光下研究的金属试样磨面，要光滑无痕，且要无氧化层及扰乱层存在。机械抛光很容易在表面形成形变扰乱层，这种扰乱层在偏光下会表现出如同立方点阵金属一样的“各向同性”，致使金属的真实组织无法为偏振光所鉴别，并使映像模糊不清。采用电解抛光或化学抛光法，较易获得良好的金相磨面。

除上述扰乱层影响偏光分析外，试样表面因磨抛引起的浮雕，同样会影响分析结果。例如，珠光体组织的两相层片状分布的组织，在抛光过程中由于两相硬度差别大，易造成表面浮凸。且因化学浸蚀作用，使渗碳体相高于铁素体相，就在试样表面形成一系列微小的平行的沟槽。当入射的直线偏振光照射在倾斜的沟槽处时，它的反射光就变成了椭圆偏振光，其椭圆度就取决于构槽的倾斜程度。如果转动载物台，由于椭圆偏振光的作用，在目镜中也能看到试样有明暗交变的现象，容易误认为试样属于各向异性，分析时应考虑这些因素。

3.4 偏振光在金相分析中的应用

3.4.1 非金属夹杂物的鉴别

金属材料中常存在各种类型的非金属夹杂物，它们具有不同的光学特征，如反射能力、透明度及固有色彩、各向同性或各向异性等。利用偏振光可以观察到非金属夹杂物的这些特征。

3.4.1.1 夹杂物透明度及固有色彩的显示

非金属夹杂物中有不少是透明并带有色彩，这些夹杂物在明场照明时，由于入射光一部分由试样的抛光表面反射回来，另一部分则透过夹杂物折射照射到金属基体与夹杂物的交界面，再经夹杂物反射出来，这部分光与金属表面反射光混合进入物镜。因此，无法辨别夹杂物的透明度。另外，在明场照明时所观察到的夹杂物色彩是被金属抛光表面反射光混淆后的色彩，而不是夹杂物本身固有的色彩。而在直线偏振光照射下，金属磨面基体处的反射光仍为直线偏振光（因垂直照射磨面），将被正交的检偏振镜所阻挡，呈暗黑消光状态。而夹杂物与基体界面处的反射光为椭圆偏振光，透过夹杂物并可通过检偏振镜，如图 3-10 所示，目镜视场中可清晰呈现夹杂物的固有色彩和判断夹杂物的透明度。透明夹杂物呈明亮色，不透明的夹杂物呈暗黑色。例如，由硅酸盐、氧化物和硫化物组成的复合夹杂物，在明场照明下这些夹杂物不易区分开，如图 3-11（a）所示，而正交偏振光下，则可明显地区分，其中氧化物和硫化物不透明呈暗黑色，而硅酸盐具有透明发亮的特征，如图3-11（b）所示。

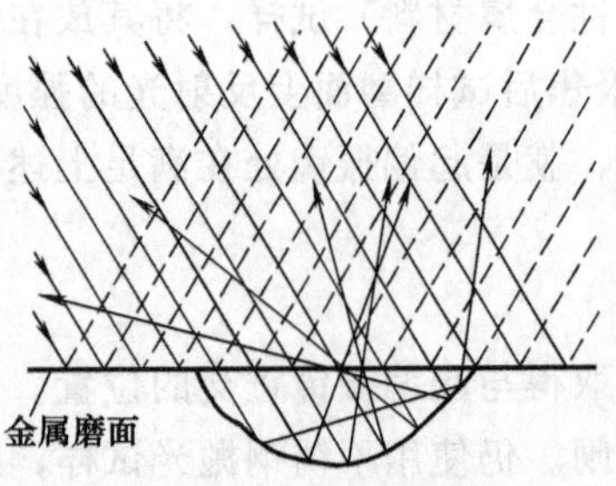

图 3-10　透明物相在偏振光下的反射示意图

3.4.1.2　各向同性与各向异性晶体

由于夹杂物的晶体结构不同，其光学性质也有所不同。结晶成等轴晶系的夹杂物，基本上属于光学各向同性；而结晶为非等轴晶系的夹杂物，则具有明显的光学各向异性性质。夹杂物的这一光学性质是识别夹杂物的重要标志之一，而这种性质只有在偏振光下才能测定。

当入射直线偏振光射至各向异性晶体时，被分解为两束偏振光反射出来，反射光沿其光轴方向与垂直光轴方向的强度发生变化，将使反射光的振动面发生转动。在偏振光正交时，载物台旋转 360°，可以看到夹杂物出现明显的四次明亮和四次消光现象，同时夹杂物的色彩也稍有变化。具有弱各向异性的夹杂物，其各向异性效应较弱，则可使检偏振镜由正交位置转动 3°～5°，使两偏振镜不完全正交，转动载物台，可观察到两次明亮及两次消光的现象。常见的夹杂物如 FeS、AlN 等各向异性效应比较明显，而 $FeO \cdot TiO_2$ 则仅有微弱的各向异性效应。

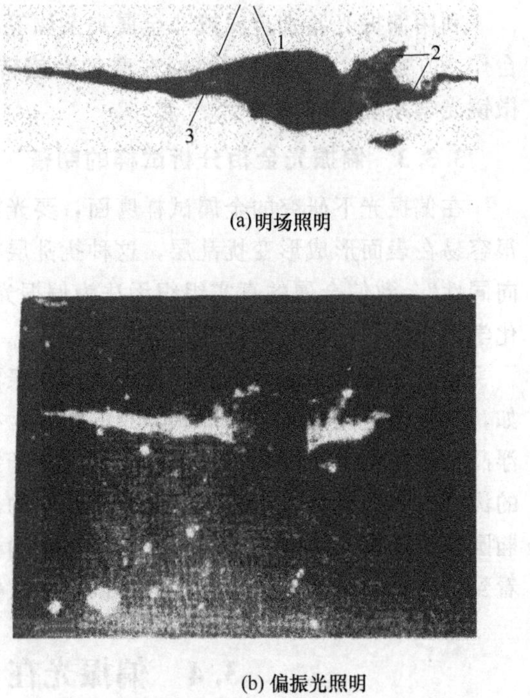

(a)明场照明

(b)偏振光照明

图 3-11　复合夹杂物

1—氧化物；2—硫化物；3—硅酸盐

有些各向同性夹杂物，如本身是透明的，在偏振光下可见到它们具有一定的亮度，分布在暗黑色的基体上，当载物台旋转 360°时，其亮度不随转动的位置不同而变化；有些夹杂物不透明，在正交偏振光下是暗黑的，载物台旋转 360°时，仍然呈暗黑色，不发生亮度的变化。

3.4.1.3 黑十字现象

球状透明的夹杂物在正交偏振光下，呈现出一种特有的黑十字现象。这种现象成为某种夹杂物相鉴别的标志。

当一束直线偏振光垂直投射在包含有球形透明夹杂物的试样表面时，入射光在球形透明体与金属的分界面处发生反射。由于分界面为半球面，因而反射光线在各方向都有，其中大部分为椭圆偏振光，因此，通过正交的检偏振镜后，仍有一定的光强度。其中有两个入射面是例外，就是与振动面平行的入射面 AA 和与振动面垂直的入射面 BB，如图 3-12 所示，图 3-12 为试样顶视示意图。由于 AA、BB 两平面处的反射光仍为直线偏振光，故在正交的检偏振镜下观察到暗黑的消光现象，使球形透明夹杂物呈现黑十字特征，如图 3-13 所示。可见，黑十字的形成是由于透明夹杂物的外形造成的，而与夹杂物的晶体性质无关。当夹杂物的球状外形遭到破坏后，黑十字现象也就消失。

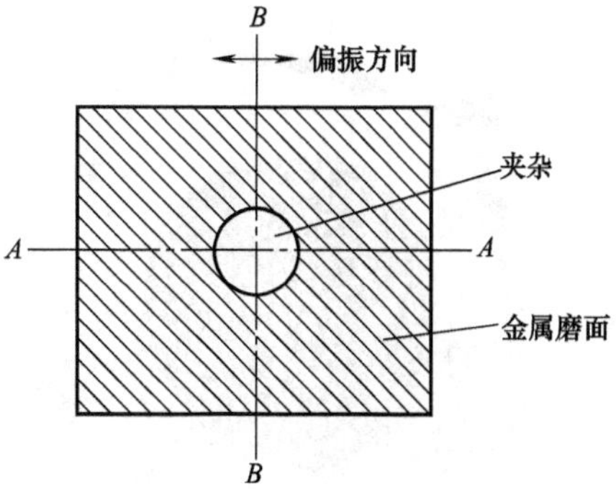

图 3-12 黑十字现象分析

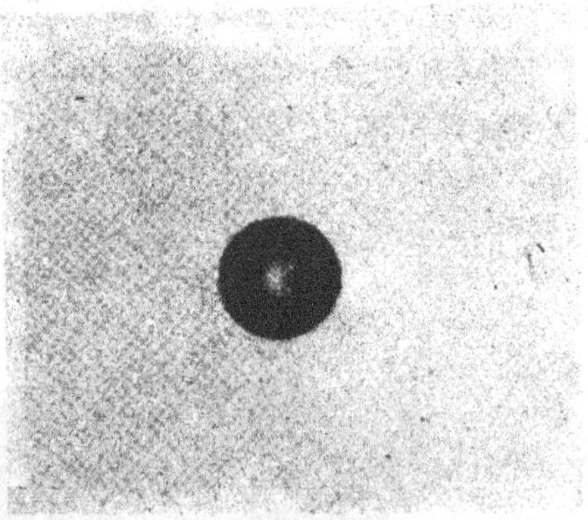

(a) 明场照明

(b) 偏振光照明

图 3-13 球状 SiO_2 夹杂物

此外，玻璃质球状各向异性夹杂物，在偏振光下还具有一种特殊的等色环现象，这是由于入射偏振光从玻璃质球状各向异性夹杂物的内表面上反射的光线产生相互干涉作用的缘故。

3.4.2 各向异性组织的显示

如前所述，各向异性金属因在金相试样磨面上各晶粒的光轴位向不同，使各晶粒反射的偏振光振动面的旋转角度大小不一，通过检偏振镜后，能使各晶粒呈现不同的亮度。这对提高组织映像的衬度，尤其对难以浸蚀出清晰组织的金属来说，十分有利。上述（图 3-8）具有六方结构的纯锌，在常温下变形后，用正交偏振光显示的组织，显示出各晶粒具有不同的明暗层次及孪晶组织。

对于多相合金，其中各向异性的组成相就可用偏振光分析法来鉴别。当载物台转动 360°时，各向异性相能呈现四次明暗变化。

图 3-14 为球墨铸铁的金相组织，其中石墨为六方点阵，具有各向异性性质，在同一石墨球中，不同位向的石墨晶体，在偏振光下显示出不同的亮度，说明每个石墨球就是一个多晶体，而在明场照明下则无法判断。

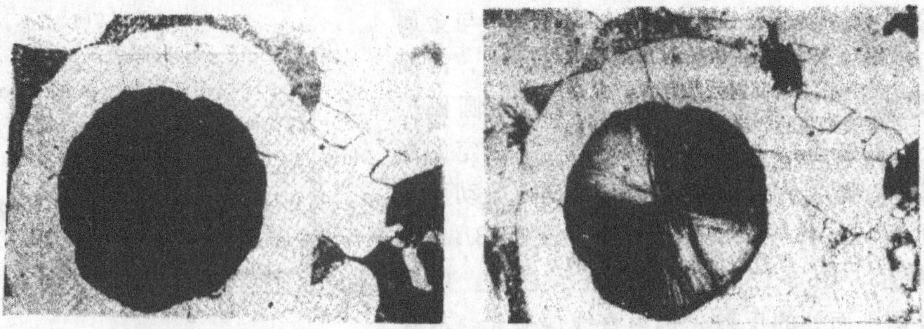

(a) 明场照明　　(b) 偏振光照明

图 3-14　球墨铸铁的金相组织

3.4.3　各向同性组织的显示

当直线偏振光垂直照射在各向同性金属表面时，其反射光仍为直线偏振光，被正交的检偏振镜所阻，产生消光现象。而当直线偏振光倾斜地射到各向同性金属表面时，其反射光则为椭圆偏振光，椭圆度随试样表面的倾斜度而异。当各向同性金属经深浸蚀后，因各晶粒位向不同，较易受到浸蚀的某些晶面，便以不同倾斜度裸露出来，它们就反射出不同椭圆度的椭圆偏振光，各晶粒便以不同的明暗程度显示出来，就可对其组织进行分析。图 3-15 为工业纯铝半连续铸造状态下，经电解抛光及阳极复膜后的组织，在偏振光下可明显看出各晶粒大小及形态。

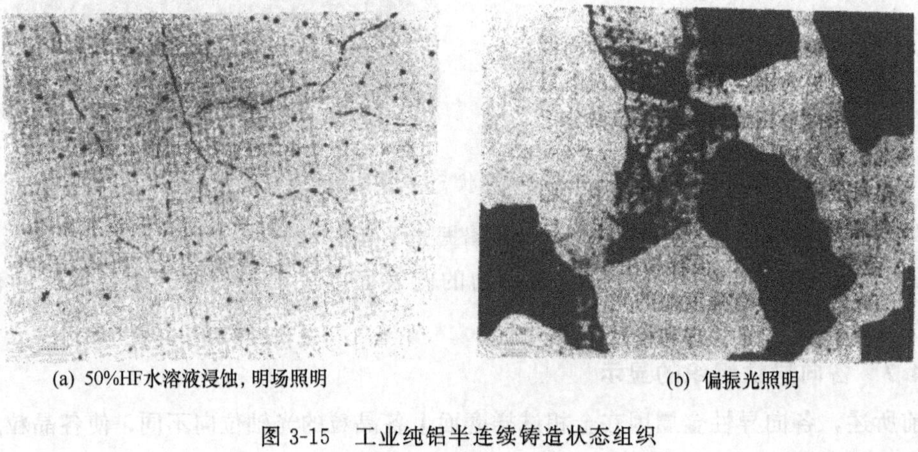

(a) 50%HF水溶液浸蚀，明场照明　　(b) 偏振光照明

图 3-15　工业纯铝半连续铸造状态组织

思 考 题

1. 什么是偏振光？获得偏振光的方法有哪些？
2. 偏振光的类型有哪些？如何鉴别？
3. 偏振光在金相分析中有哪些应用？

单元四　显微硬度及其应用

硬度测定是力学性能试验中最简便、最常用的一种方式，常用的方法为压入法。其标志为反映固体材料在受到其他物体压入时所表现出的抵抗弹性变形、塑性变形和破裂的综合能力。

如果把硬度测量对象缩小到显微尺度以内，就称为显微硬度试验。因此，显微硬度是相对“宏观”硬度而言的一种人为的划分。直观的办法是以压痕的大小来划分，但是由于压痕大小取决于试验力（又称载荷）的大小及材料本身的性能，这样划分就显得较为复杂，所以目前都采用按试验力大小来划分。国际标准 ISO 6507-1—2005《金属材料维氏硬度试验》中规定试验力小于 0.2kgf（1.961N）的硬度试验为显微维氏硬度试验。我国的国家标准 GB/T 4342—1991《金属显微维氏硬度试验方法》中规定的试验力的范围为 0.01～0.2kgf（98.07×10^{-3}～1.961N）。由于硬度测定所用的试验力很小，试验后得到的压痕也很小，其压痕对角线一般只有几个微米到几十个微米，这么小的压痕必须用金相显微镜才能测量，所以称为显微硬度。

4.1　显微硬度试验原理

显微硬度试验采用静力压入法，压头是一个极小的金刚石角锥体，用一个很小的试验力压入试件，以单位压痕面积（或投影面积）所承受的试验力为硬度值的计量指标，即

$$\text{显微硬度值}=\frac{F}{A}\ (\text{kgf/mm}^2) \tag{4-1}$$

式中　F——试验力，kgf；

　　　A——压痕的面积，mm^2。

目前采用的显微硬度压头，按几何形状有两种形式：一种是锥面夹角为 136°的正四棱锥体压头，称维氏（Vikers）锥体压头，如图 4-1 所示；另一种是棱面锥体压头，称努氏（Knoop）压头，如图 4-2 所示。

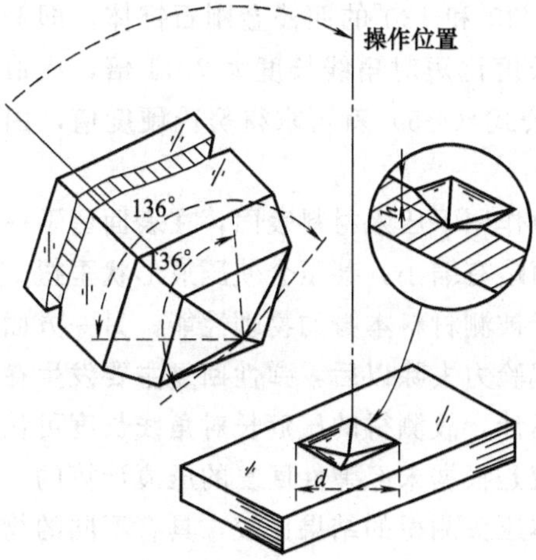

图 4-1　维氏锥体压头及压痕

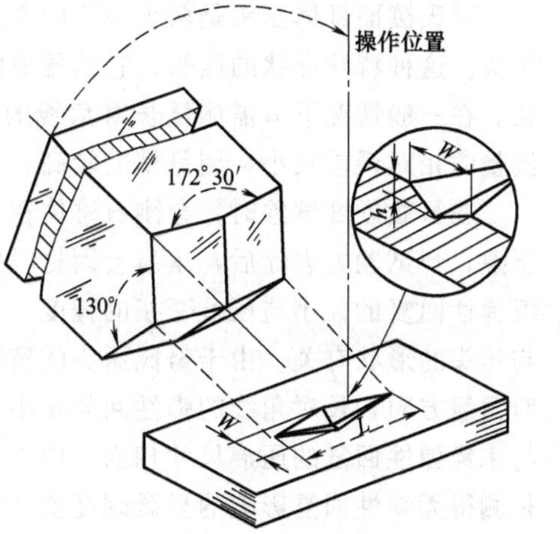

图 4-2　棱面锥体（努氏）压头及压痕

下面分别讨论这两种压头的显微硬度及其特点。

4.1.1 显微维氏硬度

显微维氏硬度与维氏硬度压头的几何形状一样，只是显微硬度测定用的维氏锥体压头在制造时要求精密得多，特别是顶角的尺寸一定要精确。显微硬度值的计算公式也一样。

显微维氏硬度值是用试验力除以压痕表面积所得的商表示，压痕面积根据压痕对角线长度求得，其计算式

$$HV=\frac{F}{A}=\frac{2F}{d^2}\sin\frac{\alpha}{2} \tag{4-2}$$

式中 α——维氏锥体压头顶端两相对面夹角；

F——加在压头上的试验力，kgf；

d——压痕两对角线 d_1 和 d_2 的算术平均长度，mm。

当 $\alpha=136°$，F 和 d 分别以 gf 和 μm 单位代入式（4-2）便得

$$HV=1854.4\frac{F}{d^2}\quad(\text{kgf/mm}^2) \tag{4-3}$$

压痕的压入深度 h 与压痕对角线长度 d 之比

$$\frac{h}{d}=\frac{\sqrt{2}}{4\cot 68°}=\frac{1}{7.006}\approx\frac{1}{7}$$

即压痕深度约为压痕对角线长度的 $\frac{1}{7}$。

我国大都采用维氏锥体压头来进行显微硬度测定，使用的试验力可按表 4-1 选择。在具体测定时，只需按选定的试验力及测得的压痕对角线长的平均值，查表即可获得显微硬度值。显微维氏硬度的符号用 HV 表示，但在符号后应加注试验力和保持时间。例如，当采用 0.1kgf 试验力，保持 10～15s 后测得的显微硬度值为 450 时，则书写为 450HV0.1，若上述硬度值时在试验力保持 30s 后测得的，则用 450HV0.1/30 表示。

表 4-1 显微维氏硬度测定用的试验力

试验力						
试验力	kgf	0.01	0.02	0.05	0.1	0.2
	N	0.09807	0.1961	0.4903	0.9807	1.961

4.1.2 显微努氏硬度

努氏棱面锥体压头是两个棱边的夹角分别为 172°30′和 130°的四棱金刚石锥体，即努氏压头。这种特殊形状的压头，它的压痕的长对角线长度比短对角线长度大 7.11 倍，压痕细长。在一般情况下只需测量长对角线的长度，代入公式（4-5）就可求得努氏硬度值，因而测量的相对误差较小，测量精度较高。

在显微硬度试验时，金刚石锥体在一定的试验力作用下压入材料表面，在表面留下一个压痕，当试验力去除后，压痕会因材料的弹性回复而略有缩小，甚至会使压痕形状歪扭。压痕弹性回复的大小与压痕歪扭的程度，一方面取决于被测材料本身的物理性能，另一方面又与压头的形状有关。由于努氏压头的特殊设计，当试验力去除以后，弹性回复主要发生在短对角线方向，长对角线的弹性回复很小，可以忽略不计，故测得的压痕长对角线长度可认为与未经弹性回复的压痕尺寸相当。所以，努氏硬度值是根据未经弹性回复的压痕计算的，即是测得无弹性回复影响的显微硬度值。它与维氏锥体压头测得的结果比较，具有不同的物理意义。因此，利用上述特点，可以根据压痕长、短对角线长度之比来研究材料的弹性回复现

象，以确定被研究材料的弹性与塑性之间的关系。

努氏显微硬度除压头形状与维氏压头有明显区别外，特别是其硬度值不是试验力与压痕表面积之比，而是与压痕在表面投影的面积之比，即压痕单位投影面积上所承受的试验力大小为努氏硬度值。它的计算公式

$$HK=\frac{F}{A_P} \tag{4-4}$$

根据图 4-2 的几何关系，压痕的投影面积 A_P 可由压痕长对角线长 L 与短对角线长 W 求得

$$A_P=\frac{1}{2}WL$$

由压头的几何形状知

$$W=0.14056L$$

所以

$$A_P=0.07028L^2$$

将 A_P 值代入式（4-4）得

$$HK=\frac{F}{0.07028L^2}\ (\mathrm{kgf/mm^2}) \tag{4-5}$$

当 F 和 L 分别以 gf 和 μm 代入式（4-5）便得

$$HK=14228\frac{F}{L^2}\ (\mathrm{kgf/mm^2}) \tag{4-6}$$

式中 F——试验力，gf；

L——压痕长对角线长度，μm。

试验所用的试验力可在 0.05～2kgf（0.49～19.6N）范围内选取，根据所选的试验力和测得的长对角线长度，查表即可得到 HK 值。

努氏压头压痕深度 h 与压痕长对角线 L 之比

$$\frac{h}{L}=\frac{1}{2\tan\frac{\alpha}{2}}=\frac{1}{2\tan\frac{172°30'}{2}}=\frac{1}{30.514}\approx\frac{1}{30}$$

可见在相同的试验力下，努氏压头的压入深度比维氏硬度压头压痕浅，更适宜于测定薄件及表面层、过渡层硬度分布。另外，努氏硬度试验比维氏硬度试验除具有上述特点外，它更适用于测定珐琅、玻璃、玛瑙、红宝石等脆性材料的硬度，因为在努氏压头作用下，压痕周围脆裂倾向小。这一优点对金属材料同样具有实用意义，一些高硬度的金属陶瓷材料或组织中的脆性相，均宜用这种方法测定。努氏硬度的缺点是压头的制造较困难，两相对棱边夹角的制造精度要求很高；在测定各向异性的材料硬度时，其硬度值随压头相对于材料的方向不同而有差异，而维氏硬度试验是测量两条对角线的长度，取其平均值，因而可消除各向异性给硬度测量带来误差。另外，努氏硬度试验对试样表面的粗糙度和压头对试样表面的垂直度要求都比较高。

4.2 显微硬度计

显微硬度计是由金相显微镜和硬度压头压入装置两部分组成。金相显微镜用来观察和确

定试件的测定部位，并测量压痕的长度；压入装置以一定的试验力加于压头压入确定的部位。因此，这类硬度计可作测定试件显微硬度用，也可作为金相显微镜使用。

4.2.1 显微硬度计的结构

TMV-1S/TMV-1 型显微硬度计如图 4-3 所示。

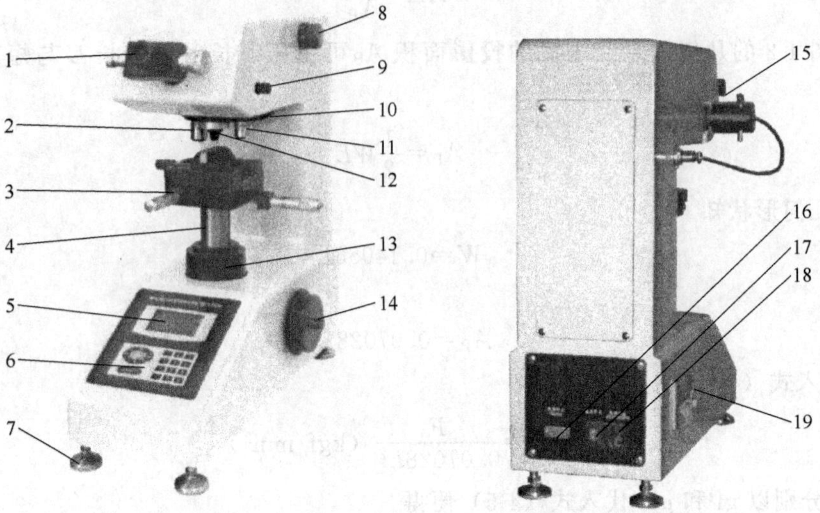

图 4-3 TMV-1S/TMV-1 型显微硬度计

1—测微目镜；2—10×物镜；3—*X-Y* 试台；4—升降轴；5—LCD（液晶显示屏）；6—薄膜键盘；7—水平调节螺钉；8—试验力变换手轮；9—光路旋钮；10—转台；11—40×物镜；12—压头；13—升降轴套；14—升降调焦手轮；15—照明光源座；16—RS232 接口；17—电源开关；18—电源插座；19—打印机（可根据用户要求配置）

4.2.2 显微硬度计的技术参数

① 测试力（gf）：10，25，50，100，200，300，500，1000。

② 试验力选择：通过试验力变换手轮选择，选择好的力显示在屏幕上。

③ 加载控制：自动（加载/保荷/卸载）。

④ 保荷时间：5～99s（1s 为增量）。

⑤ 测试模式：HV/HK。

⑥ 硬度值：人工测量，键盘输入，自动计算、显示。

⑦ 光学系统。

物镜：10×，40×（测量）。

目镜：10×。

总放大倍数：100×（观察），400×（测量）。

测量范围：200μm。

分辨率：0.25μm。

⑧ *X-Y* 试台。

尺寸：100mm×100mm。

行程：25mm×25mm。

分辨率：0.01mm。

⑨ 试件。最大高度：85mm。

⑩ 最大深度：120mm（从中心算起）。

⑪光源亮度：8 级可调。

⑫光源：5V/3WLED。

⑬加载电机：2.5W，220V AC，4rpm。

4.2.3 面板显示及各键功能

图 4-4 所示为 TMV-1S/TMV-1 的前面板。图的上半部分为 LCD，图的下半部分为键盘。

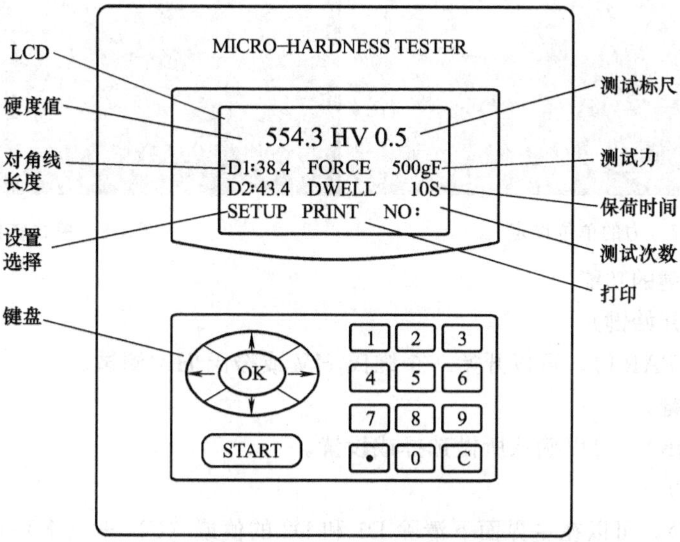

图 4-4 TMV-1S/TMV-1 的前面板

4.2.3.1 显示界面

（1）主界面（主菜单） 在图 4-4 中，LCD 屏上显示的界面为主界面。它从上到下、从左到右依次包括的字段为：硬度值，测试标尺，维氏对角线 D1 和 D2，试验力，保荷时间，调节选项，打印，测试次数。可以通过移动〈↑〉〈↓〉或〈←〉〈→〉进行选项。

（2）子界面（子菜单） TMV-1S/TMV-1 机型 LCD 提供了 2 个界面，除主界面外，另外还有一个子界面，点击〈SETUP〉进入子界面，如图 4-5 所示，点击〈C〉退出子界面，进入主界面。

图中 DWELL（s）表示保荷时间设定，可以通过按〈↑〉〈↓〉键，先将光标移动到此，然后通过数字键输入保荷时间。见图 4-6（图中设定的保荷时间为 10s)。

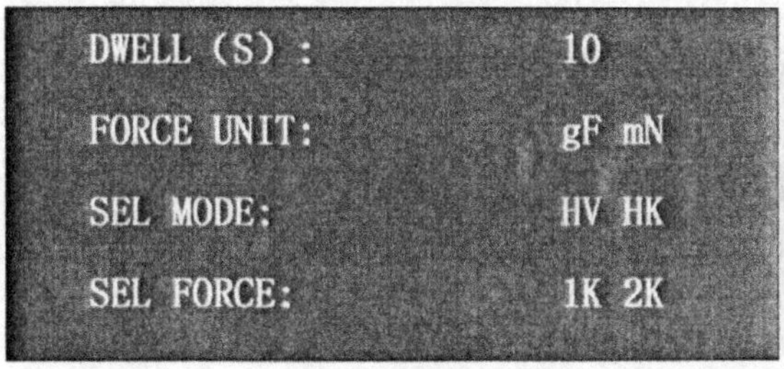

图 4-5 子界面

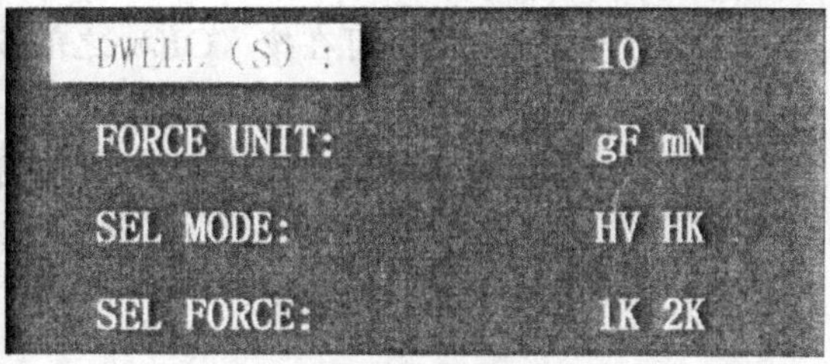

图 4-6 保荷时间设定

图 4-6 中 FORCE UNIT 表示试验力单位的设定，可以通过按〈↑〉〈↓〉键，先将光

标移动到此，然后按〈←〉或〈→〉键移动光标选择力的单位。见图 4-7（图中设定的力的单位为 gF）。

图 4-7 中 SEL MODE 表示选择键，可以通过按〈↑〉〈↓〉键，先将光标移动到此，然后按〈←〉或〈→〉键移动光标选择 HV 或 HK。见图 4-8（图中设定的状态为维氏硬度试验 HV）。

系统在关机时会自动保存所有更改后的设置。

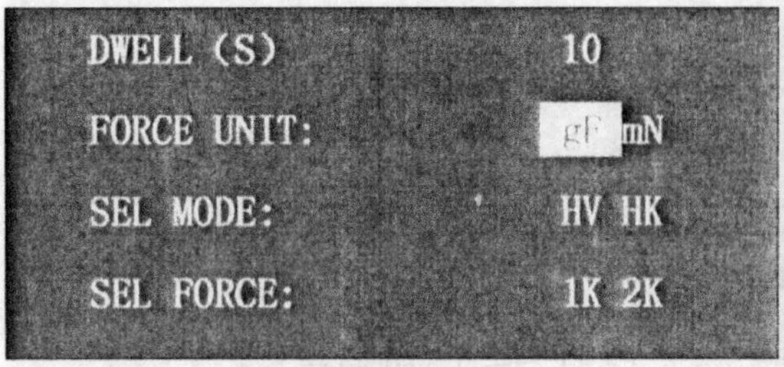

图 4-7　力的单位设定

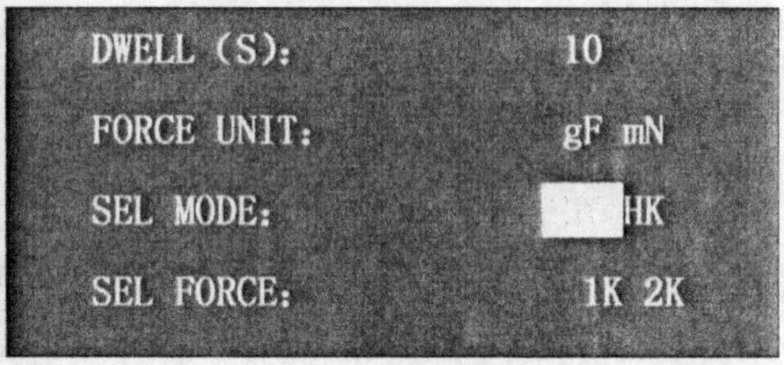

图 4-8　模式转换

4.2.3.2　各键的功能

〈START〉（开始键）

通过按下〈START〉，可以开始一个维氏 HV 或努氏 HK 测试。

〈OK〉（确认键）

通过按下〈OK〉，可以确认所做选择或设置。

〈C〉（清除键）

通过按下〈C〉，可以在主界面下清除 D1 和 D2 的值或〈C〉＋〈↑〉〈↓〉键进行光标调节。进入子菜单后可以作为返回主界面键。

数字键：〈0〉，〈1〉，…，〈9〉。

计算 HV 维氏和 HK 努氏硬度值的公式储存在硬度计的一体化计算器内。可以通过数字键把测量读数输入计算器后得到硬度值。

当系统在 HV 测试模式下，在输入了对角线 D1 的测量读数并按〈OK〉后，系统会自动换算出 D1 的长度值，并要求输入 D2 读数；在输入对角线 D2 的值测量读数并按〈OK〉之后，系统会自动换算出 D2 的长度值，并将与 D1 取平均值，同时将对应的 HV 硬度值的计算结果显示在屏幕上。

当系统在 HK 测试模式下时，在输入了长对角线 D1 的测量读数并按〈OK〉后，系统会自动换算出 D1 的长度值，然后将 D1 的数据再输入 D2 中，按〈OK〉键，则对应的 HK 硬度值计算结果将显示在屏幕上。

如果输入数字有误，可在按〈OK〉之前按〈C〉键删除输入的数字。

4.3　显微硬度值的测定及影响因素

4.3.1　显微硬度值的测定

4.3.1.1　选择测试标尺

按下电源开关上的“I”标记，打开硬度计电源，系统会发出“嘀嘀”的声音并在屏幕上显示主界面，如图 4-9 所示。

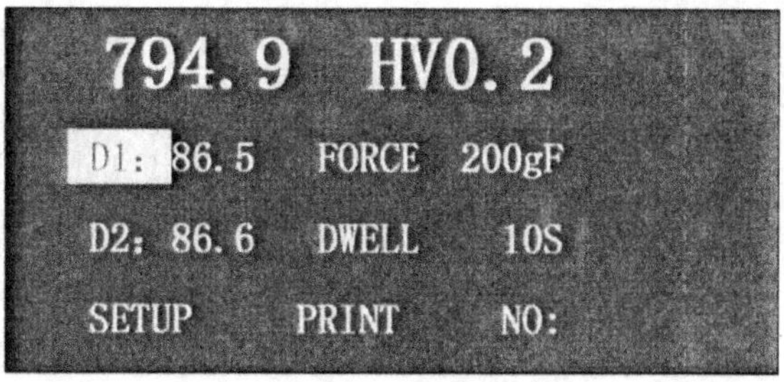

图 4-9　主界面

通过试验力变换手轮选择试验力。系统会自动判断当前的标尺选择并显示在主界面上，并发出“嘀”的响声。

如果有必要，可改变保荷时间。

4.3.1.2　开始测试

注意：〈START〉用于在所有参数设置已完成后开始一个测试。在测试开始前，系统应显示主界面。必须先让硬度计完成测试程序后，才能按下任何控制键。

注意：如果试台上没有试件，请不要开始测试程序。把压头压向试台会对两个部件都造成损坏！禁止使用带有磁力的工作台和试件夹具！

① 把试件放在 X-Y 试台上。

② 把转台上的 40×物镜回转到工作位置。

③ 移动试件，使之刚好在 40×物镜下方。顺时针旋转调焦手轮，升起升降轴，直到试件被升高到离压头约 0.5mm 的高度。

④ 慢慢地顺时针旋转调焦手轮，对光学系统进行调焦，直至对调焦结果觉得满意。

⑤ 如有必要，可把转台上的 10×物镜回转到工作位置，观察、选择测试点并调焦，然后把 40×物镜回转到硬度计中央并进行精确调焦。调焦完成后，试件表面纹理应在视场内清晰可见。

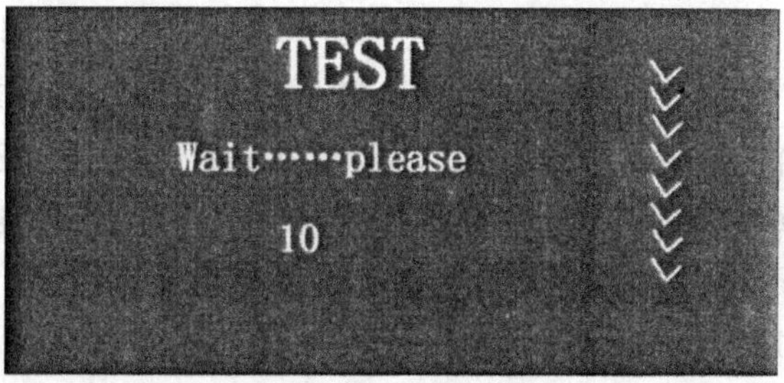

图 4-10　加荷状态

注意：调焦时应小心，避免试件与压头或镜头发生碰撞。

⑥ 把压头回转到工作位置，准备进行测试。

⑦ 按下〈START〉。系统会开始测试并显示一个等待信息。测试过程见图 4-10～图 4-12。

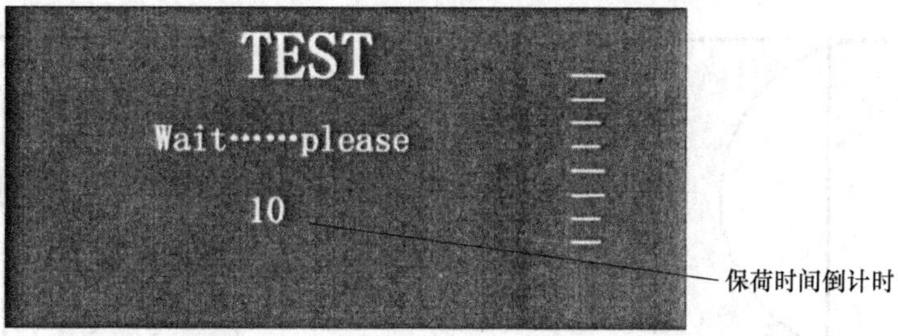

图 4-11　保荷状态

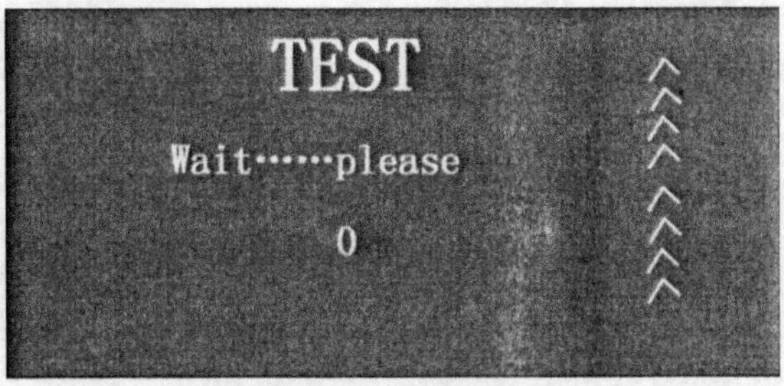

图 4-12 卸荷状态

⑧ 在完成测试后，系统回到主界面，如图 4-9 所示。此时，系统在等待测量并输入对角线测量读数。

4.3.1.3 测微目镜

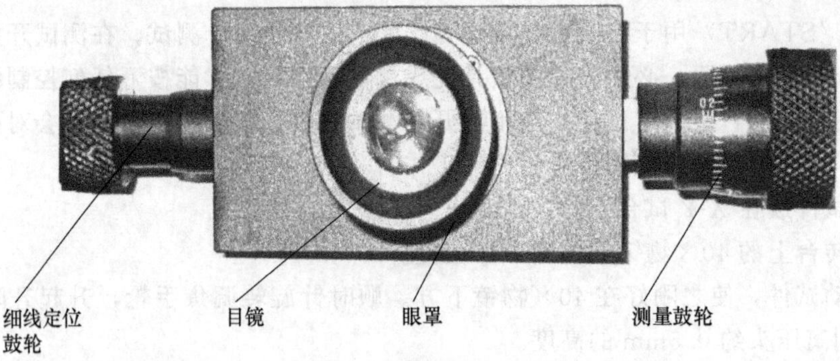

图 4-13 测微目镜

图 4-13 所示的测微目镜是硬度计光学测量系统的一部分。它可以帮助观察试件的压痕并测量对角线长度。测微目镜有两根细线，一根细线在移动到压痕的一端后保持静止不动，而另一根则通过转动测量鼓轮，继续移动到压痕对角线的另一端。当认为两根线都正好在对角线的两端时，就可以读出测量鼓轮上的读数，并通过面板上的数字键把读数输入硬度计的计算器。

4.3.1.4 测量压痕对角线

① 把 40×物镜转到工作位置。

② 旋转眼罩，直至目镜内的两条细线都非常清晰，见图 4-14。

③ 观察目镜内的像质，用手轮进行对焦，直至压痕的像非常清晰。

④ 旋转测微目镜左边的细线定位鼓轮，使左边的细线刚好卡在压痕对角线的左尖端并与之垂直，见图 4-15。此操作将使两根线都一起移动。

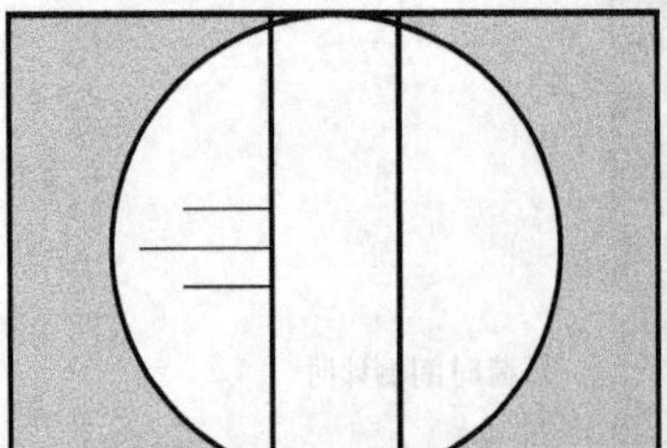

图 4-14 目镜内的两条细线都非常清晰

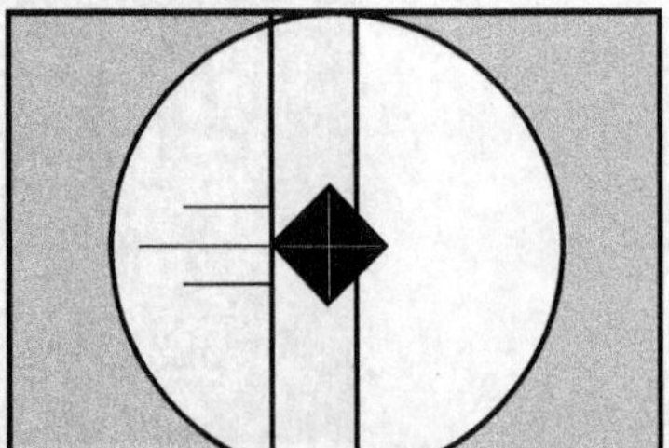

图 4-15 移动左边细线到压痕左尖端

⑤ 旋转测微目镜右边的测量鼓轮，使右边细线刚好卡住压痕对角线的右尖端，见图 4-16。

⑥ 通过数字键在 D1 栏内输入测量鼓轮上的读数并按〈OK〉确认。

⑦ 如果输入数字有误，可在按〈OK〉之前按〈C〉删除输入的数字。按〈OK〉确认后，光标会自动跳到 D2，要求输入 D2 数字，单位为忽米（cmm）即测量鼓轮上的最小分度值 0.01mm。

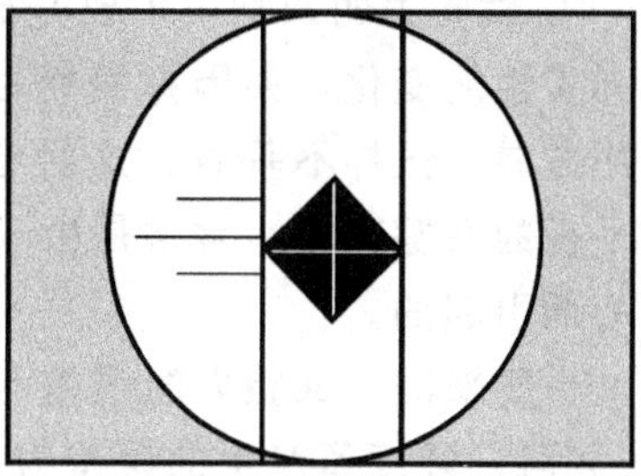
图 4-16　移动右边细线到压痕右尖端

⑧ 将测微目镜顺时针旋转 90°，观察目镜内的像。此时细线应与压痕的另一条对角线垂直。

⑨ 旋转细线定位鼓轮，使之刚好卡住压痕的上尖端。此操作会同时移动两根线，见图 4-17。

⑩ 旋转测量鼓轮，使下部细线刚好卡住压痕的下尖端。见图 4-18。

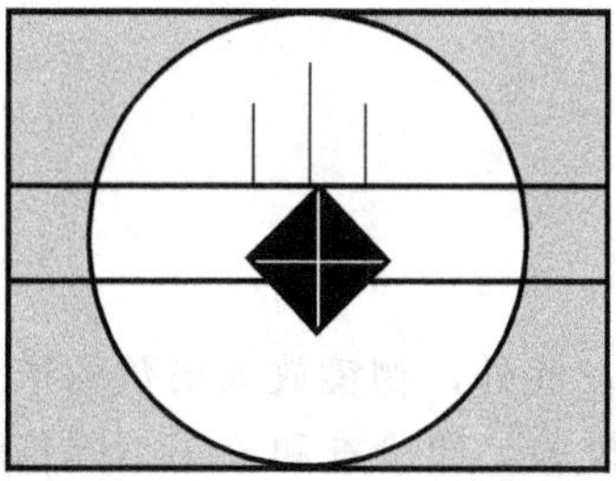
图 4-17　移动上部细线到压痕上尖端

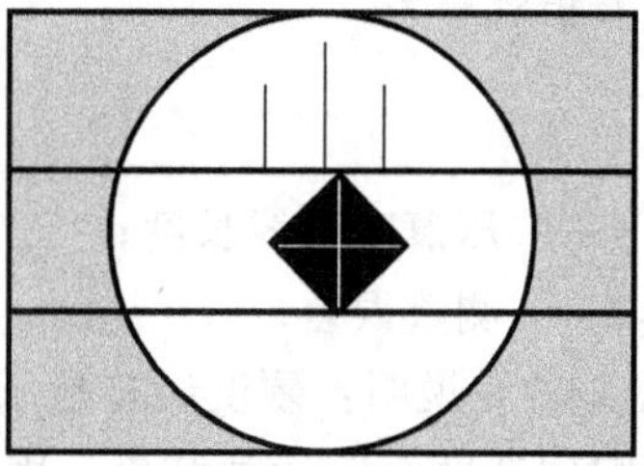
图 4-18　移动下部细线到压痕下尖端

⑪ 通过数字键在 D2 栏内输入测量鼓轮上的读数并按〈OK〉确认，此时硬度值一栏会显示测试结果。

⑫ 如果对测试结果不满意，可以按以上步骤重新测量压痕对角线输入 D1、D2 数字。

注：输入计算器的鼓轮上读数 D1、D2 值并非压痕实际长度，是通过 40×物镜放大以后的长度，但输入以后计算器后系统会自动转换成实际长度，并计算出硬度值。

4.3.1.5　如何读取测量鼓轮

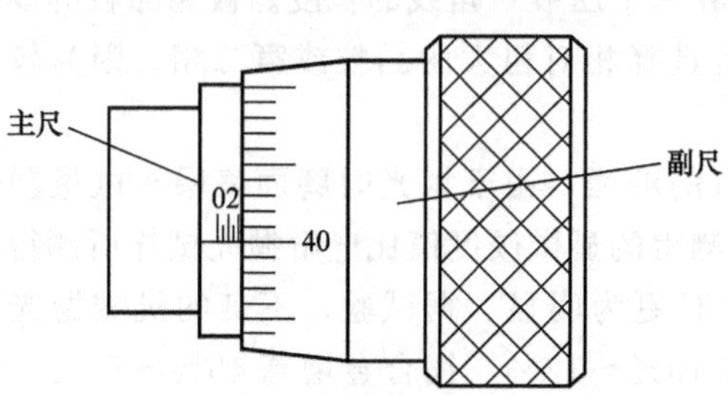

图 4-19　测量鼓轮上的读数

图 4-19 所示为测量鼓轮上的读数。可以看到，主尺上的刻度超过了 2。因此，主尺上的读数应为 200cmm（忽米）。副尺上的 40 刻度线正好与主尺上的线重合，因此，副尺上的读数为 40cmm（忽米）。总的读数为 200＋40＝240cmm（忽米），即鼓轮旋转了 240 格。

4.3.2　显微硬度值的影响因素

影响显微硬度值准确性的因素很多，其主要的影响因素可划分为四个方面：即仪器误差；试样材料的特征和制备方法；试验条件和操作方法；试验力的选择。

（1）仪器误差的影响　仪器误差主要反映在试验力、压头和显微镜的精度。这与仪器制造厂家的制造精度及使用过程中维护保养的优劣有关。

① 试验力的影响　主要是砝码重量超差，表现为锈蚀、损伤、表面镀层脱落等；载荷弹簧性能变化，如因弹簧锈蚀，经长期使用后弹簧松弛使弹力发生变化等；试验力的作用方向与试样不垂直，这时会产生一个水平分力，使实际试验力减小；加荷机构上未被平衡的摩擦阻力，常常是由于机体安装时未调整好水平，或由于主轴的导向机构不对中心而引起的。

一般来讲，试验力的误差与硬度值的误差成正比，但方向相反。即当试验力误差为±1%时，硬度值产生的误差为∓1%。硬度误差还随试验力的降低而增加（原因在后面叙述），所以在试验条件许可的情况下，应尽量选用较大试验力进行试验。

② 压头的影响　压头的几何形状和其面角与横刃的公差应符合技术条件的规定，否则均会对硬度值造成影响。压头的四个三角形工作面应光滑、平整和有良好的粗糙度，如果在使用过程中压头受到损伤，如顶角磨损、压头工作面上附着油污或顶端上粘滞着某些金属，会使压痕边缘粗糙和不规则，这些均会增大测量误差，影响示值精度。

③ 显微镜的精度　测微目镜的测量精度低，会造成压痕对角线的测量误差，对仪器的示值误差相对量为

$$\frac{\Delta HV}{HV}=2\frac{\Delta d}{d} \tag{4-7}$$

式中　d——压痕对角线长度；

Δd——测量误差。

式（4-7）说明：硬度误差是压痕对角线误差的两倍。此外，物镜放大倍数的准确性也直接影响到硬度值的计算结果。因此，仪器应定期进行校验，即检查和校正不同倍率物镜下，测微目镜上每一小格的实际格值。

（2）试样材料的特征和制备方法

① 试样本身的影响　试样材料具有明显的各向异性（如织构）特征时，压痕形状将不规则；压痕在一个晶粒内的不同位置，如在晶内与在靠近晶界或靠近第二相，所测得的结果也会有差别；如果被测晶粒极薄，压痕会陷入底下的晶粒之中，而与未压透晶粒的测量结果有差异；即使是单相合金，由于各晶粒间的位向不同，测量结果也会反映出差异。因此，在选择加荷部位时，应注意压痕的位置最少应距晶界一个压痕对角线的长度。被测晶粒的厚度至少10倍于压痕的深度。在选择测定位置时，宜选择相对粗大的晶粒或第二相，因为较小的晶粒或相很可能是极薄的一片。

② 试样制备方法的影响　试样机械抛光制得的磨面，由于抛光时磨面表层有微量塑性变形，产生一层很薄的扰乱层，所以机械抛光所测得的显微硬度值比电解抛光试样所测得的结果要高。尤其在采用较低试验力（小于10gf）时更为明显。据试验，不良的机械抛光能使钢的显微硬度值增高25%～28%，铝合金增高10%～12%，铜合金增高45%～55%。此外，磨面形成氧化膜，也会影响显微硬度值，氧化膜比较坚硬，硬度值会偏高。因此，机械抛光制备试样时，应注意用较小的磨抛压力，尽量缩短抛光时间。有条件时，最好选用电解抛光方法。

抛光后的试样愈平愈好，要尽量避免浮凸，如试样有浮凸则压痕不易成正方形。

显微试样不宜浸蚀过深，尤其是被测组织呈暗色调时，如果浸蚀较深压痕边缘不易辨别，影响测量效果。

测量剖面的表面硬度时，侧面应平整，最好镶嵌后磨制，谨防边缘倒角。

（3）试验条件和操作方法的影响　仪器工作室的环境条件，如室内或附近是否有产生震动的其他设备，都会影响硬度值的精度，在操作方法上如加荷的速度、加荷后保持的时间的长短，以及测试人员的视力和工作经验等主观因素也都会造成影响。例如，在调节压痕像时，压痕像的大小与孔径光阑的大小，即压痕与机体的对比度有关。当孔径光阑缩小时，压痕与机体对比度增大，压痕边缘渐趋清晰；反之，压痕边缘往往不清。当然孔径光阑不能调得过小，一般认为最好的位置时是使压痕的四角变成暗黑，而各边清晰。这对操作人员来说就要求有熟练的技艺。

（4）试验力选择的影响　在显微硬度试验中，即使试验力本身不存在超差的情况，对于同一个试样，其他试验条件均处于理想条件时，改变试验力的大小，也会出现所得硬度值不同的情况。这是由于压头以一定的试验力压入试样表面，试样表面形成压痕，当试验力去除后，压痕将因金属的弹性回复而稍微减小。弹性回复是金属的一种性能，它只与金属的种类有关，而与产生压痕的试验力大小无关。就是说，不管试验力如何变化，压痕的大小怎样，弹性回复几乎都是一个定值。因此，当试验力较小时，压痕很小，压痕因弹性回复而收缩的比例就比较大，所以根据回复后压痕尺寸求得的显微硬度值总是比较高。例如，含 3.8%Si 的 Fe-Si 合金固溶体，用不同试验力测得的硬度值也不相同，如表 4-2 所示。

表 4-2　不同试验力下的显微硬度值

试验力/gf	压痕对角线长 d/μm	d^2/μm^2	HV
1	2.26	5.1	364
2	3.24	10.5	354
5	5.21	27.2	341
10	7.61	58.0	320
25	12.13	147	316
50	17.5	306	303
100	25.1	630	295

由于试验力不同而使显微硬度测量中存在重复性差、难以进行准确的相对比较等缺点。为此，哈纳门提出：既然显微硬度值的差别是由压痕大小引起的，故以一定尺寸的压痕对角线长作为比较标准，即取标准压痕长度为 5μm、10μm、20μm，将这三个压痕长度计算的硬度值作为显微硬度的比较标准。在实际硬度测量中，不可能得到完全与标准压痕相同的压痕长度，因此，需要首先测出不同试验力下的硬度值，并绘制出压痕对角线长度 d 与显微硬度 HV 的关系曲线，再从曲线上求得标准压痕长度的试验力，这种方法不甚方便。如果只要对显微组织性能进行一般性研究或进行相对比较，则可采用选定的同一试验力下测定各相的显微硬度值以资比较。

在选择试验力时，除要考虑上述的要求外，还应根据显微组织的特点进行确定。例如，压痕大小必须与晶粒大小成比例，特别在测定软基体上的硬质相时，第二相的直径必须四倍于压痕对角线长度，否则硬质相会被压下，影响测量结果。此外，在测定脆性相时，大的试验力会出现压碎的现象。如果压痕角上出现裂纹，则表明试验力已经超出被测相的断裂强度，这种变形已不单是弹塑性变形，因此获得的硬度值也就不真实，需改用较小的试验力来测定。

4.4 显微硬度的应用

显微硬度试验在整个金属研究领域中，占有很重要的位置，它不仅为研究金属学理论提供了极为有用的数据，而且在实际生产中也已成为一种不可缺少的试验方法。

4.4.1 显微硬度在金相分析中的应用

① 可以测定细小薄片零件和零件的特殊部位（如刀具和刃具），以及氮化层、氧化层、渗碳层等表面层的硬度。

② 可以对金相显微组织硬度的测定进行比较来研究金相组织。

③ 可以对试件的剖面沿其纵深方向按一定的间隔进行硬度测定（硬度梯度），以判定电镀、氮化、氧化或渗碳层等表面层的厚度。

显微硬度的测试应遵循 GB/T 4340.1—2009《金属维氏硬度试验　第 1 部分：试验方法》中的相关规定，如：

① 试验一般在 10～35℃室温下进行。对于温度要求严格的试验，室温应在 23℃±5℃。

② 试样支承面应清洁无污物。

③ 在压头对试验面的加力过程中不应有冲击和振动。

④ 试验力保持时间一般为 10～15s。

⑤ 在整个试验过程中，硬度计应避免受到冲击和振动。

⑥ 任一压痕中心距试样边缘距离，对于钢、铜及铜合金至少应为压痕对角线长度的 2.5 倍；对于轻金属、铅、锡及合金至少应为压痕对角线长度的 3 倍。两相邻压痕中心之间距离，对于钢、铜及铜合金至少应为对角线长度的 3 倍；对于轻金属、铅、锡及合金至少应为压痕对角线长度的 6 倍。如果相邻两压痕的大小不同，以较大压痕确定压痕间距。

⑦ 在平面上压痕两对角线的长度之差用不超过对角线平均值的 5%，如果超过 5%，则应在试验报告中注明。

⑧ 一般情况下，建议对每个试样报出三个点的硬度测试值。

当压痕出现异常情况时，将会得出不准确的显微硬度值，下面介绍几种常见的异常压痕及产生原因。

① 压痕呈不等边棱形，但呈规律单向不对称压痕。有两种情况会造成这种现象：

a. 试样表面与底面不平行。旋转试样，压痕的偏侧方向也随之旋转。

b. 载荷主轴的压头与工作台不平行。旋转试样，压痕的偏侧方向不改变。

② 压痕对角线交界处（顶点）不成一个点，或对角线不成一条线。这主要是因为顶尖或棱边损坏，换压头后调整至“零位”即可。

③ 压痕不是一个而是多个或大压痕中有小压痕。这是由于加荷时试样相对于压头有滑移。

④ 压痕拖“尾巴”。

a. 由于支承载荷主轴的弹簧片有松动。这时沿径向拨动载荷主轴，压痕位置发生明显变化。

b. 由于支承载荷主轴的弹簧片有严重扭曲。这是压头或试样表面上有油污。出现上述这些异常情况，应及时找出原因并解决，以免影响测量的准确性。

4.4.2 显微硬度计的维护

① 仪器安装地点须干燥，不受潮湿和有害气体的侵蚀。

② 仪器要水平放置，用弹性橡胶或其他吸振板做垫板，以保证仪器不受振动。

③ 仪器最好安装在特殊设计的工作台上，不用时将仪器封罩起来，内放硅胶等干燥剂。

④ 保证仪器的清洁，镜头上有污物时，应用橡胶球吹掉，或者用镜头刷或擦镜纸去除。

⑤ 在载物轴或压头轴上沾有污渍而影响仪器使用时，应非常谨慎地用汽油擦拭，以保证载物轴或压头轴的灵活性。

⑥ 操作者在使用前应仔细阅读仪器的有关资料及说明书，熟悉显微硬度计各类部件的作用和操作规程，保证显微硬度测量值的准确度。

思 考 题

1. 显微硬度有几种测定方法？各有什么特点？
2. 显微硬度计由哪几部分组成？
3. 简述显微硬度的测定步骤。
4. 测定显微硬度时需注意哪些事项？

单元五　电子显微分析

光学金相技术已经成为材料的生产、加工使用和研究过程中必不可少的一种技术。但是随着科学技术的发展，对于金相分析技术的要求越来越高，尤其是对显微镜的分辨能力更是如此。对于光学显微镜来说，在许多情况下无法达到这样的要求。另外，由于光的衍射现象，限制了光学显微镜的分辨能力（电镜中常称为分辨本领）。根据公式（2-15）显微镜的最小分辨距离为

$$d=\frac{0.61\lambda}{NA}$$

由此可见，显微镜最小分辨距离与波长 λ 成正比，与数值孔径 NA 成反比。金相显微镜采用可见光作照明源，它的平均波长范围为 500nm 左右，即使采用折射率很高的介质（如常用的松柏油 $n=1.515$）和最大孔径角（75°），物镜的数值孔径 NA 最大只能为 1.55，这时显微镜的分辨距离也只能达到 200nm 左右的限度，而许多显微组织的尺寸均小于这个限度，例如，片层间距小于 200nm 的极细珠光体组织，在光学显微镜下呈球团状黑色组织，无法判别其层片特征；因此，就无法弄清这些组织的实质，无法研究它们的形成过程以及与性能之间的内在联系。

在真空中高速运动的电子束与可见光一样，具有波粒二象性，而且可以通过电磁透镜聚焦成像。运动电子的波长比可见光波短得多，把它作为显微镜的照明源，可以显著提高显微镜的分辨本领。这种利用电子束作照明源的显微镜称为电子显微镜，简称电镜。

虽然电镜有分辨本领高、放大倍数大等优点，但是其设备复杂、价格昂贵，透射电镜的样品制作较麻烦，费时较多，观察范围小，同时对操作技术要求较高等不足或不便之处，影响了电镜的推广使用。因此，电镜并不能也无必要取代光学显微镜，而是相辅相成地完成金相分析工作。

5.1　电子光学基础知识

5.1.1　电子的波长

由金属键的概念可知，金属是由带正电的金属离子和公有化的自由电子组成。室温下，由于存在着正离子与自由电子之间的静电引力，自由电子只能在金属内部运动，不能逸出金属表面。如果将金属加热到很高的温度，自由电子的动能很大，当动能增加到可以克服正离子的引力时就可能逸出金属表面。这种离开金属表面的自由电子在电场的作用下，将以一定的速度、沿一定的方向运动（需要在真空的条件下）。

从现代物理学可知，任何物质微粒的运动都具有波动性质。自由电子运动的微观粒子，也具有波动性质。即质量为 m 的电子，当以速度 v 作匀速运动时，相当于一平面单色波的传播。该电子的波长 λ 与电子质量、运动速度之间符合德布罗意（de Broglie）公式

$$\lambda=\frac{h}{mv} \tag{5-1}$$

式中 h——普朗克常数，等于 $6.626\times10^{-34}\mathrm{J\cdot s}$；

m——运动电子的质量；

v——电子的速度。

先看慢速（$v\ll C$）电子的情况，即不考虑电子速度对其质量的影响（$m=m_0$）。如有一初速为零的电子，在电场中从电位为零的点开始运动，受到的加速电压为 U，获得的运动速度为 v_0。根据能量守恒原理，电场力加速电子所消耗的功（eU）等于电子获得的全部动能，即

$$eU=\frac{1}{2}m_0v^2$$

或

$$v=\sqrt{\frac{2eU}{m_0}} \tag{5-2}$$

式中 e——电子电荷，等于 $1.60\times10^{-19}\mathrm{C}$；

m_0——电子静止质量，数值为 $9.1\times10^{-31}\mathrm{kg}$。

将具体数据代入式（5-1）或式（5-2），整理后得出

$$\lambda=\sqrt{\frac{150}{U}}\times10^{-1} \quad 或 \quad \lambda=\frac{12.25}{\sqrt{U}}\times10^{-1} \tag{5-3}$$

式中 λ 的单位为 nm，U 的单位为 V。式（5-3）说明电子波长与其加速电压平方根成反比，加速电压越高，电子波长越短。

在电子显微镜中，使用的加速度电压比较高，一般在几十千伏以上，电子的运动速度很大，甚至可与光速相比拟。由物理学知识可知电子的质量随运动速度增加而增大。因此，电子波长需根据相对论理论加以校正。

表 5-1 给出校正后的不同电压下的电子波长。由表可见，电子波长比可见光波长短得多，从电镜中常用的加速电压（50～100kV）下电子的波长看，其波长范围为 0.00536～0.0037nm，约为可见光波长的十万分之一。因此，用电子波作照明源，可显著提高显微镜的分辨本领。

表 5-1 电子波长与加速电压的关系

加速电压 U/kV	电子波长 λ/nm	加速电压 U/kV	电子波长 λ/nm
1	0.0388	60	0.00487
10	0.0122	80	0.00418
20	0.00859	100	0.0037
30	0.00698	200	0.00251
40	0.00601	500	0.00142
50	0.00536	1000	0.000687

5.1.2 电子束的聚焦与放大

在光学显微镜中，可见光通过玻璃透镜时，因折射而产生会聚或发散。和光束不同，电子是带电粒子，不能凭借光学透镜产生会聚或发散。但可以在电场或磁场力的作用下，改变电子运动方向，从而达到会聚的目的。产生这种电场或磁场的装置称电子透镜。前者称静电透镜，后者称磁透镜。由于静电透镜容易被击穿、像差大、调节不方便，故目前很少应用，磁透镜没有上述缺点，目前电镜中都采用磁透镜聚焦成像。

5.1.2.1　磁透镜的聚焦作用

电荷在磁场中运动时，将受到磁场力的作用，磁场对运动电荷的作用力称洛伦兹力（F_L）。电子带负电荷，它在磁场中运动时，也将受到洛伦兹力的作用，其关系式为

$$F_L = qVB\sin(\vec{v},\vec{B}) \tag{5-4}$$

式中　q——运动电荷；

V——电荷在磁场中的运动速度；

B——电荷所在位置的磁感应强度；

$(\vec{v},\vec{B})$——电荷运动方向与磁场方向之间的夹角。

下面讨论不同速度方向的电子在均匀磁场内的运动情况：

① 若电子速度方向平行于磁力线方向时，电子不受磁场力的作用，运动速度的大小和方向都不改变。

② 若电子垂直于磁力线方向运动时，电子受磁场力的作用，不改变电子的运动速度，只改变运动方向。从力学观点看，运动速度为 v 的电子，受到一个恒定的、垂直速度方向的力的作用，这个力相当于一个向心力，因而使电子在均匀磁场内作匀速圆周运动。

③ 若电子速度方向与磁力线方向成一定夹角时，可将运动电子的速度 $\vec{v}$ 分解为两个分量，如图 5-1 所示。其中平行于磁场的分量 $\vec{v}_z$ 使电子沿磁场方向作匀速直线运动；垂直于磁场的分量 v_r 则使电子作匀速圆周运动。不难想象，这两种运动的合成，它的运动轨迹将是一条螺旋线（图 5-1）。

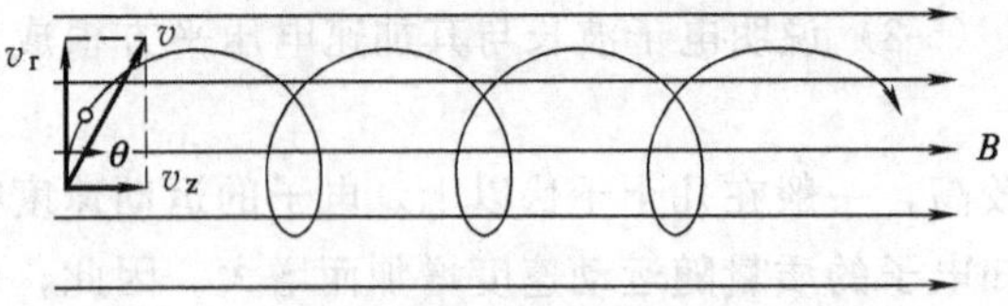

图 5-1　电子在均匀磁场中作螺旋线运动

由上面的讨论可知，在均匀磁场中，不可能将电子束进行聚焦。因此，在电子显微镜中都采用非均匀弯曲磁场来聚焦。因为这种非均匀磁场的等磁位面形状和光学玻璃透镜的界面相似，所以把能产生对称非均匀磁场的磁极装置称为磁透镜。按照励磁方式不同，可分为恒磁透镜和电磁透镜两类。用恒磁体提供磁场的称恒磁透镜，用电磁线圈通电励磁的称电磁透镜。电磁透镜比恒磁透镜使用方便、广泛，它的结构及产生的磁场如图 5-2 所示。在此只讨论电磁透镜。

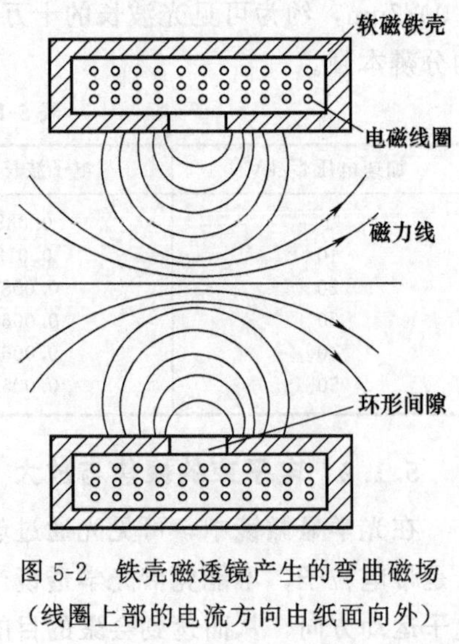

图 5-2　铁壳磁透镜产生的弯曲磁场（线圈上部的电流方向由纸面向外）

下面分析用短线圈励磁磁场中的运动电子受力情况。在图 5-3（a）的非均匀磁场中，任意一点的磁感应强度 B，可以分解为沿磁透镜主轴方向 z 的轴向分量 B_z 及垂直主轴的径向分量 B_r。若有一速度为 v 的电子束沿磁场（磁透镜）主轴方向射入磁透镜，其中精确沿主轴方向运动的电子因 $\vec{v} /\!/ \vec{B}_z$（主轴上 $B_r=0$），不受磁场力的作用，运动速度的大小和方向都不变。而其他与主轴平行的入射电子［以图 5-3（a）中的 A 点为例进行讨论］，受到电子所在点的

磁感应强度径向分量 B_r 的作用，产生如图 5-3（b）所示的切向力 $F_t = e v \vec{B}_r$，使电子获得切向速度 v_t，开始作圆周运动。在电子作圆周运动的瞬间，因 $\vec{v}_t \perp \vec{B}_z$［图 5-3（c）］，产生径向作用力 $F_r = e\vec{v}_t\vec{B}_z$，使电子向轴偏转，结果使电子作圆锥螺旋运动，如图 5-4 所示。一束平行于主轴的入射电子束，通过电磁透镜后聚焦于主轴上的某点，这点就是磁透镜的焦点。这种情况与可见光通过玻璃凸透镜后的聚焦作用十分相似。

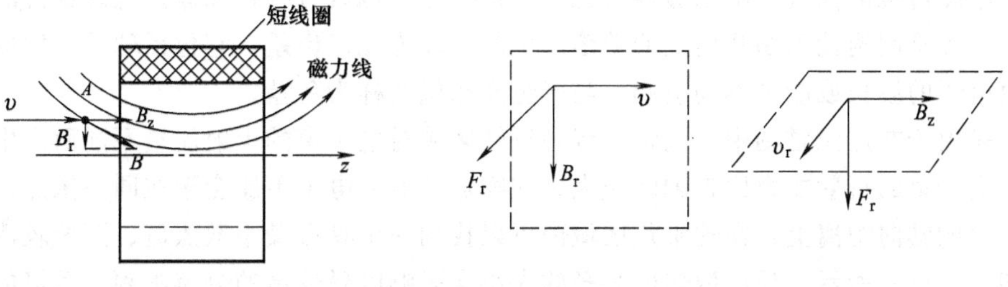

图 5-3 运动电子在磁透镜中的受力情况

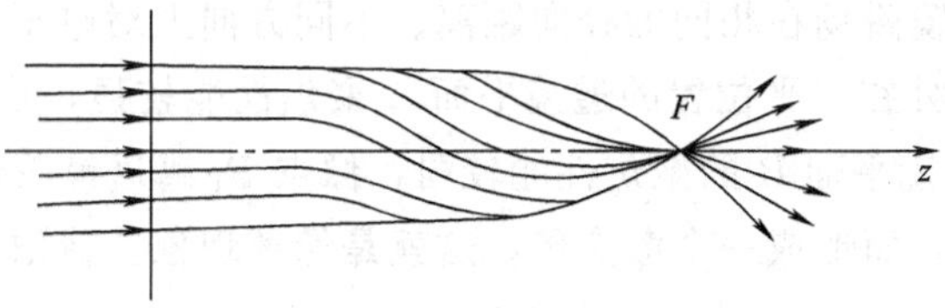

图 5-4 电子的圆锥螺旋运动

5.1.2.2 电磁透镜的特性

（1）电磁透镜的放大倍数 由于电磁透镜和光学透镜作用相似，因此，也可以用光学薄透镜的公式来求电磁透镜的放大倍数。

薄透镜成像时，物平面、焦平面、像平面之间的关系为

$$\frac{1}{a}+\frac{1}{b}=\frac{1}{f}$$

式中的 a、b、f 分别为物距、像距和焦距。

通常也用像的垂轴高度（$A'B'$）和物体高度（AB）之比来定义透镜像的放大倍数

$$M=\frac{A'B'}{AB}=\frac{b}{a}$$

将上述二式合并、整理得电磁透镜放大倍数计算式为

$$M=\frac{b-f}{f}=\frac{b}{f}-1 \tag{5-5}$$

式（5-5）说明，当透镜像距 b 一定时，透镜像的放大倍数与焦距成反比。

电磁透镜的焦距可由式（5-6）近似计算

$$f \approx K\frac{U_r}{(IN)^2} \tag{5-6}$$

式中 U_r——经相对论修正的电子加速电压；

I——通过线圈导线的电流；

N——线圈匝数，IN 为磁透镜的励磁安匝数；

K——常数。

由式（5-6）可知，电磁透镜焦距与励磁安匝数（IN）的平方成正比。无论励磁方向如何，焦距总是正的。说明电磁透镜总是会聚透镜。通常励磁线圈的匝数是固定不变的，因此只要改变线圈中的励磁电流 I，就可相应地改变电磁透镜的焦距，从而改变放大倍数。故电磁透镜是一种变焦距或变倍数的会聚透镜，而光学透镜的焦距和放大倍数是不可变更的，这一特点给电镜的使用带来很大方便。

（2）电磁透镜的像差　电磁透镜与光学透镜一样，也具有各种像差。电磁透镜的像差分为两类，一类是因透镜磁场几何上的缺陷产生的，称为几何像差，它包括球差、像散等；另一类是由电子的波长或能量不同引起，与多色光相似的称为色差。

球差是由于在透镜磁场中，远轴区域和近轴区域对电子束的折射能量不同而产生的。远轴区域对电子束的折射能力比近轴区域大，使物点散射的电子不能会聚在同一像点，而分别聚焦在一定的轴向距离上，在这聚焦区域内可以找到一个具有最小散焦斑、图像较清晰的平面，如图 5-5（a）所示。最小散焦斑半径的大小会影响电磁透镜的分辨本领。透镜的放大倍数、孔径角及电子束的加速电压都会影响球差的大小。

像散是由于电磁透镜加工不够精确，如极靴孔不十分圆或极靴内部被污染，致使透镜磁场不对称而引起的。透镜磁场在相同的径向距离、不同方向上对电子束的折射能力不同，如图 5-5（b）所示。图中处在水平位置的透镜平面 A 聚焦性能较强，物点 P 的像点 P_A 离透镜较近；与 A 面正交的透镜平面 B 的聚焦性能较弱，像点 P_B 离透镜较远；即物点所散射的电子不能聚焦于一个像点，而形成一个散焦斑，这就是像散现象。像散常用电磁式消像散器来适当补偿校正。

色差是由于成像电子的能量（或波长）不同，通过电磁透镜后具有不同的焦距。波长短、能量大的电子有较长的焦距；波长长而能量小的电子有较短的焦距。因此在聚焦区域内同样存在一个最小散焦斑，如图 5-5（c）所示。

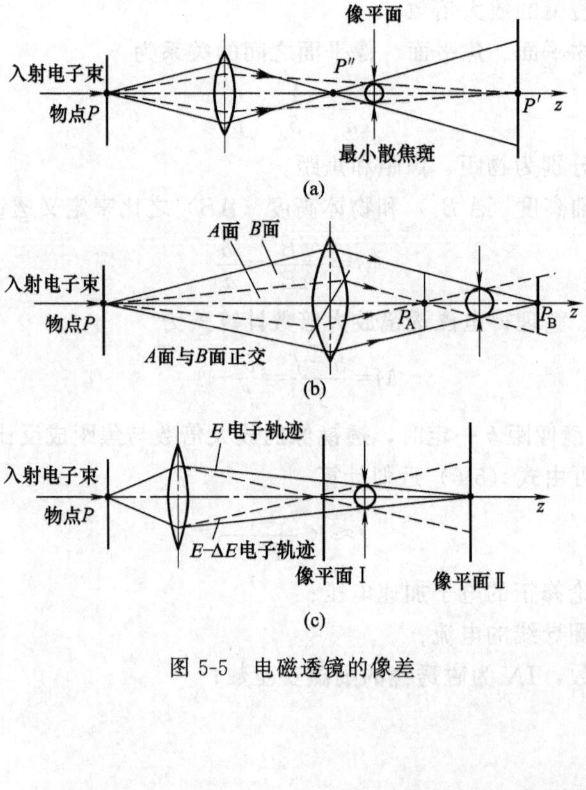

图 5-5　电磁透镜的像差

引起电子束能量变化的原因主要有两个：一是加速电压不稳定，引起照明电子束能量的波动；二是当电子束照射样品时，将与样品物质相互作用，从而损失一部分入射电子的能量。一般来说，样品越厚，电子能量的损失越大，色差越严重，故要求样品做得尽可能得薄；或采用小孔径光阑将损失了能量的电子挡掉，以减小色差。

综上所述，减小电磁透镜的像差，就能提高透镜的分辨本领。

(3) 电磁透镜的分辨本领　与光学显微镜一样，分辨本领是电磁透镜重要的性能指标。它取决于透镜的像差和衍射效应所产生的埃利斑尺寸的大小。

如前所述，光学显微镜的最小分辨距离，经计算为200nm，而电子束的波长约为可见光的1/100000，若电磁透镜也能矫正球差或其他像差的话，则电镜的分辨极限应为2×10^{-3}nm，而目前实际最高只能达到0.2nm，相当于1/100。其原因是电磁透镜为会聚透镜，无法有效地矫正球差，而要使球差减小，只有采用减小孔径角的办法来成像，这又将会因衍射效应而造成埃利斑尺寸的增大，降低分辨本领。

(4) 电磁透镜的景深和焦长　电磁透镜和光学透镜的另一不同之处在于电磁透镜的景深大，焦长长。

景深是指在保持成像清晰的前提下，样品在物平面上沿轴向允许的偏差距离。一般孔径角越小，景深越大。例如，当电磁透镜的分辨距离为1nm时，其景深约为200～2000nm。景深大，利于聚焦操作。

焦长是指在保持成像清晰度的情况下，像平面沿轴向可以移动的距离。焦长随孔径角的减小而增大，而且与放大倍数有关。对于由多级电磁透镜组成的电子显微镜来说，其终像的放大倍数等于各级放大倍数之乘积。因此，终像的焦长一般可超过100～200mm。焦长长给电镜的观察和照相带来极大方便，它们可放置在轴向的不同位置而均可清晰成像。

5.2　透射电子显微镜

透射电子显微镜简称透射电镜（TEM），是用波长很短的电子束作照明源，用电磁透镜聚焦成像的一种高分辨本领、高放大率的显微镜。在电子光学仪器中，它发展很快，应用范围广泛。目前高性能的透射电镜，具有很高的分辨能力，利用复型技术，可用来观察金属样品表面形貌特征；利用电子衍射效应，可观察分析金属薄膜样品内部细小的组织形貌，并可获得晶体点阵类型、位向关系、晶体缺陷及亚结构特征等信息。如果配备加热、冷却、拉伸等样品台，还可进行动态分析，用来直接研究金属材料的相变和形变机理。它已成为研究金属微观组织结构不可缺少的一项基本手段。

5.2.1　透射电镜的主要结构

透射电子显微镜的成像光路原理和普通光学显微镜十分相似，如图5-6所示。透射电镜的照明源是发射电子的电子枪，相当于光学显微镜中的可见光源（如灯泡）。从电子枪发射出来的电子束经聚光镜会聚在样品上，经物镜放大后在物镜像平面上形成透射电子像，再经投影镜进一步放大，投射在荧光屏或照相胶片上，获得可供观察或照相用的高放大倍数的图像。

5.2.1.1　电子光学系统

透射电镜的电子光学系统包括照明系统、成像系统、显像系统三部分。这三部分全都置于显微镜的镜筒之内，镜筒是显微镜的核心部分。

透射电镜放大倍数的大小、分辨本领的高低直接取决于镜筒结构的复杂程度。最简单的透射电镜只有聚光镜、物镜和投射镜，分辨本领较低。普通性能的透射电镜，分辨本领为2～5nm，有四个透镜：单聚光镜、物镜、中间镜、投影镜，其放大倍数较高。高性能的透射电镜，分辨本领优于1nm，有5～6个透镜：双聚光镜、物镜、第一中间镜、第二中间镜和投影镜。并有高级对中装置，放大倍数很高，下面介绍电子光学系统的组成及其作用。

(1) 照明系统　照明系统由电子枪和单、双聚光镜组成。其作用是提供一个亮度大、直径细小的电子束。

① 电子枪　它由发夹形钨丝阴极、栅极和阳极组成，如图5-7所示。

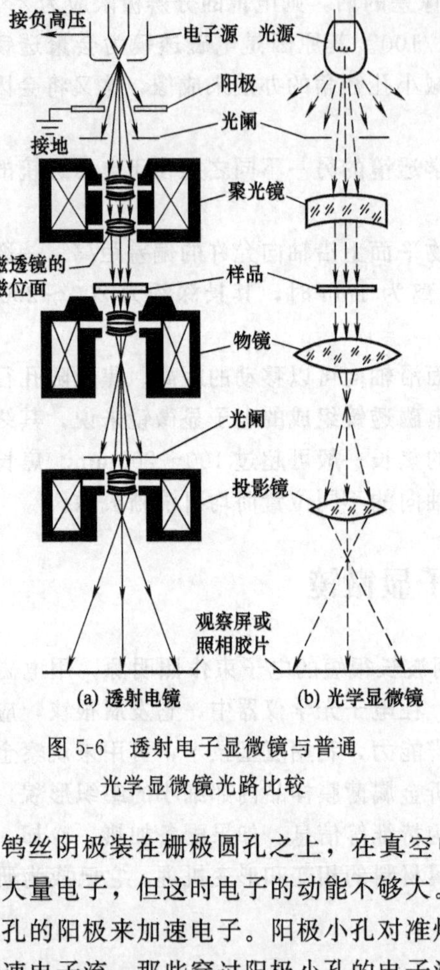

图5-6　透射电子显微镜与普通光学显微镜光路比较

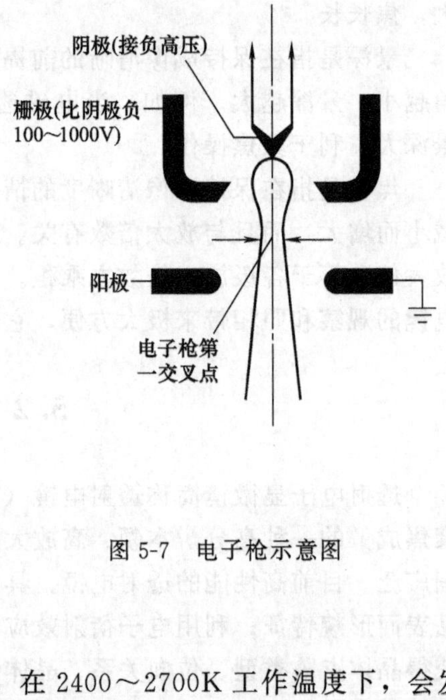

图5-7　电子枪示意图

钨丝阴极装在栅极圆孔之上，在真空中通电加热，在2400～2700K工作温度下，会发射出大量电子，但这时电子的动能不够大。因此，要把灯丝接入直流高压的阴极，利用中央带小孔的阳极来加速电子。阳极小孔对准灯丝尖端，使电子获得越来越大速度，从而形成定向高速电子流。那些穿过阳极小孔的电子流，再经会聚后，就成为用来照明的电子束。使电子加速的直流高压，就是电子的加速电压。

由于阳极对电子束并不起聚焦作用，故从阳极孔射出的电子束较粗。可在阳极与阴极之间加进一个栅极，依靠它比阴极更负的电极，使电子束会聚，以细束状态通过阳极孔。利用栅极对电子的拒斥作用，可通过改变栅极电位来控制电子束电流的大小，从而调节像的亮度。

② 聚光镜　电子束通过阳极小孔后又逐渐变粗，使射至样品上的电子束斑过大。可以通过在阳极下方加装聚光镜，使电子束会聚，以减小束斑和增加电子束密度。

通常高性能透射电镜都采用双聚光镜系统，其中第一聚光镜为强励磁透镜，可将电子束斑的直径缩小到 1～5μm；第二聚光镜为弱励磁透镜，焦距较长，适焦时放大约 2 倍。结果在样品平面上可以获得直径为 2～10μm 的照明电子束斑，满足了各种成像的需要。

（2）成像系统　透射电镜的成像系统是由样品室和物镜、中间镜、投影镜等组成。透镜的数目由所需的最大电子光学放大倍数来决定。

① 样品室　位于聚光镜和物镜之间，可容纳样品台以盛载样品，并通过精细机械装置使样品作平移、倾斜或旋转运动。某些高性能透射电镜的样品室内还备有加热、冷却、拉伸等功能的样品台，以满足动态观察的需要。

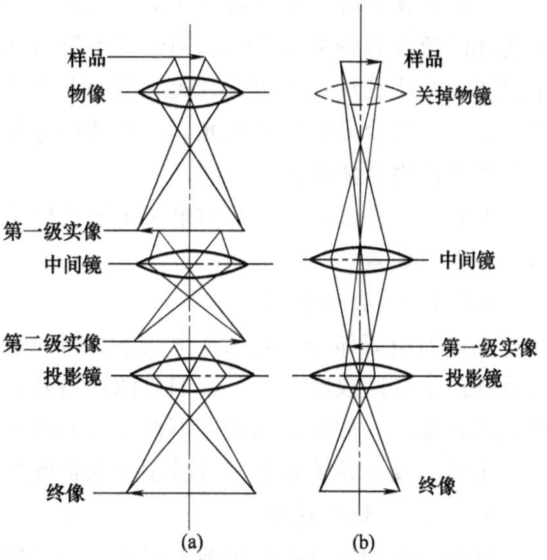

图 5-8　成像系统光路图

由于透射电镜的样品既小又薄，厚度需小于 0.2～0.5μm，直径小于 3mm，不宜夹持，通常采用直径为 3mm 的铜网（方孔或圆孔）来支承样品，样品室最多同时安放 6 个样品。把铜网固定在样品台上，并保持良好的电、热接触，以减少工作时样品的热损伤及漂移现象。

② 物镜、中间镜、投影镜三级成像系统　通过这三级透镜把物像进行三次放大，因此，电镜的总放大倍数为物镜、中间镜、投影镜三者放大倍数的乘积，即

$$M=M_{物}M_{中}M_{投} \tag{5-7}$$

物镜位于样品室下方，是最关键的透镜，因为物镜的任何缺陷都将被成像系统中的其他透镜进一步放大，故必须尽可能地减少物镜的像差。通常采用焦距短的强励磁透镜，并借助物镜光阑和消像散器来进一步降低像差，提高分辨本领。

中间镜位于物镜的下方，物镜的像平面是中间镜的物平面。中间镜是弱励磁变倍透镜，其焦距较长，改变励磁电流，其放大倍数可在 0～20 倍范围内调节。其作用是将物镜的电子像成像于投影镜的平面上。

投影镜位于中间镜下方，物镜的像平面是中间镜的物平面。其作用是将中间镜的像放大并投射至荧光屏或照相胶片上。

③ 成像系统光路及放大倍数成像　图 5-8（a）为三级高倍成像光路，样品经物镜成像于中间镜上方，中间镜成像于投影镜上方，投影镜成像于荧光屏上。由于物镜、中间镜、投影镜都起放大作用，结果能获得 10^4～2×10^5 倍的高放大倍数电子像。如果采用有两个中间镜的成像系统，可获得四级放大，放大倍数可达 50 万～80 万倍以上。

如进行低倍放大时，可采用图 5-8（b）的成像系统。即可以关掉物镜，减小中间镜的励磁电流，使中间镜焦距增大，用长焦距的中间镜代替物镜成像，使第一级实像成像于投影镜上方，再通过投影镜成像于荧光屏上，可获得数百倍的低倍放大电子像。

另外，还可以通过适当减小物镜励磁电流，增大物镜焦距，可获得几千至几万倍的中放大倍数电子像。

（3）显像系统　显像系统包括荧光屏和照相装置。荧光屏上涂有人眼较敏感的、能发黄绿色光的硫化锌镉类荧光粉。当强度不等的透射电子图像投射到荧光屏上，将被转换成与电子强度成正比的可见光图像。荧光屏的下方是照相装置。荧光屏还起照相快门的作用，翻起荧光屏，即可使照相胶片感光。由于透射电镜的焦长长，只要荧光屏上图像清晰，则照相胶片上的图像也是清晰的。

照相胶片是红色盲片，对电子束感光敏感，所需的曝光时间短，仅数秒钟。有些电镜配有自动曝光装置。

5.2.1.2　真空系统

电镜的镜筒部分必须在高真空下工作。这是为了防止电子与空气分子发生碰撞改变运动轨迹和产生空间放电现象，影响成像；另外，真空下可防止钨丝氧化而缩短寿命以及减小对样品的污染。一般要求真空度不低于 0.0133Pa（10^{-4}mmHg）。

电镜的真空系统常采用机械泵和油扩散泵两级抽真空。

5.2.1.3　供电系统

透射电镜的供电系统包括三部分：一是供电子枪加速电子用的高压部分；二是供电磁透镜的低压稳流部分；第三部分包括机械泵、扩散泵、控制系统电流等。

5.2.2　透射电镜的样品制备

5.2.2.1　复型样品

（1）复型材料　复型材料本身应是非晶态的物质。因为晶态物质的结构细节会干扰被复型表面形貌观察和分析。另外，复型材料要有足够的强度和刚度，使复型在制备过程中不致破损或变形，在电子束的轰击下不易破裂。还要具有良好的导电性、导热性。

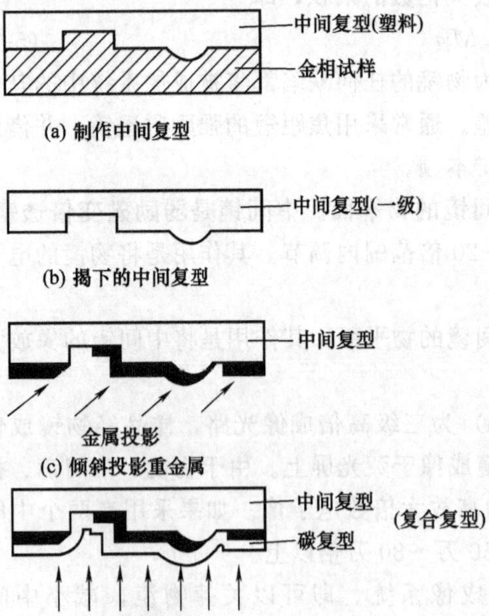

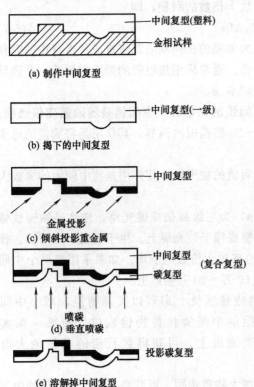

图 5-9　塑料-碳二级复型制备

常用的复型材料是塑料（低氮硝酸纤维素，即火棉胶，或醋酸纤维素）和真空蒸发沉积成的碳膜，它们都是非晶态物质。

（2）对金相试样的要求　为了能真实地将金相试样表面浮雕复制下来，首先应制备好金相试样。在金相试样抛光时，应尽量避免产生金属扰乱层，通常采用电解抛光法。

金相试样的浸蚀以浅为宜，浸蚀过深会引起晶界、相界的加深、加宽，并使缺陷加深，产生假象，还会增加复型与试样分离的困难。

（3）复型的制备　塑料-碳二级复型是应用最广泛的一种复型，其制备过程如图 5-9 所示，主要步骤如下。

在制备好的金相试样表面先制作塑料中间复型，常用的塑料是醋酸纤维薄膜（简称 A.C 纸）。用丙酮或醋酸甲酯将 A.C 纸平贴在金相试样磨面上，见图 5-9（a）。干后揭下即成塑料一级复型（中间复型），见图 5-9（b）。然后将中间复型在真空镀膜机中，先倾斜投影重金属，再垂直喷碳得到两次复型叠在一起的“复合复型”[图 5-9（c）、（d）]。最后将“复合复型”放在丙酮溶液中溶去中间复型，即可得投影碳复型（即二级复型），经清洗后用铜网捞起，干燥后即为电镜样品，如图 5-9（e）所示。

塑料-碳二级复型不破坏试样表面，它兼有塑料一级复型及碳一级复型的某些优点，因此图像质量较高。

5.2.2.2 金属薄膜样品

上述的复型样品，只能间接地用来观察浸蚀试样表面的形貌，这与传统的光学金相分析方法相比，虽然放大倍数和分辨本领提高很多，但没有多少实质性的差别。同时，复型的分辨本领通常为 10nm，对于小于 5nm 以下的微细组织就无法分辨，不能充分发挥电镜高分辨本领的特点。20 世纪 50 年代末，人们开始用浸蚀材料本身制成薄膜，作为观察分析的样品，使得电镜能发挥出很高分辨本领的特长，利用电子衍射效应，可直接观察浸蚀内部的微小组织形貌，并可获得样品的晶体结构（包括点阵类型、位向关系、晶体缺陷及其他亚结构等）的有关信息。

用作直接透射成像的浸蚀薄膜样品，必须对电子束是“透明”的。因此，薄膜样品对厚度有一定要求。当加速电压一定时，材料密度越大，浸蚀薄膜应越薄；对同一材料而言，加速电压高，浸蚀薄膜可适当厚些。浸蚀薄膜样品是由大块金相试样减薄而成，其制备步骤如下。

（1）取样　用砂轮片、金属丝锯（以酸液或磨料液体循环浸蚀）或电火花线切割等方法在大块金相试样上切取厚度为 0.5mm 左右的“薄块”。

（2）预先减薄　用机械研磨、化学抛光或电解抛光等方法将“薄块”样品减薄至厚 0.1mm 左右的“薄片”。

（3）最终减薄　用特殊的电解抛光或离子轰击等技术将“薄片”最终减薄到厚度小于 200nm 的薄膜。

5.2.3 透射电镜的成像原理

5.2.3.1 复型样品的成像原理

（1）弹性散射与非弹性散射　当电子束穿透非晶质复型样品时，将与样品原子核或核外电子相互作用。由于原子核及核外电子所形成的静电场对电子的作用，使入射电子的运动方向发生改变，这种现象称散射，如图 5-10 所示。

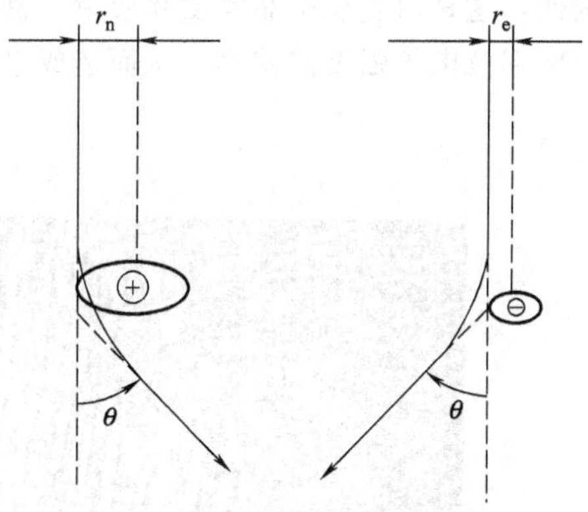

(a) 被原子核弹性散射　　(b) 被核外电子非弹性散射

图 5-10　电子受原子的散射

若入射电子与原子核相互作用，由于原子核的质量比电子大得多（如原子序数 $Z=6$ 的碳原子核质量约为电子的 20000 倍），故碰撞后只改变入射电子的运动方向，其能量（或波长）没有变化，这种散射称弹性散射。若入射电子与核外电子相互作用，由于这两种电子质量相当，碰撞后不仅改变入射电子的运动方向，能量也有变化，这种散射称非弹性散射。散射电子运动方向与原来入射电子方向间夹角 θ 称散射角，如图 5-10 所示。

在透射电镜的显微成像及电子衍射过程中，弹性散射起决定作用，非弹性散射会增大色差，降低图像衬度。非弹性散射所损失的能量除了主要转变为热外，还将引起核外电子的激

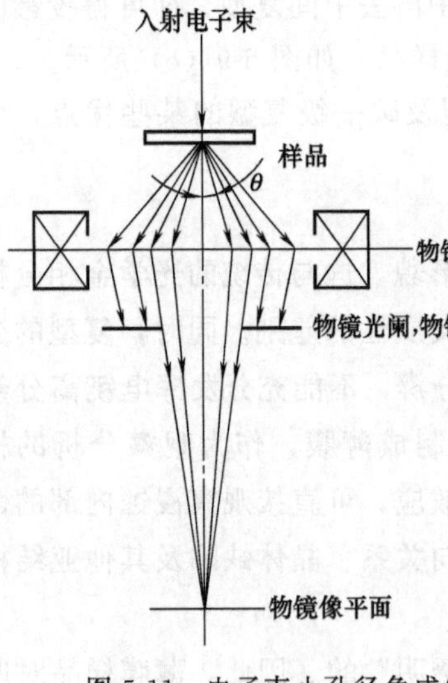

图 5-11　电子束小孔径角成像

发或电离。

因为原子核的电荷比较集中，具有较大的散射本领，因此，入射电子主要发生弹性散射，非弹性散射部分约为弹性散射部分的 $1/Z$（Z 为元素的原子序数）。原子序数越大的原子，产生弹性散射的比例越大。

（2）成像原理　透射电镜复型样品电子像的形成过程，是通过在物镜光阑来实现的。为什么物镜光阑与电子束成像有关？因为当样品厚度很小时，可以看成入射电子在样品内只受到单次散射，电子束穿过样品后呈发散状，如图 5-11 所示。只有那些散射角小的电子（图 5-11 中小于 θ 角）才能通过物镜光阑参与成像，而散射角大的电子将被物镜光阑挡掉，不能参与成像，即参与成像的电子数取决于样品原子的散射本领，散射本领越大，参与成像的电子数越少，使最终在荧光屏上成像的亮度（或强度）越低。

样品散射本领的大小是由样品的厚度和密度（或原子序数）决定的。当样品越厚时，电子束穿过样品时碰到的原子数越多，多次散射的结果，被散射到物镜光阑外的电子数也越多，使参与成像的电子数越少。

样品的密度越大，样品原子的静电场越强，样品原子对电子的散射本领越大，同样会使散射到物镜光阑外的电子数增多，参与成像的电子数减小，强度降低。

因此，这种由复型样品厚度和质量（密度或原子序数）对电子散射的不同影响，造成了样品不同部位电子强度的差别，从而造成电子图像不同衬度的成像原理，称为质量厚度衬度原理。

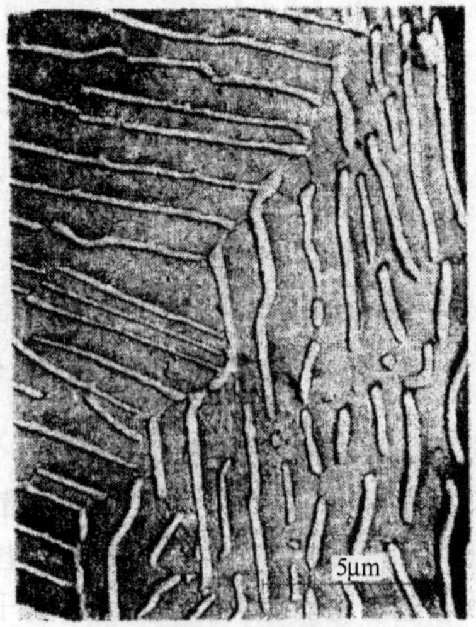

(a) 层片状珠光体

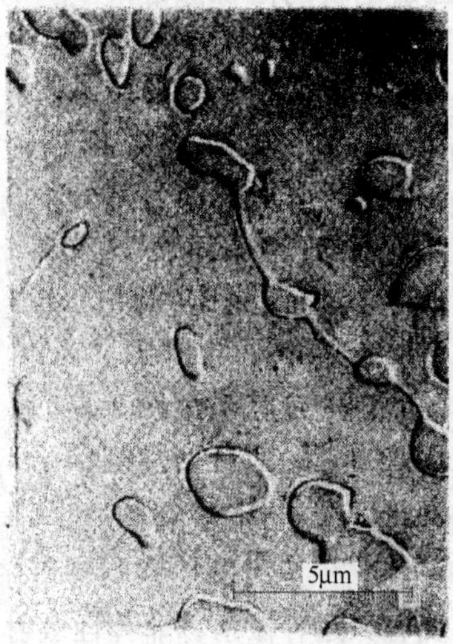

(b) 粒状珠光体

图 5-12　珠光体塑料-碳二级复型加投影电镜像

图 5-12 为两种珠光体塑料-碳二级复型加投影电镜像。在图中的渗碳体像不论是层片状的，或是球状的，在渗碳体晶界一侧暗黑，另一侧有明亮的影子，使图像的衬度好，层次分明并富有立体感。

5.2.3.2 金属薄膜样品的成像原理

金属薄膜样品是晶体物质，晶体物质中规则排列的原子对电子波的弹性散射的结果，使散射空间某些方向上可以观察到衍射线；而在另一些方向上的波始终是互相抵消，于是就没有衍射线产生，这就是衍射现象。利用衍射现像，使电子图像产生衬度，故这种成像原理称为衍射衬度原理，简称衍衬原理。

下面讨论金属薄膜样品对电子波的衍射现象。

用波长为 λ 的平行于光轴的入射电子束照射样品。在与入射角方向成 2θ 角的方向上可以得到该晶面组的衍射束。通过光学系统投射至荧光屏上，得到投射束斑点 O'（中心斑点）及衍射束斑点 P'，如图 5-13 所示。这些斑点称为衍射花样。

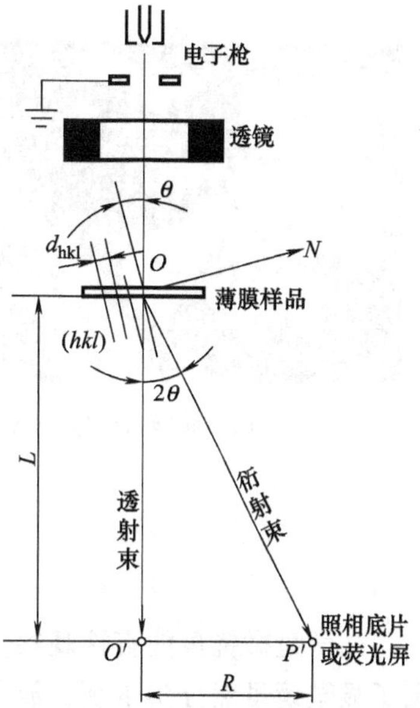

图 5-13 普通电子衍射装置示意图

单晶体的电子衍射花样是由排列得十分整齐的许多斑点所组成，图 5-14 为纯铁单晶的衍射花样，其中大而亮者为中心亮斑（投射束斑），其他为衍射束斑。图 5-15 为纯铝多晶体电子衍射花样。

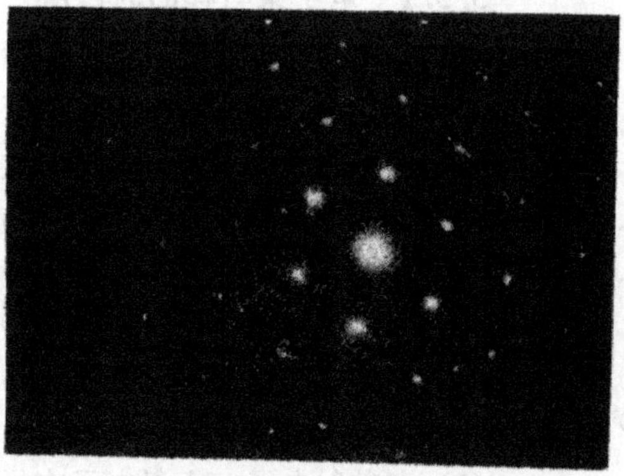

图 5-14 纯铁单晶的衍射花样

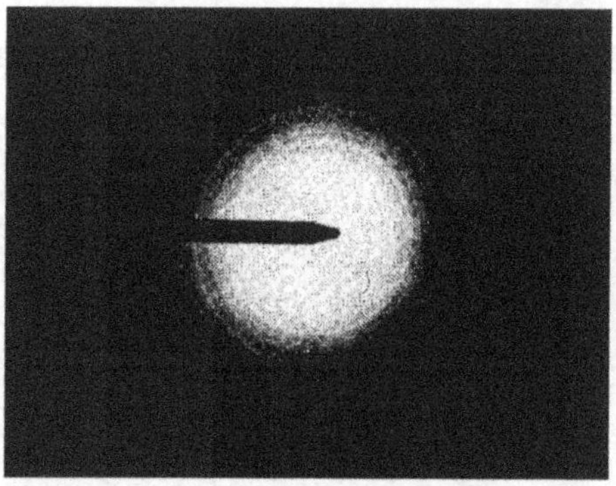

图 5-15 纯铝多晶体电子衍射花样

由于金属薄膜样品对电子束的衍射效应，除获得上述的衍射束斑外，通过电镜的适当操作，还可显示薄膜样品内部的微细结构及形貌特征，这种方法就是利用样品内部组织对电子衍射作用的强弱，使图像获得合适的衬度。因此，这种成像方法称为衍衬成像。

图 5-16 为低碳钢淬火后马氏体薄膜衍衬像，这类马氏体在光学显微镜下呈条状平行排列，分布在原奥氏体晶粒内，在薄膜衍衬像中，平行的马氏体条清晰可见（图 5-16），在板条内分布有大量高密度的缠结位错。因此，低碳马氏体又称位错马氏体。

高碳马氏体在光学显微镜下呈片状，片的大小不一，互相以大角度相交，在薄膜衍衬像中，可见到在片状马氏体内存在大量的精细的孪晶亚结构，这种孪晶呈极细的平行条纹特征，如图 5-17 所示。故这类马氏体也称孪晶马氏体。

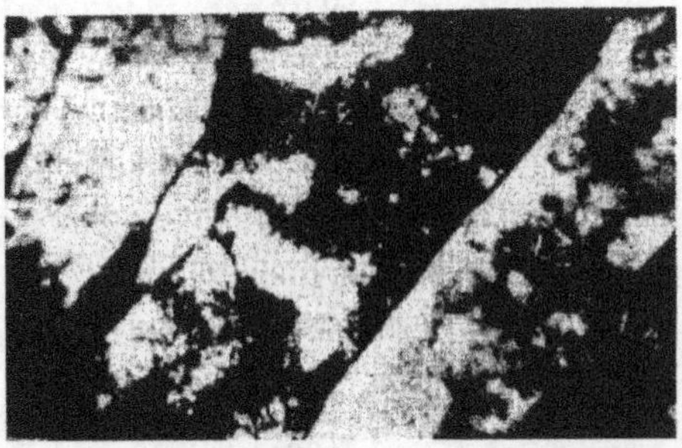

图 5-16 低碳（位错）马氏体

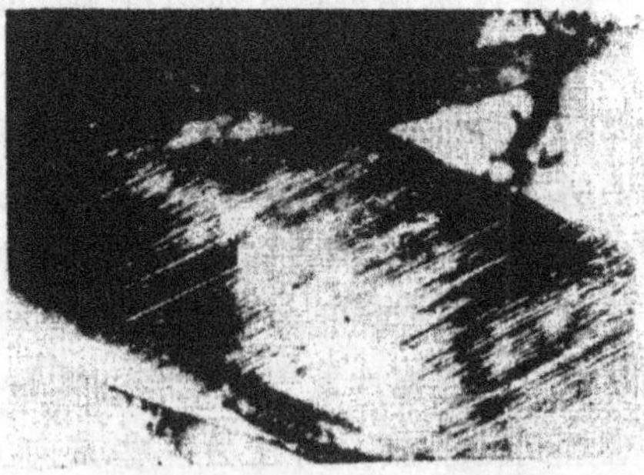

图 5-17 高碳（孪晶）马氏体

5.3 扫描电子显微镜

光学显微镜虽能直接观察大块试样，但其分辨本领、放大倍数及景深都比较低；透射电子显微镜虽然分辨本领、放大倍数很高，但对样品制备及样品的厚度要求十分苛刻，在一定程度上限制了它们的适用范围。而扫描电子显微镜既可以直接观察大块的样品，又有介于光学显微镜和透射电子显微镜之间的性能指标，改善并弥补了它们的某些不足。扫描电镜的主要特点有：分辨本领高（0.1nm 以下）；放大倍数连续调节范围大，景深大，图像富有立体感，在高放大倍数下也能得到明亮清晰的图像；样品制备简单；多功能的扫描电镜能在同一样品上进行形貌观察、微区成分分析及晶体学结构分析等。

5.3.1 电子束与样品的作用

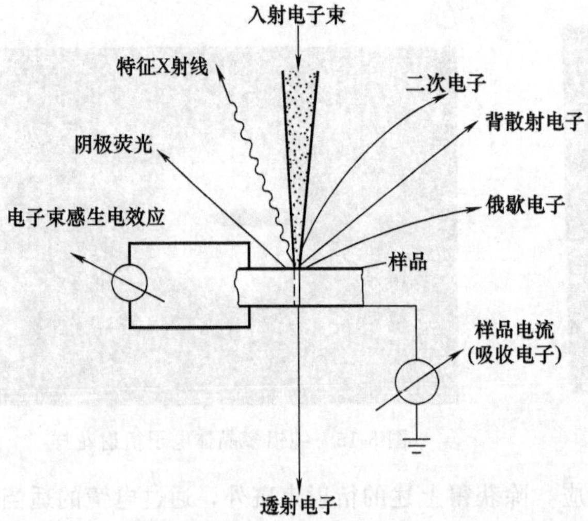

图 5-18 电子束与固体样品相互作用产生的各种物理信号

当一束聚焦的高能电子沿一定方向射入固体样品时，将与样品物质的原子核与核外电子作用，发生弹性散射或非弹性散射。入射电子束大约有 90％的能量转化为热能，剩余的能量将产生一系列物理信号。扫描电镜就是利用这些信号来调制成像。下面分别介绍这些物理信号，如图 5-18 所示。

（1）背散射电子　入射电子在样品内被反射出样品表面的一部分入射电子称背散射电子，也称反射电子，样品表面散射电子的能力取决于样品材料的平均原子序数。平均原子序数越大，背散射电子数越多。背散射电子的能量较高，接近入射电子的能量范围，如果在样品附近放置一个接收电子的检测器，可以接收到样品表面几个微米深度范围内散射出来的电子。若用此信号成像即为背散射电子像，主要可显示样品的表面形貌及反映样品的平均原子序数。

（2）二次电子　入射电子与样品原子的核外电子发生非弹性散射，核外电子从入射电子处获得能量而被激发，若被激发的自由电子能量大于材料逸出功时，可能从样品表面逸出，成为真空中的自由电子，这种电子称二次电子。由于价电子的结合能很小，内层电子的结合能则高得多，故价电子被激发电离的概率大得多，在样品表面上方放置的电子检测器中接收到的二次电子绝大部分来自价电子的电离。

二次电子的能量较低，只能从样品表面很薄一层深度（约 5～10nm）范围内激发出来。另外，二次电子的强度与原子序数没有明确的关系，故二次电子像宜用于显示样品表面的微观形貌。

（3）吸收电子　入射电子在样品内发生多次非弹性散射，不断损失能量，直至没有足够的动能逸出样品表面，而被样品吸收，称为吸收电子。

若在样品与地之间接入安培表，可以测出吸收电子形成的电流（也称样品电流）强度，经适当放大后也可成像，即吸收电子像。吸收电子像可反映样品的表面形貌或表面元素分布，其像的衬度刚好与二次电子像或背散射电子像相反。

（4）透射电子　若样品厚度足够薄时，将有一部分入射电子经散射后透过样品，从另一表面射出，称透射电子。用装在样品下方的电子检测器进行检测成像，得扫描透射电子像。

（5）特征 X 射线及俄歇电子　高能电子与样品原子作用除引起大量价电子电离外，还会引起一定数量的内层电子电离。当原子的内层电子（如 K 层）被电离时，在原子的低能级上出现空位，该原子中处于高能级的外层轨道电子（如 L_2层）即迁入低能级空位，这个过程称为跃迁，如图 5-19 所示。在电子的跃迁过程中伴随有能量的释放（能量为 $E_K-E_{L_2}$），它可能以两种形式释放能量：若以电磁波的形式释放能量，则形成一个 X 光子，如图 5-19（b）所示；若引发高能级的另一电子电离，释放出的这个电子称为俄歇电子，如图 5-19（c）所示。

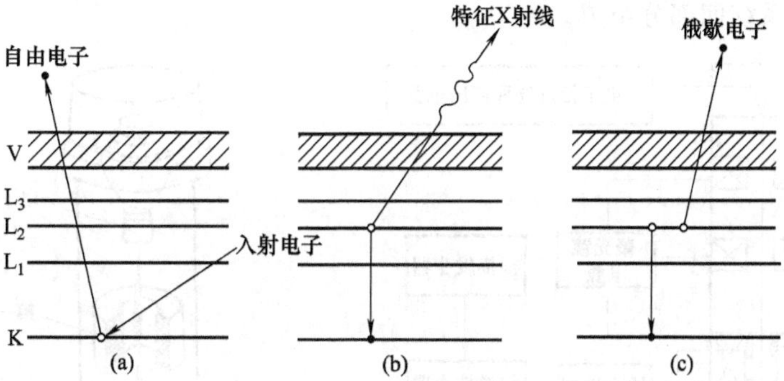

图 5-19　原子的 K 电离激发及其后的跃迁过程

由于每种元素的 E_K、E_{L_2}、…都有确定的特征值，发射的 X 射线也有特征值，故称特征 X 射线。接收特征 X 射线信号可以进行微区元素的定性或定量分析。

俄歇电子也是一种具有特征能量的电子，它的能量极低，只有样品表层约 1nm 内产生的俄歇电子才能逸出样品表面，被探测器检测，因此也是属于二次电子。利用俄歇电子可以进行样品表面化学成分分析。

5.3.2　扫描电镜的工作原理、构造和性能

5.3.2.1　扫描电镜的工作原理

扫描电镜的工作原理如图 5-20 所示。利用镜筒上方电子枪发射出的电子，经聚焦后形成一束高能细聚焦电子束。利用扫描线圈使电子束在样品表面逐点逐行扫描，由于高能电子与样品物质的交互作用，产生了多种物理信号，如二次电子、背散射电子等。这些信号被相

应的探测器接收，经放大调制成视频信号，输送到阴极射线管（显像管）的栅极，以调制显像管荧光屏上的亮度。由于经过镜筒上扫描线圈的电流是与显像管相应的偏转线圈里的电流同步，因此，样品表面任意点发射的信号与显像管荧光屏上相应的亮点一一对应，即电子束打到样品上一点时，在显像管荧光屏上就出现一个亮点。亮点的亮度与样品表面该点激出的信号强度有关。当电子束在样品表面一定面积内作光栅状扫描时，在荧光屏上便出现一幅反映样品表面特征的放大电子图像。

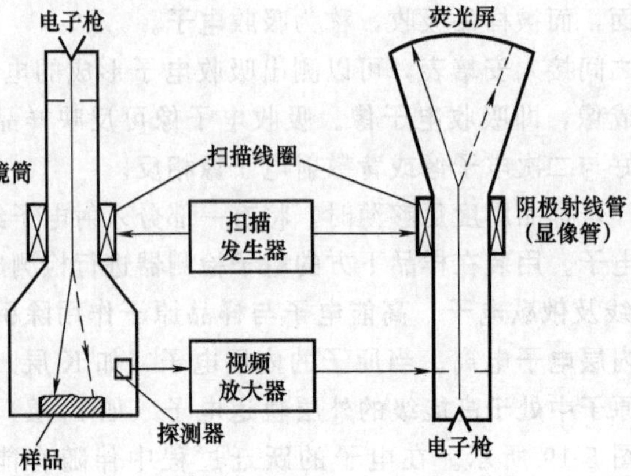

图 5-20 扫描电子显微镜的工作原理

5.3.2.2 扫描电镜的构造

扫描电镜的构造如图 5-21 所示，是由电子光学系统（镜筒）、信号接收处理显示系统、供电系统、真空系统四部分组成。

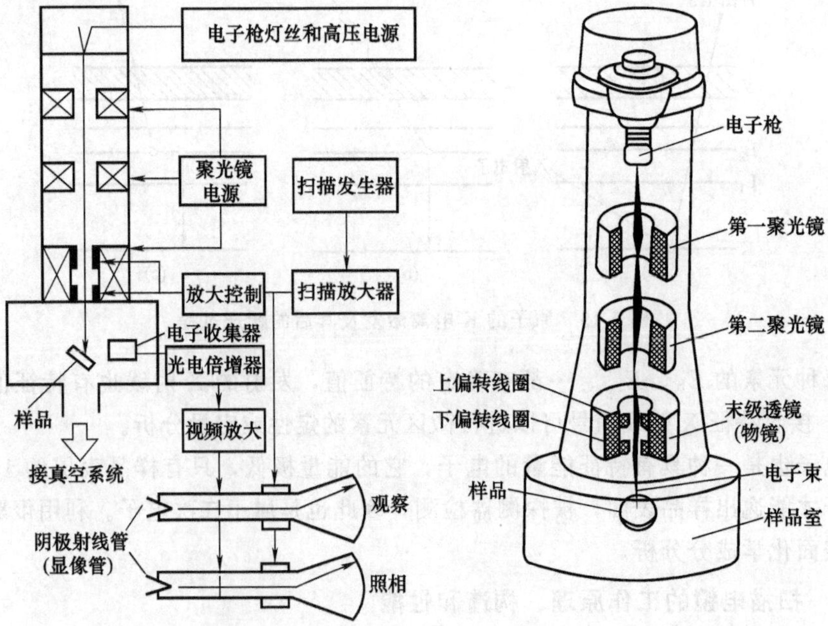

图 5-21 扫描电子显微镜的构造示意

(1) 电子光学系统　由电子枪、聚光镜、扫描线圈（偏转线圈）、样品室等组成，如图 5-21 所示。从电子枪发射的电子束，在加速电压作用下，经过三个电磁透镜聚焦后，会聚成直径为 5～20000nm 的电子束。在末级透镜的上部放置有扫描线圈，其作用是使电子束的样品表面作光栅状扫描。样品在电子束作用下激发产生各种物理信号。

（2）信号接收处理显示系统　整个系统包括：①利用各种探测器接收、调制物理信号的检测放大系统，产生作为显像系统的调制信号；②扫描发生及控制系统，以控制镜筒内电子束与显像管内的电子束产生同步扫描；③图像显示和记录系统，根据信号检测系统输出的调制信号，转换成在阴极射线管荧光屏上显示样品表面特征的扫描图像，供观察或照相记录。

（3）供电系统　由高压电源、透镜电源、控制电源及电路等组成，并有稳压、稳流及相应的安全保护电路。

（4）真空系统　由真空机械泵、油扩散泵、真空管道及真空测量、保护装置等组成。工作时扫描电镜镜筒中需保持优于 13.3×10^{-3}Pa 的真空度。

5.3.2.3　扫描电镜的主要特性

（1）放大倍数　设镜筒中电子束在样品表面上的扫描距离为 A_s，显像管电子束在荧光屏上的扫描距离为 A_e，则荧光屏上扫描电子像的放大倍数

$$M=\frac{A_e}{A_s} \tag{5-8}$$

荧光屏的长度是固定的（通常 $A_e=100$mm），因此，放大倍数 M 随 A_s 的减小而增大。A_s 的大小通过扫描放大变换器来调节。例如，$A_s=5$mm 时，放大倍数为 20 倍；$A_s=0.01$mm 时，放大倍数为 10000 倍。

（2）分辨本领　扫描电镜的分辨本领有两种含义，对微区成分分析而言，是指能分析的最小区域；对成像而言，是指能分辨的两点间的最小距离，二者都主要决定于入射电子束的直径，但并不直接等于直径，因为入射电子束与样品相互作用激发范围将大于入射束直径。由于所激发的各种信号的能量、穿透能力及激发范围不同，故各种电子像的分辨本领也各不相同。图 5-22 为样品内激发的各种信号发生的深度和广度。

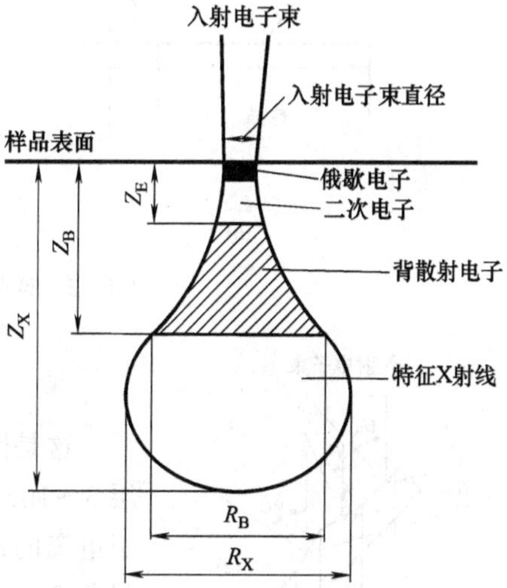

图 5-22　入射电子束在样品内激发的各种信号发生的深度和广度

二次电子只能从样品表层激发出来，其发射的广度和入射电子束直径差不多。背散射电子是入射电子在样品内经弹性散射后离开样品表面的电子，它的发射深度较深，其广度比入射电子束直径大好几倍。故二次电子像的分辨本领比背散射电子像高得多。而吸收电子、特征 X 射线等信号的深度和广度更大，图像的分辨本领就更低。

通常以二次电子像的分辨本领作为衡量扫描电镜性能的主要指标。

5.3.3　扫描电镜样品的制备

扫描电镜的样品制备方法非常简便，普通深浸蚀的金相试样，比较清洁的断口，只要样品的尺寸不超过样品台规定的范围，放入样品室的都能进行观察分析。对于导电材料的样品，如钢铁、有色金属等，只要用导电胶把它粘贴在铜或铝制的样品座上，即可放到扫描电镜中直接进行观察。对于导电性差或不导电材料的样品，如非金属材料、复合材料等，为防止电荷堆积，影响图像质量，样品在观察前要在真空镀膜机中喷镀一层 5～10mm 厚的导电

金属膜。

5.3.4 扫描电镜的成像原理

扫描电镜像的衬度主要是利用样品表面微区特征（如形貌、化学成分、晶体结构等）的差异，在入射电子束作用下产生不同强度的物理信号，使阴极射线管荧光屏上不同区域出现不同的亮度而获得的。它可分为表面形貌衬度像和原子序数衬度像。

5.3.4.1 表面形貌衬度

表面形貌衬度是利用对样品表面形貌变化敏感的物理信号，如二次电子作为调制信号得到的一种衬度像。

由于二次电子能量低，因此二次电子信号主要来自样品表层 5～10nm 深度范围；它的强度与原子序数没有明确的关系，而对微区表面相对于入射电子束的位向十分敏感。就是说，当入射电子束强度一定时，产生二次电子数的多少（二次电子产额）和样品微区表面法线与电子束入射方向的夹角 θ 有关。当电子束入射方向垂直表面时，$\theta=0°$，若样品表面倾斜时，θ 角开始增大，如图 5-23 所示，所以 θ 角也称倾斜角。研究表明，二次电子产额 δ 与倾斜角 θ 的关系为

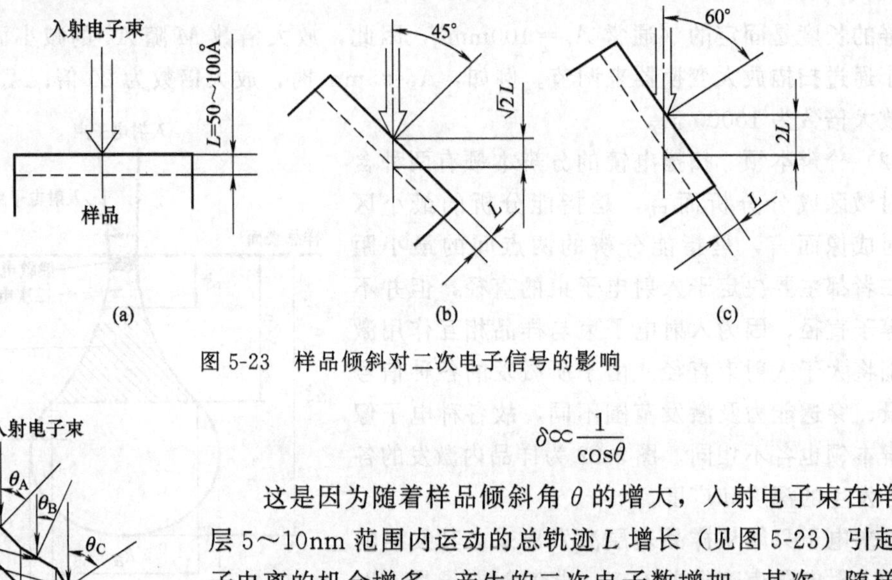

图 5-23 样品倾斜对二次电子信号的影响

$$\delta \propto \frac{1}{\cos\theta} \tag{5-9}$$

这是因为随着样品倾斜角 θ 的增大，入射电子束在样品表层 5～10nm 范围内运动的总轨迹 L 增长（见图 5-23）引起价电子电离的机会增多，产生的二次电子数增加；其次，随样品倾斜角 θ 增大，入射电子束作用体积更靠近、甚至暴露于表层，自由电子离开表面的机会就增多。因此，样品上 θ 角大的表面，二次电子信号强，荧光屏上该区域的图像就亮；θ 角小的表面，图像就暗，这就是表面形貌衬度。图 5-24 中，C 刻面的像最亮，B 刻面的像最暗，A 刻面的亮度介于二者之间。

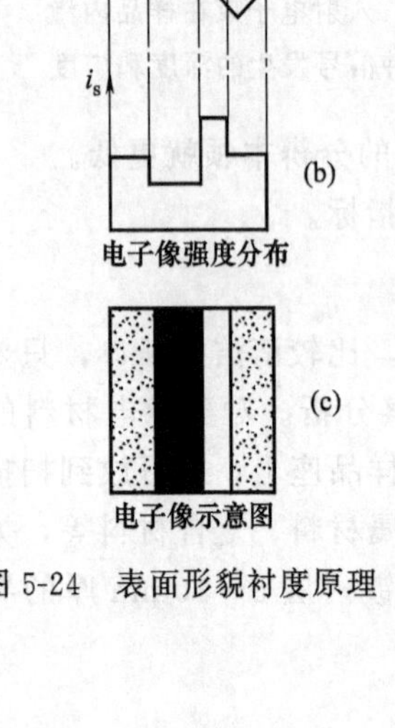

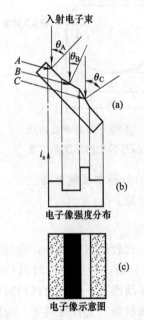

图 5-24 表面形貌衬度原理

实际样品表面的形貌要复杂得多，不但有倾斜角不等的大小刻面，还有曲面、尖棱、粒子、沟槽等，它们形成衬度的原理相同，这就不难解释复杂形貌的扫描电子图像。

另外，二次电子的能量低，在电子检测器正偏压的吸引下，可以走弯曲的轨迹到达检测器，如图 5-25（a）所示。扫描电镜主要利用二次电子成像。因此，即使是背向检测器区域

产生的二次电子，也有相当一部分能到达检测器，有利于显示样品表面凸起的背部或凹坑底部的细节，不致形成阴影，而且图像立体感强。

背散射电子的能量较高，它在离开样品表面后，沿直线轨迹运动。检测器只能检测到直接射向它的背散射电子，如图 5-25（b）中 2 所指的电子，结果在图像上形成阴影，掩盖了这部分的细节。

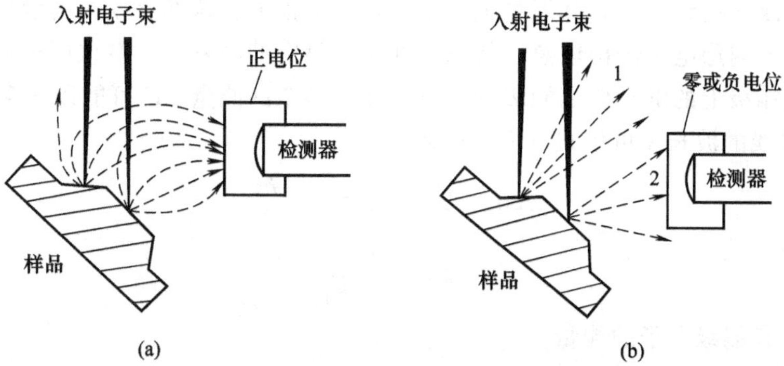

图 5-25 二次电子和背散射电子的检测和阴影效应

吸收电子也可以显示样品表面形貌，但其分辨本领较低，可作为二次电子像的补充。

扫描电镜的景深大，加之放大倍数从低倍到高倍可连续变倍观察，特别有利于观察分析材料断裂后的自然表面，即进行断口分析。图 5-26 为 50CrVA 弹簧钢丝拉伸断口的形貌，图中可见大小不等的微坑（韧窝），是一种韧性断裂微观形貌。

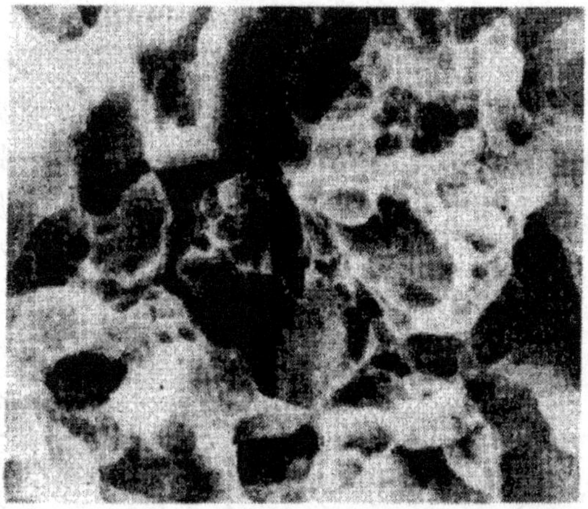

图 5-26 50CrVA 弹簧钢丝拉伸断口二次电子像

5.3.4.2 原子序数衬度

利用对样品表面微区原子序数（化学成分）变化敏感的物理信号，如背散射电子、吸收电子、特征 X 射线等，作为调制信号，得到一种反映微区原子序数差别的衬度像，称原子序数衬度。

由于背散射电子的产额随原子序数的增大而增加，样品上平均原子序数较高的区域，产生的信号较强，荧光屏上背散射电子像就较亮，反之则暗。利用原子序数衬度就可以判断不同区域内平均原子序数的分布状态。例如，高合金钢中的 M_6C 型和 MC 型碳化物相，用普通的光学显微镜很难将这两种碳化物区分开，但在扫描电镜中采用背散射电子成像，则能明显区分。因为 M_6C 型碳化物的平均原子序数大于 MC 型碳化物，所以在荧光屏上较亮的颗粒是 M_6C 型碳化物。

5.4 电子探针 X 射线显微分析

电子探针 X 射线显微分析仪是利用高能细聚焦电子束轰击样品表面，产生特征 X 射线信号，由 X 射线谱仪分析其波长或能量，来进行样品微区内化学成分分析的一种电子光学仪器。由于入射电子束的直径为0.1～1μm，宛如细针，故称为电子探针。

电子探针最初是作为一种微区成分分析技术诞生的，由于它与扫描电镜具有相似的结构因此目前常常组合成单一的仪器，兼有扫描放大成像和微区成分分析两方面的功能。

5.4.1 X射线的产生及X射线谱

当具有一定能量的聚焦电子束射到样品表面时，由于样品原子对电子的非弹性散射，使入射电子不仅改变运动方向，其能量也有不同程度的损失。这部分损失的能量，有一部分将会引起样品原子内层电子击出电离，使原子处于不稳定的激发态，在该原子低能级上出现空位，随后较高能级上的电子向低能级的空位跃迁，多余的能量ΔE可能以X射线光子形式释放，这时X射线的波长λ可由式（5-10）确定

$$\Delta E=E_2-E_1=hv=\frac{hc}{\lambda}$$

$$\lambda=\frac{hc}{E_2-E_1} \tag{5-10}$$

式中 E_2——高能级电子的能量；
E_1——低能级电子的能量；
c——光速；
h——普朗克常数；
v——X射线频率。

由于非弹性散射时，一部分入射电子与样品原子每碰撞一次就会产生一个能量为hv的X射线光子。在入射电子束中的电子数目是极大的，在这些电子中有的可能只经过一次碰撞就消耗尽全部能量，而绝大部分电子要经历多次碰撞，逐渐消耗尽全部能量。每个电子每经历一次碰撞产生一个X射线光子，多次碰撞产生多次辐射，而且每次碰撞的能量不同，使原子电离的电子层也不同。因此，多次辐射中各个光子的能量各不相同，它们的波长也不相同。也就是说，会出现各种波长的X射线，就构成了连续X射线谱。连续X射线谱不能用来进行元素分析，它的存在反而会影响分析的精确度。

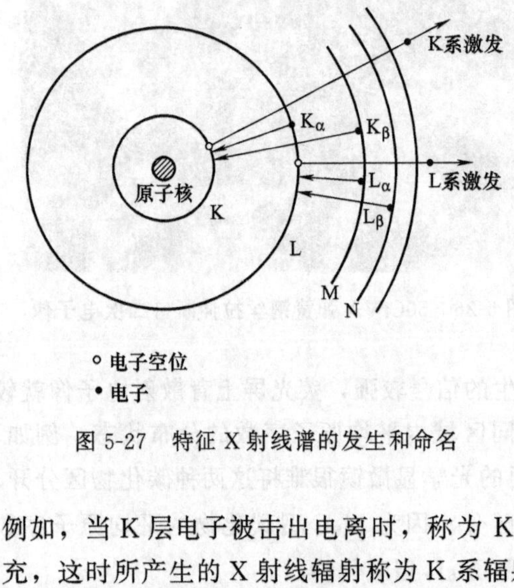

图5-27 特征X射线谱的发生和命名

当入射电子束的能量大于样品内某元素的内层电子结合能时，内层电子将可能被电离。这时除了形成上述的连续X射线谱外，还会产生与受激发元素电子序数相对应的特定波长的X射线，这就是特征X射线，如图5-27所示。例如，当K层电子被击出电离时，称为K系激发，随即K层空位被高能级的外层电子填充，这时所产生的X射线辐射称为K系辐射。在K系辐射中，若K层的空位被L层电子填充，产生K_α辐射；被M层电子填充时，产生K_β辐射。由于K层和L层是相邻的能级，因此，K层空位被L层电子填充的概率远大于M层电子填充，使K_α的强度比K_β大得多，同样，L层电子激发，会产生L_α、L_β…辐射。其余的M、N…系的激发过程也与K系的情况类似，但它们的辐射强度较弱。

图5-28为元素Mo的X射线发射谱，有连续谱线和包括K系和L系主要特征X谱线。

谱线峰值高度定性地表示其相对强度。

由于不同的元素，它们各层电子轨道的能级不同，它们在同一类型的激发（如K系激发）、跃迁过程中所发射的特征X射线的波长不同。早在1913年莫塞莱就已发现特征X射线波长与元素的原子序数之间存在如下关系

$$\lambda = P(Z-\sigma)^{-2} \quad (5\text{-}11)$$

式中 λ——从某元素中激发出的特征X射线的波长；

P，σ——常数；

Z——原子序数。

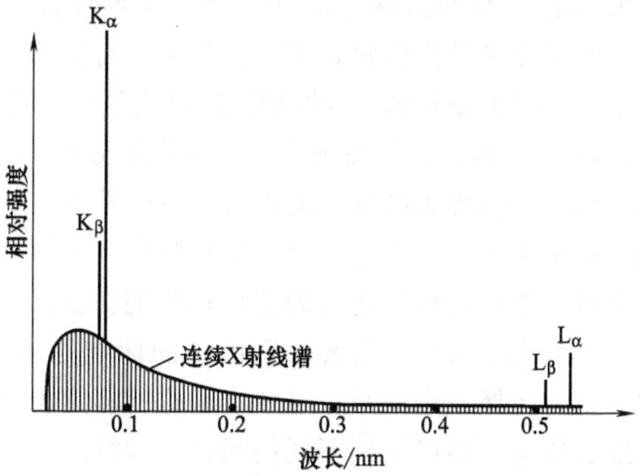

图 5-28 Mo 的 X 射线发射谱

所以在一个成分未知的样品中，检测激发产生的特征X射线波长（或光子的能量），即可作为确定所含元素的可靠依据。

5.4.2 电子探针的工作原理及应用

5.4.2.1 X射线信号接收仪

样品微区内某元素的特征X射线谱、连续X射线谱与其他元素的特征X射线谱都能从被入射电子束激发的微区内发射出来，混合在一起，因此，必须设法将待分析元素的特征谱从各种不同波长（或能量）的特征X射线中分辨出来。

目前常用的X射线的检测仪有波长分散谱仪及能量分散谱仪两种。前者简称波谱仪，主要用来作定量分析和元素分布浓度扫描；后者须设法将待分析元素的特征谱线从各种不同波长（或能量）的特征X射线谱中分辨出来。简称能谱仪，主要用作快速定性和定点定量分析。

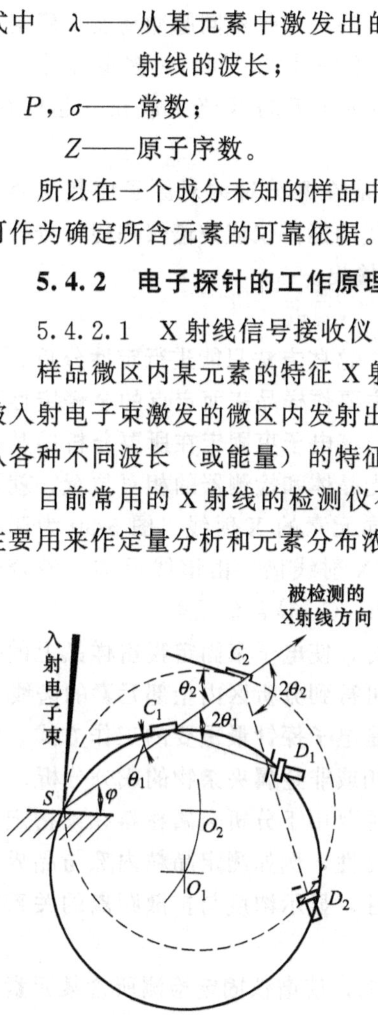

图 5-29 直进式波谱仪工作原理

(1) X射线波谱仪　确定样品激发出的特征X射线的装置。它是利用已知晶体结构的单晶体，放置在适当位置来衍射某种波长的特征X射线，读出晶体不同的衍射像，求得特征X射线波长，从而确定样品所含的元素。

在图5-29装置中，S点为样品的X射线发射源，C为已知晶面间距为d的分光晶体（产生X射线衍射晶体），D为X射线检测器，它们都位于同一聚焦圆上，直进式波谱仪的特点是X射线出射角固定不变，分光晶体在此方向作前后直线移动，并通过转动来改变θ角，检测器也随之移动和转动。

当有一束包括不同波长的特征X射线照到分光晶体上时，入射X射线与晶面间距为d的晶面成θ_1角，并遵循布拉格公式

$$\lambda_1 = 2d\sin\theta_1$$

即波长为λ_1的特征X射线才能产生强衍射，由于d已知，只要测出θ_1即可求得该特征X射线波长λ_1。在与X射线出射方向成$2\theta_1$的方向上放置一个X射线探测器（图5-29中D_1点）

即可确定 θ_1 角和检测到 λ_1 的强度，从而计算出元素的相对含量。

改变分光晶体位置，使已知晶面与特征 X 射线的掠射角为 θ_2，检测器相应地位于 D_2 位置上，可测得波长为 λ_2 的特征 X 射线强度，连续地改变 θ 角，可以测出样品中各种不同波长的特征 X 射线，从而进行定性及定量分析。

（2）X 射线能谱仪　由式（5-10）可知，不同元素发射的特征 X 射线波长不同，相应的光子能量也不同。因此，只要测出特征 X 射线的能量同样也可以对元素成分进行定性及定量分析，相应的检测能量的装置称为能谱仪。

X 射线能谱仪不需要采用已知的标准晶体进行分光，而是直接将检测器接收的特征 X 射线信号转换成电信号，经放大后进行多道脉冲高度分析，通过选择不同脉冲高度来确定 X 射线的能量，用以区别不同能量的 X 射线，从而可确定元素的种类；同时，多道脉冲分析器把脉冲幅度相近的编在同一档内进行累计，这相当把能量相近的 X 光子放在一起计数，从而可确定各元素的含量。

目前能谱仪的分辨本领比波谱仪低，但分析速度快，能在几分钟内对原子序数 $Z \geqslant 11$ 的所有元素进行快速定性分析，而波谱仪则需半小时。现代的能谱仪或波谱仪都能将分析结果在荧光屏上显示出来，并通过 X-Y 记录仪和打印机记录输出。

5.4.2.2　电子探针的分析方法和应用

电子探针基本的分析方法有点分析、线分析和面分析。这些方法只能进行定性分析。

（1）点分析　主要作样品表面定点的全谱定性分析，采用波谱仪时，将电子束固定在所要分析的某一点上，然后改变分光晶体和检测器的相对位置，就可以接收到此点内不同元素的 X 射线。图 5-30 为测得的合金钢某一点的 X 射线谱。由谱线可知，该合金中含有 Cr、Mn、Ni、Cu 等合金元素。

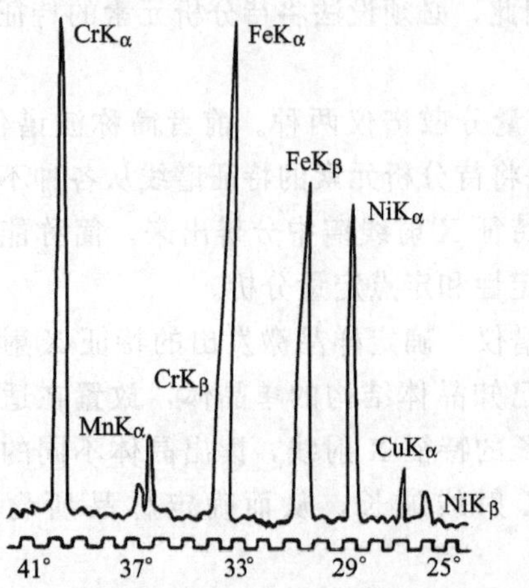

图 5-30　合金钢中某一点的 X 射线谱示意

用能谱仪分析时，使电子束固定轰击样品上的分析点，几分钟内即可得到分析区内全部元素的谱线。

定点微区分析是电子探针最重要的工作方式，常用来进行合金沉淀相或非金属夹杂物的成分分析。

（2）线分析　主要用于分析金属材料在某指定的直线上的成分不均匀性，例如测定晶粒内部与晶界上元素分布的不均匀性，显示浓度与扩散距离的关系曲线等。

线分析时，入射电子束沿样品表面选定的直线方向扫描，使谱仪固定检测所含某元素的特征 X 射线信号，在荧光屏或记录仪上记录下该元素的 X 射线强度，即可得到该元素在选定直线上的强度分布曲线，即该元素的浓度曲线。

通常在二次电子像或背散射电子像上叠印上 X 射线浓度分布曲线，这样能更清楚地说明元素分布的不均匀性与样品组织之间的关系。图 5-31 为 00Cr13Ni6MoNb 不锈钢的热脆断口电镜像，可以看到晶界上存在不连续的颗粒状第二相析出。在作线扫描时，扫描线上共遇到五颗析出相颗粒，相应地输出五个波峰，经分析，说明析出相为 Nb(CN)。

（3）面分析　主要给出特定元素浓度分布的扫描图像。把 X 射线谱仪固定在测量某一波长的地方，使入射电子束在样品表面上扫描，显像管作同步扫描，即可在荧光屏上获得某元素的面分布，图中白点密集的区域就是样品表面该元素含量最高的地方。图 5-32 为 T10 钢经 YW1 硬质合金进行电火花涂覆熔渗后表面的面分析结果。

如果要进行定量分析，首先要测出样品中某元素的特征 X 射线强度，再在同样条件下，测定已知该纯元素的标准 X 射线强度，进行比较、修正后就可求得样品中该元素的浓度。

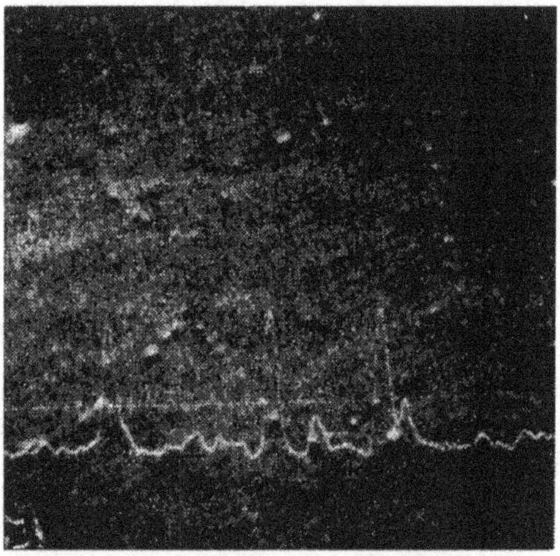

图 5-31 00Cr13Ni6MoNb 钢热脆断口像及元素线扫描像

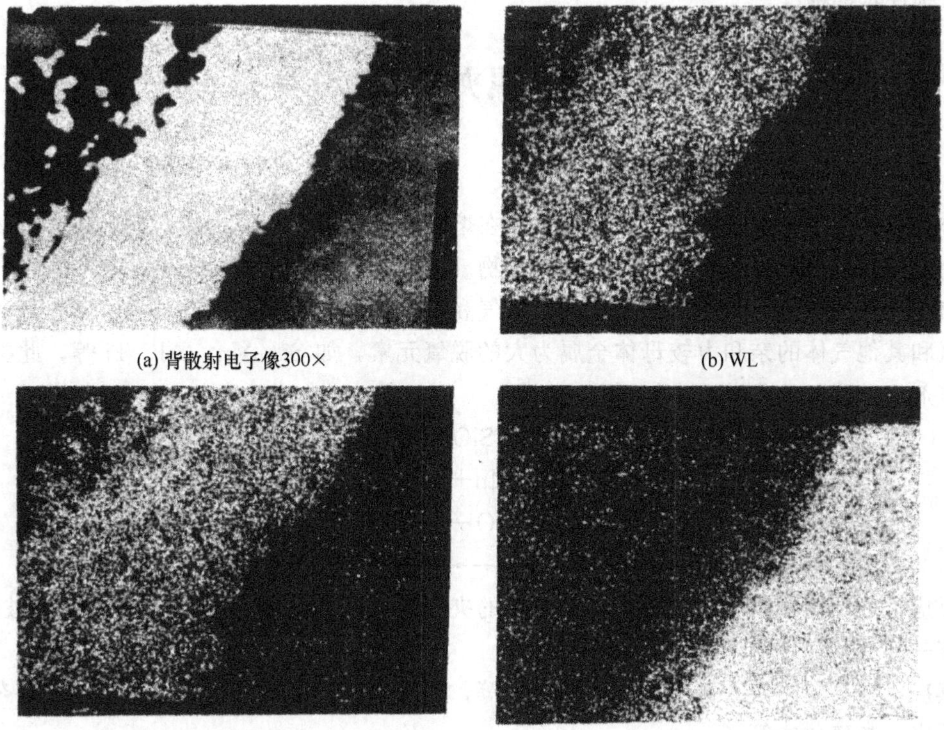

(a) 背散射电子像300×

(b) WL

(c) TiK_α

(d) FeK_α

图 5-32 T10 钢经 YW1 涂覆熔渗后表面分析

思 考 题

1. 金相分析中为什么要进行电子显微分析？
2. 为什么说电磁透镜是一种变焦距、变倍数的会聚透镜？
3. 透射电子显微镜的样品有几种？各检验哪些内容？
4. 扫描电子显微镜的特点是什么？

单元六　非金属夹杂物的检验

钢中非金属夹杂物的存在，破坏了钢的基体的连续性，虽然含量甚微，但却严重地降低了钢材质量。对钢材性能的影响，不仅取决于非金属夹杂物的数量多少，而且与其类型、形状、大小、变形行为以及分布情况密切相关。因为非金属夹杂物会导致应力集中，引起疲劳断裂，在机件的全部失效形式中，疲劳断裂占90%，而夹杂物所在处则是疲劳裂纹发源地；夹杂物数量多且分布不均匀者，会显著降低塑性、韧性、焊接性和耐腐蚀性，易发生点蚀；沿晶界分布的硫化物，在热压力加工时会产生热脆现象。因此，夹杂物的类型、数量和分布是评定钢材质量的重要指标之一，并被列为优质钢和高级优质钢出厂的常规检验项目之一。对于一些薄带状、细丝状的精密合金以及弹簧钢、滚动轴承钢、不锈钢等都规定有非金属夹杂物级别评定的标准。

6.1　非金属夹杂物的分类

6.1.1　按夹杂物的来源分类

非金属夹杂物来源于金属的冶炼过程，在熔融金属和凝固金属内部，发生一系列物理化学变化，结果产生了内在和外来的两类夹杂物。

（1）内在夹杂物　钢在冶炼过程中，氧气和其他气体大量溶入钢液，为了防止氧化，加入对氧和其他气体的亲和力较母体金属为大的脱氧元素，如Si、Mn、Al、Ti等，此类元素叫脱氧剂，其脱氧的化学反应如下

$$Si+2FeO\longrightarrow SiO_2+2Fe, SiO_2+2FeO\longrightarrow 2FeO\cdot SiO_2$$

$$Mn+FeO\longrightarrow Fe+MnO,\text{或 } Mn+FeO\longrightarrow (mMnO、nFeO)+Fe$$

$$2Al+3FeO\longrightarrow Al_2O_3$$

$$Ti+2FeO\longrightarrow 2Fe+TiO_2$$

反应生成的氧化物与熔渣形成许多复杂的夹杂物，在钢液凝固前上浮为炉渣而被除去，但总有一部分残存在钢中。

其次，在高温时熔入钢中的硫、氧、氮等，随着温度的降低其溶解度减小，以夹杂物的形式析出，如硫化物等。

钢液内的反应产物和冷却时的析出物，统称为内生的或固有的、天然的非金属夹杂物，因极其微小又叫细夹杂物。而内生的夹杂物则是不可避免的。

（2）外来夹杂物　钢在冶炼及浇注过程中，由炼钢炉、出钢槽、盛钢桶等内壁剥落、钢液浸蚀的耐火材料或其他杂质混入钢液，当钢液冷凝时未能及时上浮而存在于钢中。由于体积较大，又称粗大夹杂物，只要操作工艺正确、仔细，是可以减少和避免的，因此又称偶然夹杂物。

6.1.2　按夹杂物的化学成分分类

（1）氧化物系夹杂物　钢中的简单氧化物如FeO、MnO、SiO_2、Al_2O_3、Cr_2O_3、

ZrO_2、TiO_2 等，一般在钢中呈颗粒状或球状分布。复杂氧化物如 $FeO \cdot Fe_2O_3$（磁铁矿）、$FeO \cdot Al_2O_3$ 铁尖晶石、$MnO \cdot Al_2O_3$（锰尖晶石）、$FeO \cdot Cr_2O_3$（铬尖晶石）、$(MnFe)O \cdot Cr_2O_3$（锰铁尖晶石）等。这些复杂氧化物的熔点高于钢的冶炼温度，并有一个相当宽的成分变化范围，在钢液中呈固态存在，是多相的夹杂物。

钢中有些氧化物，由于在钢液凝固过程中，冷却速度较快来不及结晶，其全部或部分以玻璃态形式存在于钢中，即形成硅酸盐及硅酸盐玻璃，如 $2FeO \cdot SiO_2$（铁硅酸盐）、$2MnO \cdot SiO_2$（锰硅酸盐）、$3Al_2O_3 \cdot 2SiO_2$（铝硅酸盐）、$CaO \cdot SiO_2$（钙硅酸盐）、$FeO \cdot mMnO \cdot pSiO_2$（铁锰硅酸盐玻璃）等。其成分复杂，而且是多相的。

（2）硫化物系夹杂物　钢中的硫化物主要是 FeS、MnS、(MnFe) S 和 CaS 等，一般在钢中呈球状、任意分布，或呈杆状、链状、共晶式在树枝晶间和初生晶粒的晶界处分布。也有呈块状、不规则外形、任意分布的。

（3）氮化物　钢中氮化物如 AlN、TiN、ZrN、VN 等，其质点极细小、呈方形或多角形。

6.1.3 按夹杂物的塑性分类

（1）塑性夹杂物　塑性夹杂物在压力加工时沿加工方向伸长为带状、断续条状、纺锤状等，如 FeS、MnS，以及含 SiO_2 较低（40%～60%）的低熔点硅酸盐等。

（2）脆性夹杂物　脆性夹杂物在压力加工时不变形，但沿加工方向破裂成串，如 Al_2O_3 和尖晶石及钒、钛、锆的氮化物等，它们都属于高熔点、高硬度的夹杂物。

（3）不变形夹杂物　不变形夹杂物在压力加工时保持原来的球点状，如含 SiO_2 较高（>72%）的硅酸盐、钙铝硅酸盐，以及高熔点的硫化物 CaS 等属于此类。

一般钢中非金属夹杂物，多按化学成分分为氧化物、硫化物、硅酸盐和氮化物及其复合产物等。

6.2 非金属夹杂物对钢性能的影响

6.2.1 非金属夹杂物对疲劳性能的影响

由于非金属夹杂物以机械混合物的形式存在于钢中，而其性能又与钢有很大的差异，因此，它破坏了钢基体的均匀性、连续性，还会在该处造成应力集中，而成为疲劳源（即疲劳裂纹的起始点）。在外力作用下，通常沿着夹杂物与其周围金属基体的界面开裂，形成疲劳裂纹。在某些条件下夹杂物还会加速裂纹的扩展，从而进一步降低疲劳寿命。夹杂物的性质、大小、数量、形态、分布不同，对疲劳寿命的危害也不同。例如氮化钛及二氧化硅等硬而脆的夹杂物，其外形呈棱角状时，对疲劳寿命的危害较大；较软、塑性较好的夹杂物（如硫化物）影响则比较小；粗大的夹杂物对低周高应力疲劳有加速疲劳裂纹扩展的作用；当夹杂物聚集分布，且数量较多时，对疲劳寿命的危害更大；当夹杂物处于零件表面时，或表面层或高应力区时，危害最严重。

6.2.2 非金属夹杂物对钢的韧性和塑性的影响

夹杂物的存在对钢的韧性和塑性是有害的，其危害程度主要取决于夹杂物的大小、数量、类型、形态和分布。夹杂物愈大，钢的韧性愈低；夹杂物愈多，夹杂物间距愈小，钢的韧性和塑性愈低。棱角状夹杂物使韧性下降较多，而球状夹杂物的影响最小。在轧制钢材时被拉长的夹杂物，对其横向的韧性和塑性的危害程度较为明显。夹杂物呈网状沿晶界连续分布或聚集分布时则危害最大。夹杂物类型不同，其物理、力学、化学性能亦不同，对钢材影响也不同，如塑性较好但与基体结合较弱的硫化锰，在变形时易沿着与金属基体的交界面开裂；而塑性较差，但与基体结合较强的氮化钛在变形时，应力集中到一定程度可使较粗的氮化钛碎裂。此外非金属夹杂物对钢的耐腐蚀性和高温持久强度都有危害作用。

6.2.3 非金属夹杂物对钢的工艺性能影响

由于夹杂物的存在，特别是当夹杂物聚集分布时，对锻造、热轧、冷变形开裂、淬火裂纹、焊接层状撕裂及零件磨削后的表面粗糙度等都有较明显的不利影响。

6.3 非金属夹杂物的鉴定方法

6.3.1 宏观鉴别法

宏观鉴别法常用热酸浸蚀、硫印、超声波、磁粉探伤以及断口分析法等。

6.3.2 微观鉴别法

微观鉴别常用化学分析法、岩相法、金相法、X射线结构分析法、电子显微镜观察法和电子探针法等。其中金相法应用最为广泛。

化学法、岩相法以及X射线结构分析法都是把夹杂物从金属母体中分离出来，再做微量化学分析，获得夹杂物化学组成的百分数；或在透射电子显微镜下观察，或进行X射线结构分析，可确定其晶体结构。但是，这些方法比较繁琐，不适于工厂的现场实际检验，故应用较少。电子探针法可测定微区中夹杂物的元素含量和化学组成，应用日益广泛。由于金相法能直接观察夹杂物的形态、数量、大小和分布等，可进行定性和半定量的级别评定，加之试样制备和操作简便，故在工厂非金属夹杂物的检验中，广泛采用金相法。其缺点是不能确定夹杂物的化学成分和晶体结构。因此，在进一步研讨非金属夹杂物时，往往需要宏观与微观方法相配合，而且采用金相法和其他微观方法相结合，才能获得较理想的定性或定量结论。

6.4 非金属夹杂物的金相鉴定

金相法鉴定非金属夹杂物，是把抛光好的金相试样置于金相显微镜下观察，利用明视场、暗视场以及偏振光来观察夹杂物的形态、数量、大小和分布等特征。为使夹杂物特征能够清晰呈现，对检验夹杂物的试样需严格要求。

6.4.1 检验非金属夹杂物的试样制备

① 试样的取样部位和数量，应按相应的产品标准及有关技术条件的规定执行。一般磨制纵断面，观察夹杂物的数量、大小、形态、变形程度，但仍需磨制横断面，观察夹杂物在断面上的分布。

② 试样磨制前需淬火和低温回火来提高钢的基体硬度，以减少非金属夹杂物与钢基体之间的硬度差，避免在磨制中夹杂物脱落。对于铁素体和奥氏体钢因无相变，可不淬火。

③ 试样磨光时宜轻磨，单向磨光，严防往返磨光。抛光时宜轻抛，切不可压力过大。采用短纤维的抛光织物，如海军呢等，抛光粉常用氧化镁或金刚石抛光膏等。在磨抛中尽量

缩短时间，防止夹杂物脱落。一般抛光时试样沿抛光盘径向往复移动，且逆抛光盘转动方向稍加转动，防止夹杂物产生曳尾现象。抛光面应光滑无痕，但为了保全夹杂物，在不影响鉴定的情况下，可允许少数划痕存在。

④ 试样抛光好后洗净、吹干，不经浸蚀，将其置于金相显微镜下，放大 90～100 倍进行观察评定。

6.4.2 非金属夹杂物的主要特征

6.4.2.1 夹杂物的形状

① 球状：是在熔融状态时因表面张力作用而形成的液滴，冷凝后一般呈球状存在。属于球状的夹杂物有 FeO 和 SiO_2 等，如图 6-1（a）、（b）所示。在明视场下观察时，FeO 呈灰色球状。SiO_2 则呈浅灰色同心圆亮环，中心有亮点。若经热压力加工后，球状改变呈椭圆状。

② 方形、长方形、三角形、六角形及树枝状等具有规则结晶几何形状的夹杂物，如图 6-2 所示。图 6-2（a）为呈方形、长方形、三角形的氮化物（Al、Ti、Zr、Nb、V 等），在明视场下呈现橘黄色，当 TiN 中溶入碳时形成钛的氮碳化合物，其色彩为黄玫瑰色或紫玫瑰色，因极其微小，需在较高放大倍数下才能观察到。图 6-2（b）为 Cr_2O_3，呈粒状、方形、长方形、三角形和六角形等，在明视场下呈深灰色。

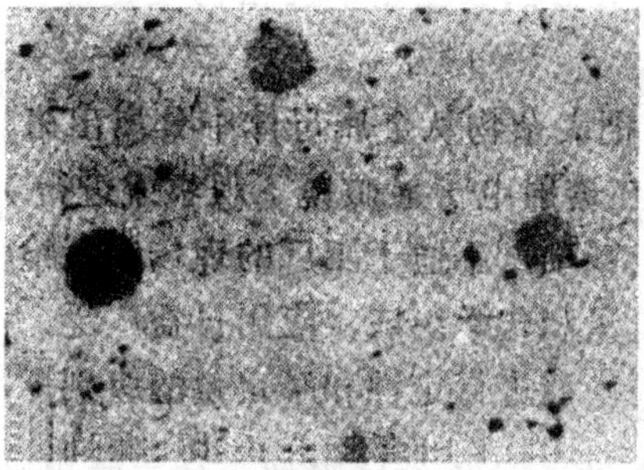

(a) 球状FeO

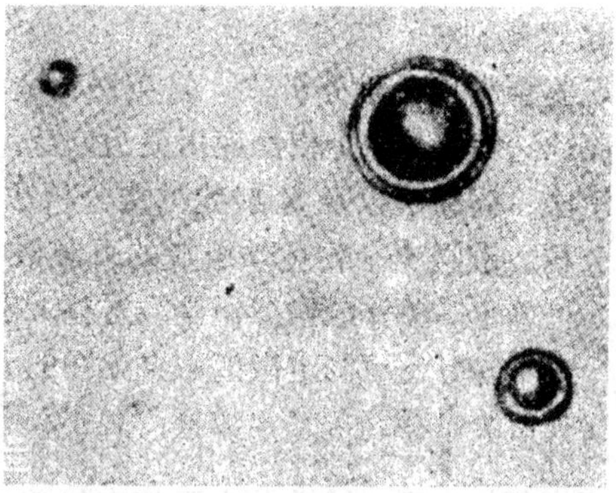

(b) 球状SiO_2

图 6-1 球状非金属夹杂物

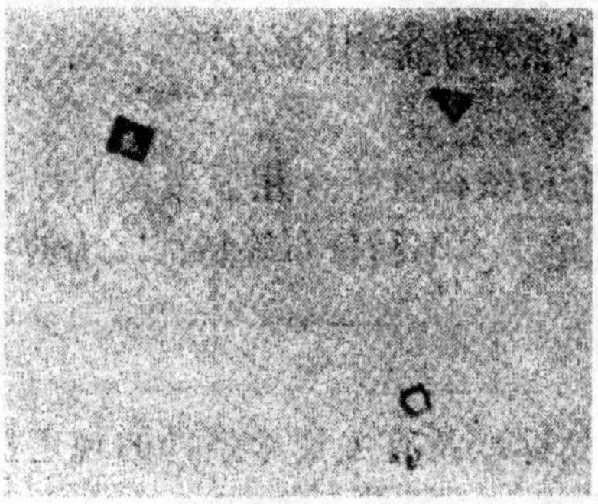

(a) 方形、长方形、三角形TiN

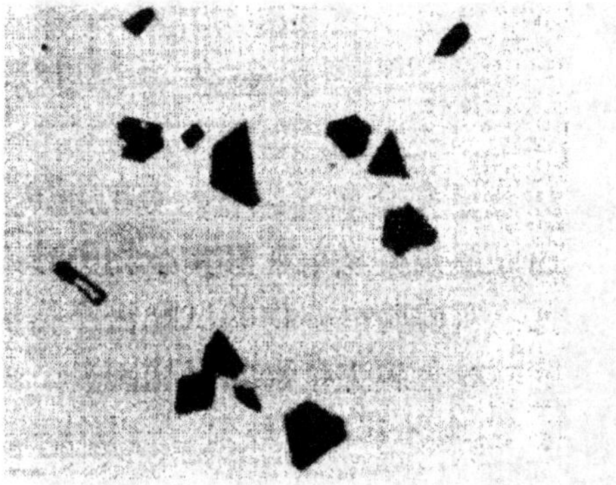

(b) 方形、三角形、六角形Cr_2O_3

图 6-2 具有规则形状的夹杂物

6.4.2.2 夹杂物的分布

夹杂物的分布成群聚集或孤立分散，或分布在晶界、或排列成串，一般 Cr_2O_3 成群聚集，硅酸盐则孤立分散存在，Al_2O_3 和 FeO・MnO 等氧化物排列成串，FeS 和 FeS-FeO 共晶则沿晶界分布。图 6-3 所示为链串状分布和晶界分布的夹杂物。图 6-3（a）为 Al_2O_3，它是所有夹杂物中最细小的，为多棱角颗粒状、成群聚集，经热压力加工后，外形不变但沿着变形方向排列呈链串状。图 6-3（b）为 FeS-FeO 共晶夹杂物，因共晶体熔点低，当钢液冷却时，便沿晶界分布。

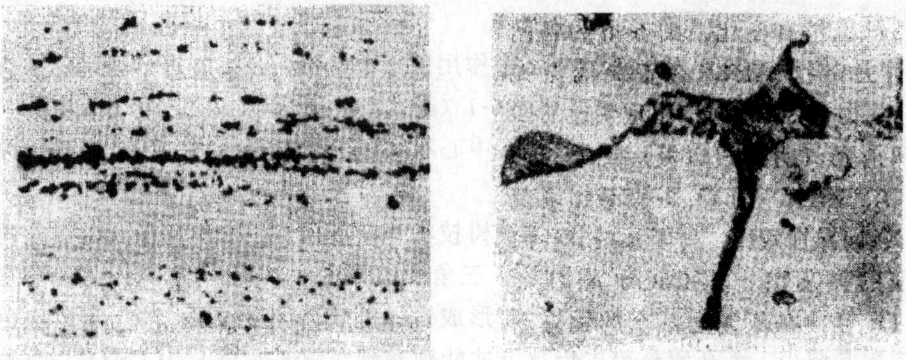

(a) 链串状分布的 Al_2O_3　　(b) 沿晶界分布的FeS-FeO共晶

图 6-3　链串状和沿晶界分布的夹杂物

6.4.2.3 夹杂物的透明度与色彩

夹杂物可分透明、半透明、不透明三种，辨别其透明程度应在暗视场或偏振光下观察，同时还能看到夹杂物的固有色彩。物镜的鉴别率越高、放大倍数越大时，夹杂物的颜色就越鲜明、真实。一般如硅酸盐、二氧化硅、硫化锰等是透明的，而氮化物、硫化铁等是不透明的。若夹杂物是透明的，在暗场下十分明亮，反射光的强度决定于夹杂物的透明度，其透明程度越大，反光能力越强，则越明亮，色彩越鲜明。图 6-4 所示为透明的蔷薇辉石 MnO・SiO_2 在暗场下显示的透明度。图 6-5 为不透明的铬铁矿 FeO・Cr_2O_3，由于不透明，其反光能力较小，在暗场下呈现黑色。因一部分光线从夹杂物周界处反射出来，故呈现白色亮边。

在正交偏振光下，试样抛光面的直线偏振反射光，被检偏镜阻挡，处于暗黑的消光状态。而透过夹杂物射入金属基体与夹杂物交界面处，反射后的光为椭圆偏振光，则可通过检偏镜，因而可清晰呈现夹杂物的透明度和固有色彩。

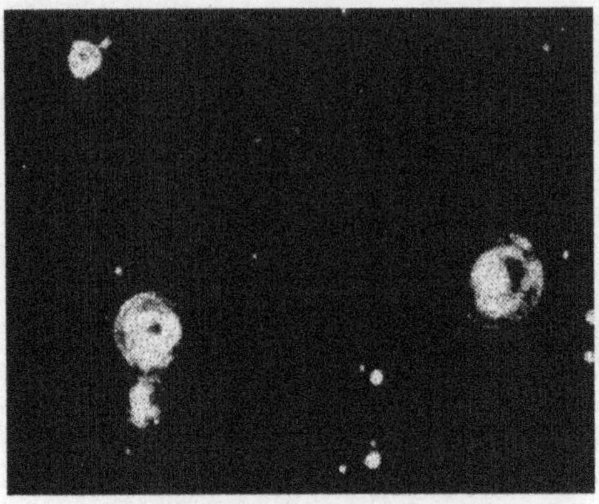

图 6-4　暗场下透明的 MnO・SiO_2

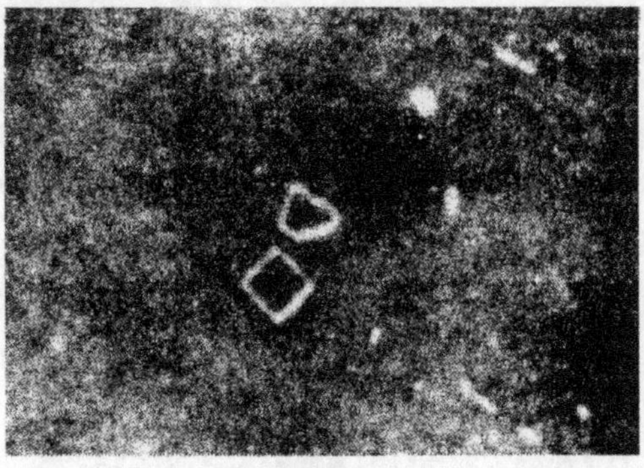

图 6-5　暗场下不透明的 FeO・Cr_2O_3

6.4.2.4　夹杂物在偏振光下的各向异性效应

夹杂物有各向异性和各向同性之分。凡具有各向异性的夹杂物，在正交偏振光下，当转动显微镜的载物台360°时，产生对称的四次发光和消光现象，同时，夹杂物的色彩也稍有变化。图6-6为各向异性透明夹杂物AlN，在正交偏振光下，转动载物台360°时，出现明显的四次发光和消光（明亮和暗黑）现象。如FeS、TiO_2、ZrO_2、Cr_2O_3等夹杂物以及石墨均有各向异性效应。对于某些弱各向异性效应的夹杂物，如$CaO \cdot Al_2O_3$、$CaO \cdot SiO_2$等，在不完全正交的偏振光下，即使检偏振镜转动3°～5°，则可出现两次明亮和消光现象。对于各向同性的夹杂物，如FeO、MnS、FeS-MnS等，在正交偏振光下，载物台转动一周时，只能看到暗黑一片，亮度不发生任何变化。

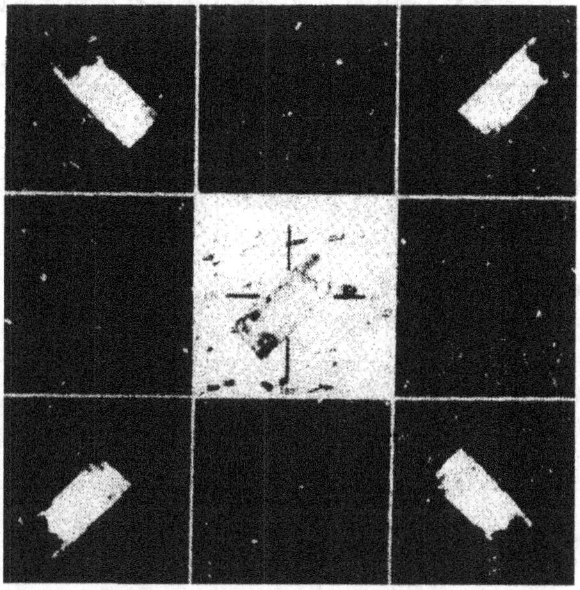

图6-6　各向异性透明夹杂物在正交偏振光下的效应

6.4.2.5　夹杂物的黑十字现象

球状透明各向同性夹杂物，如玻璃质SiO_2和硅酸盐等，在正交偏振光下呈现独特的黑十字现象。

6.4.2.6　夹杂物的硬度、塑性、抛光性

夹杂物的硬度可由显微硬度计测定，一般根据所测硬度值大小，粗略地对夹杂物进行分类。

根据显微硬度值的高低和压痕形状，又可估计出夹杂物的塑性。压痕小硬度值高，说明夹杂物脆性大、塑性低；压痕不规则，说明硬度值极高，脆性极大、塑性极低；反之，压痕大且形状规则，说明夹杂物塑性好。

还可根据经过压力加工后夹杂物的变形情况，估计出夹杂物硬度高低、塑性好坏。如TiN、Al_2O_3等夹杂物硬度极高，经锻压只能改变其分布而不能改变形状，属脆性夹杂物。由于硬脆夹杂物抛光时易脱落或成浮凸，故抛光性能极差。又如FeS、MnS和硅酸盐等，由于硬度低、塑性好，经压力加工变形后，均沿变形方向拉长，属于塑性夹杂物，其形状、分布都被改变，一般呈现条带状、断续线条状、纺锤状或枣核状，如图6-7所示为枣核状硫化锰和硅酸盐，其中，硫化锰浅灰色，硅酸盐深灰色。

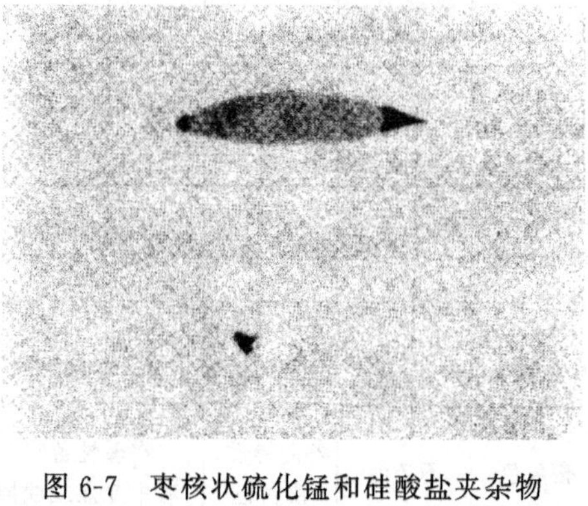

图6-7　枣核状硫化锰和硅酸盐夹杂物

6.4.2.7　夹杂物的化学性能

不同类型夹杂物在特定浸蚀试剂作用下，将发生不同的变化，有可能使夹杂物被浸蚀而溶入浸蚀剂中，留下一个凹坑，或染上不同的颜色，改变了夹杂物的固有色彩；或不被浸蚀而保留原

状。根据夹杂物的抗蚀能力，是系统识别和鉴定夹杂物的常规检验法之一，常与金相观察法配合鉴定夹杂物。

综上所述，钢中常见夹杂物的光学性质和特征如表 6-1 所示。

表 6-1　钢中常见夹杂物化学性质和特征

名称 分子式	晶系	在钢中的 存在形式	在钢中 分布	变形性	硬度(HV)	光学性质			化学性质
						明场	暗场	偏振光	
氧化亚铁 FeO	立方	球状，变形后为椭圆状	无规律	稍可变形	约 430	灰色，边缘淡褐色	完全不透明	各向同性	受下列试剂浸蚀： $3\%H_2SO_4$； $10\%HCl$；$5\%CuSO_4$
氧化亚锰 MnO	立方	不规则状树枝晶	成群分布，变形后略有伸长	稍可变形	约 280	灰色	在薄层中透明本身绿宝石色	各向同性	受下列试剂浸蚀： $20\%HCl$； 20%HF 酒精溶液
氧化亚铁锰固溶体 FeO-MnO	立方	不规则状树枝晶	成群分布	稍可变形	约 440	随 MnO 由灰色到紫色	透明度随 MnO 增加而增加呈血红色	各向同性，透明由橘黄到血红色	受下列试剂浸蚀： $3\%H_2SO_4$； 20%NaOH 染色
刚玉 α-Al_2O_3	六方		成群聚集分布，变形后呈链串状	不变形	2000～3500	黑灰色	透明亮黄色	各向异性	不受标准试剂浸蚀
氧化铬 Cr_2O_3	六方		无规律	不变形	1500	黑灰色	薄处呈绿色	各向异性，翠绿色	不受标准试剂浸蚀
镁尖晶石 $MgO\cdot Al_2O_3$	立方	规则形状		不变形	2100～2400	灰黑色	薄处透明	各向同性	不受标准试剂浸蚀
铬铁矿 $FeO\cdot Cr_2O_3$	立方	规则几何形状	成群聚集分布，变形后呈链串状	不变形	570	灰黑色	薄处透明呈红色	各向同性	受酸性 $KMnO_4$ 溶液浸蚀
磁铁矿 $Fe_3O_4\cdot$ $FeO\cdot Fe_2O_3$	立方	不规则形状		稍可变形	477	暗褐灰色	不透明，周边有亮边	各向同性，不透明	受 5%HCl 水溶液浸蚀
铁橄榄石 $2FeO\cdot SiO_2$	正交	球状	无规律	易变形	350～700	暗灰色	透明，由黄绿到红，且有亮环	各向异性，透明	在 HF 中蚀掉
锰橄榄石 $2MnO\cdot SiO_2$	正交	球状	无规律	易变形	680～700	暗灰色	透明，由玫瑰红到褐色	各向异性	在 HF 中蚀掉
蔷薇辉石 $MnO\cdot SiO_2$	三斜	球状	无规律	易变形	620～820	暗灰色	透明，无色到红黄绿等五彩色	各向异性	在 HF 中蚀掉
莫来石 $2Al_2O_3\cdot$ SiO_2	正交	三棱形针形	无规律	不变形	1500	深灰色	透明，无色	各向异性，透明无色	不受标准试剂浸蚀
钙硅酸盐 $CaO\cdot SiO_2$ $2CaO\cdot SiO_2$	三斜 六方	球状	无规律	不易变形	400～700	暗灰色表面粗糙	透明，发亮	极弱各向异性，透明	在 HF 中蚀掉
石英 SiO_2	非晶体	球状	无规律	不变形	700～800	灰色，中心亮点，有亮环	很透明，发亮	各向异性，透明，“黑十字”	在 HF 中蚀掉
硫化铁 FeS	六方		晶内或沿晶分布	易变形	约 240	亮黄色	不透明	各向异性，浅黄色	在碱性苦味酸中变黑或蚀掉

续表

名称 分子式	晶系	在钢中的 存在形式	在钢中 分布	变形性	硬度(HV)	光学性质			化学性质
						明场	暗场	偏振光	
硫化锰 MnS	立方		晶内或 沿晶分布	易变形	180～210	蓝灰色	稍透明， 呈黄绿色	各向异性， 透明	10%铬酸水 溶液中蚀掉
硫化铁与硫 化锰固溶体 FeS-MnS		球状或 条状	晶内或沿 晶分布	易变形	200～240	蓝灰色	不透明	各向同性	10%铬酸水 溶液中蚀掉
氮化钛 TiN	立方	规则外形	成群聚集 分布，变形 后呈链串状	不变形	高	金黄色	不规则周 界有亮边	各向同性	不受标准试剂浸蚀
氮化钒 VN	立方	规则外形	孤立分布 或分布	不变形	高	淡红色	不透明	各向同性	1% FCl_3 酒精 溶液中蚀掉
氮化铝 AlN	六方	规则外形	晶内或晶 界分布	不变形	900～1000	暗灰色	透明，亮黄 到五彩色	弱各向异性	在碱性试剂中 有作用，其余无

6.4.3 非金属夹杂物的鉴定程序

非金属夹杂物的一般鉴定程序如表 6-2 所示。

表 6-2 非金属夹杂物的一般鉴定程序

序 号	鉴 定 方 法	观 察 对 象
1	低倍明场(100×)	①夹杂物的位置 ②夹杂物的形状、大小及分布 ③夹杂物的塑性(变形行为) ④夹杂物的色彩 ⑤夹杂物的抛光性
2	高倍明场(500×)	①夹杂物的组织 ②夹杂物的透明度 ③夹杂物的色彩
3	高倍暗场(500×)	①夹杂物的透明度 ②透明夹杂物的固有色彩 ③夹杂物的组织
4	正交偏振光(约 500×)	①各向异性效应(强弱程度或各向同性) ②夹杂物的色彩 ③黑十字现象
5	显微硬度	测定显微硬度值、估计脆性、抛光性
6	化学腐蚀	对夹杂物分类、定性
7	电子探针或 X 射线分析	对夹杂物进行成分定量分析

6.4.4 非金属夹杂物的评定原则

非金属夹杂物的级别鉴定，是把制备好的未经浸蚀的试样（已抛光），置于 90～100 倍金相显微镜下观察，视场直径 0.8mm，按照脆性夹杂物和塑性夹杂物的集中或分散分布情况，以视场中最严重视区与评级图片进行比较。

评定结果表示方法：

① 每个试样每类夹杂物的最高级别；

② 数个试样的每类夹杂物最高级别的算术平均值；

③ 每个试样每类夹杂物最高级别总和。

夹杂物的合格级别，应按 GB/T 10561—2005《钢中非金属夹杂物含量的测定　标准评级图显微检验》相应的有关技术条件规定执行。

思　考　题

1. 钢中的非金属夹杂物对钢的性能有哪些影响？
2. 非金属夹杂物有哪几种类型？
3. 非金属夹杂物鉴定方法有哪些？通常采用哪种方法？
4. 非金属夹杂物的主要特征包括哪些内容？
5. 简述非金属夹杂物的鉴定程序。

单元七　金属断口分析

7.1　金属断裂的基本概念

7.1.1　断裂及断口分析

由材料力学的知识可知，金属材料受到外力作用后，随着应力的增加，材料将表现为弹性变形阶段、弹塑性变形阶段乃至断裂。就材料内部而言，在应力作用下即处于受胁和松弛这样一种矛盾的状态之中。受胁表明材料内部能量升高，表现为原子间距增大，晶体缺陷数量增多等；而松弛则可能使能量降低，松弛主要通过塑性变形和断裂来实现。当金属材料受胁达到饱和状态而不能继续再用塑性变形或根本就不能以塑性变形来松弛时，若再增加应力，它就会以断裂的形式来彻底松弛。

金属机件的断裂不但是各种零件的毛坯、半成品乃至成品报废的主要原因之一，而且也是许多生产事故和交通运输事故发生的原因之一。它是金属零件磨损、变形、断裂三种主要失效形式中危害最大的一种。因此，研究金属断裂过程不仅对材料强度理论研究而且对金属材料的加工和使用，都具有重要的现实意义。

任何一个断裂过程都经历局部到整体的发展过程。通常是由裂纹的生成和裂纹的扩展两个基本过程组成。裂纹的生成往往在零件服役的早期，甚至在原始材料中就已经存在。裂纹在初期扩展很缓慢，只是到后期才会迅速扩展。因此，一般裂纹的形成、扩展到整个零件的破坏，常常经历相当长的时期，这就为研究断裂现象创造了条件。

在应力作用下，金属零件被分成两个或几个部分，则称为完全断裂，只在内部存在裂纹则为不完全断裂。金属零件完全断裂后的自然表面称为断口。由于金属中裂纹的扩展方向一般是遵循着最小阻力路线（还与最大应力方向有关），因此，断口一般是在材料中性能最弱或零件中所受应力最大的部位。断口的结构与外貌直接记录了断裂前裂纹的发生、裂纹扩展的过程和最终断裂瞬间的情况；反映了材料从供应状态到以后经受的各种加工工艺状态和使用（如应力类型、温度、介质或气氛等）；又是断裂形态分类和断裂原因分析的重要依据。断口分析就是通过对断口形貌的研究来判断金属断裂的原因。

断口分析分为断口宏观分析和断口微观分析两类。断口宏观分析是指用肉眼、放大镜或低倍率光学显微镜来研究断口特征的一种方法；断口微观分析是指使用较高倍率的光学显微镜、透射电子显微镜或扫描电子显微镜来研究断口的方法。运用断口宏观分析可以确定金属断裂的性质（如脆性断裂、韧性断裂或疲劳断裂等）；可以分析金属材料开始产生断裂（即裂纹源）的位置和裂纹扩展的方向；可以判断材料的冶金质量、各种热加工质量。但断口宏观分析的结果，一般需要进一步深化，必须借助于微观分析方法来观察宏观分析不能获得的断口各部位的细节，并探讨裂纹形成和扩展机理。因此，断口宏观分析和断口微观分析是整个断口分析过程的两个阶段。它们之间不能相互代替，只能相互补充，二者缺一不可。

7.1.2　断裂的类型

断裂类型的分类方法很多，通常可以根据断口的形态特征、观察方法以及载荷的性质分类。常见的断口如下。

（1）韧性断裂和脆性断裂　根据金属材料完全断裂前的总变形量（宏观变形量），可把断裂分为两大类：韧性断裂和脆性断裂。

韧性断裂的特征是金属在断裂前发生明显的宏观塑性变形，在断裂后的断口上留下显著的塑性变形痕迹，因此，韧性断裂又称延性断裂。这种断裂是一种缓慢的撕裂过程，出现先兆，能够引起人们的注意，这对零件和环境造成的危险性较小，一般不会造成严重事故。由于断裂时一部分能量消耗在塑性变形上，故又称高能量断裂。根据韧性断裂断口的形状，可分为杯锥状断口和剪切滑移型断口两种。杯锥状断口其断口心部先产生孔洞，待孔洞连通后，在表面部位以剪切的形式断裂，形成杯锥状特征，如图 7-1（a）所示。其微观结构为穿晶断裂，是韧性断裂的常见形式。剪切滑移型断口是以剪切滑移方式断裂的结果。剪切或滑移发生在一定的晶面和晶向，从微观角度看，也属于穿晶断裂形式，其宏观特征如图 7-1（b)所示。

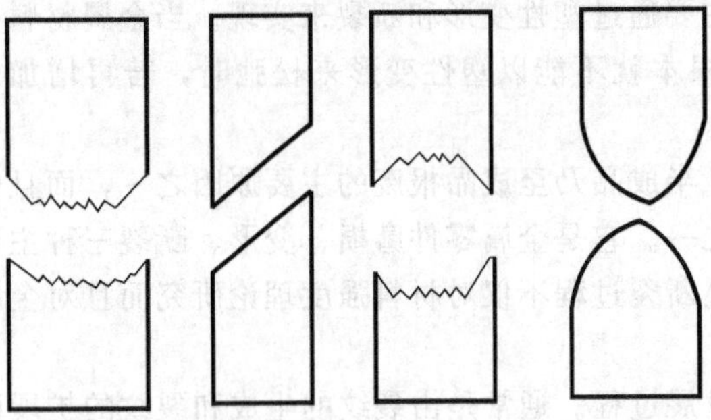

(a) 杯锥状　(b) 剪切　(c) 双杯　(d) 齿尖状

图 7-1　试样拉伸时破断面示意

与韧性断裂相反，脆性断裂是一种突然发生的断裂，断裂前基本上不发生塑性变形，没有明显征兆，因而危害性很大，在其断口上没有明显的塑性变形痕迹。脆性断裂一般具有如下特点。

① 破断时承受的工作应力较低，通常不超过材料的屈服极限，甚至不超过按常规设计程序确定的许用应力。所以这种断裂又称低应力脆断。

② 脆性断裂的裂纹源总是从内部的宏观缺陷处开始，也可能在零件加工过程中产生的一些细小裂纹处，或因设计不合理，造成应力集中而产生裂纹。这些裂纹常在远低于材料屈服强度的应力下逐渐扩展，最后导致突然断裂。

③ 环境温度降低，脆性断裂倾向增加。

④ 脆性断裂的断裂面一般与正应力垂直，断口平齐而光亮，常呈放射状或结晶状。

通常在脆性断裂前也产生微量塑性变形，在工程上规定：光滑拉伸试样的断面收缩率小于5%者，即为脆性断裂，这种材料即称为脆性材料；反之，大于5%者为韧性材料。由此可见，材料的韧性与脆性是根据一定条件下的塑性变形量来规定的。在实际载荷条件下各种材料都可能发生脆性断裂，而同一种材料又会因温度、应力、环境等条件的变化，韧脆断裂行为也会发生变化。

（2）正断与切断　根据断裂面的宏观取向与最大正应力的交角，可将断裂分为正断与切断两类。

正断的特点是断口的宏观断面与最大正应力方向垂直，如图 7-1（a）及（c）的中心部分。

切断时，其宏观断口断面与最大正应力方向呈约 45°交角，而与最大切应力方向一致，常见于滑移变形不受约束或约束较小时，如图 7-1（a）的表面区域及图 7-1（b）所示。

（3）穿晶断裂与晶间断裂　多晶体金属断裂时，根据裂纹扩展所走的路径，可以分为穿晶断裂与晶间断裂两类，如图 7-2 所示。

穿晶断裂的特点是断裂的路径穿过晶粒。从宏观上看，穿晶断裂可以是韧性断裂（如室温下的穿晶断裂），也可以是脆性断裂。

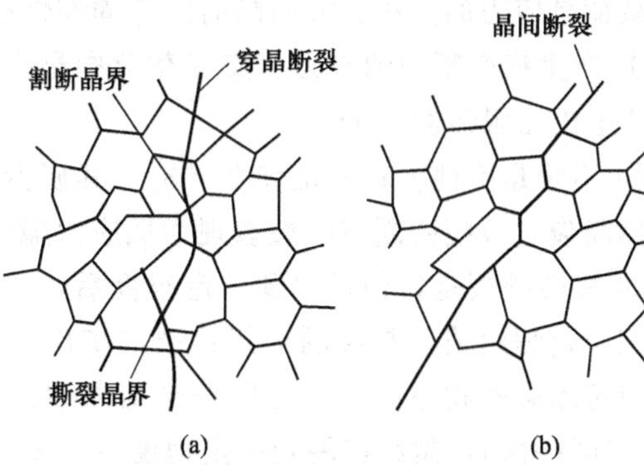

图 7-2 穿晶断裂和晶间断裂示意

晶间断裂的断裂路径是裂纹沿着晶界扩展。通常是因晶界上存在着一薄层连续或不连续脆性第二相夹杂物，破坏了晶界的连续性而造成的，也可能是杂质元素向晶界偏聚而引起的。例如，应力腐蚀、氢脆断裂、淬火裂纹、回火脆性断裂、焊接裂纹、磨削裂纹等一般都表现为晶间断裂。晶间断裂的宏观断口呈晶粒状，颜色较韧性的纤维状断口明亮，但比后面介绍的解理断口要暗些，因它没有反光能力很强的小平面；当晶粒足够粗大时断口呈冰糖状。晶间断裂多数属脆性断裂，但也有一些晶间断裂如高温蠕变、形成石状断口的断裂等属于韧性断裂。

穿晶断裂和晶间断裂有时可能混合发生。

(4) 解理断裂与剪切断裂　穿晶断裂依其微观的断裂方式又可分为解理断裂和剪切断裂。

解理断裂是金属材料在一定条件下（如低温），在外加正应力达到一定数值后，以极快速率沿一定晶体学平面产生的穿晶断裂。因与大理石断裂类似，故称解理断裂。解理断裂主要发生在体心立方点阵和密排六方点阵金属中，而面心立方点阵金属中不易发生解理断裂。

晶体内部易发生解理断裂的晶面称为解理面。对给定的晶体来说，解理面多为一些低指数晶面，即面间距较大的晶面。例如，体心立方点阵的主要解理面为 {001}，次要解理面为 {112}。密排六方点阵的解理面为 (0001)、(1010)。有时解理断裂也可沿滑移面或孪晶面分离。

在低温、应力集中、冲击载荷下都容易引起解理断裂。通常，解理断裂总是脆性断裂，但有时在解理断裂前也显示一定的塑性变形，所以解理断裂与脆性断裂不是同义词，前者指断裂机理而言，后者则指断裂的宏观状态。

剪切断裂是指晶体在切应力作用下，沿滑移面滑移而造成的断裂。它分为两类：一类称滑断或纯剪切；另一类是微孔聚集型断裂。

滑断或纯剪切断口一般发生在纯金属或单相合金中，特别是单晶体中常发生这种断裂。其过程是：金属在外力作用下，沿滑移面最大切应力方向的滑移，最后因滑移面滑动分离而断裂。其断口常呈锋利的楔形（单晶体金属）或齿尖型（多晶体金属的完全韧性断裂），如图 7-1 (d) 所示。

微孔聚集型断裂多见于钢铁等工程材料。在外力作用下，因强烈滑移，位错大量堆积，在局部区域（如拉伸试样的缩颈处）产生许多显微孔洞，或因夹杂物破碎、夹杂物与基体金属界面的破裂而造成微孔。这种孔洞在切应力作用下逐步长大、串联起来，当有足够多的显微孔隙连通后，便形成了一个可以辨认的裂纹，最后裂纹逐渐扩展导致整个材料的断裂。拉伸试样缩颈中心的断裂即属微孔聚集型断裂。

(5) 疲劳断裂与静载延滞断裂　疲劳断裂是指材料在交变载荷作用下发生的断裂。所谓交变载荷是应力的大小、方向随时间作周期性改变的一种载荷。疲劳断裂有以下特征。

① 产生疲劳断裂的应力（交变载荷中最大应力 σ_{max}）远低于静载荷下材料的抗拉强度 σ_b，甚至比屈服强度 σ_s 低。

② 不管是脆性材料还是韧性材料，其疲劳断裂在宏观上均表现为无明显塑性变形的脆性突然断裂，故疲劳断裂一般表现为低应力脆断。

③ 疲劳断裂是损伤积累到一定程度后，才突然发生断裂。在恒定的交变应力下，疲劳将由三个过程组成：裂纹的形成；裂纹扩展到临界尺寸；余下截面的不稳定快速断裂。因此，疲劳断裂过程不同于一般的静载荷断裂过程，它在断裂前要经过较长时间的应力循环（10^5，10^6…次），裂纹扩展到一定程度后，才突然断裂。所以，疲劳断裂又是与时间有关的断裂。

④ 疲劳断裂不仅决定于材料本身，而且与零件的形状、尺寸、表面状态、服役条件和所处的环境有关。

⑤ 疲劳断裂一般为穿晶断裂。

静载延滞断裂或称静载疲劳，它是在静载条件下，由于环境的作用（如温度、介质腐蚀、中子辐照等）而引起的一种与时间有关的低应力脆性断裂。属于这类断裂的有应力腐蚀断裂、氢气引起的断裂和蠕变断裂等。

7.2 金属断裂分析的一般方法

金属断裂分析是构件失效分析的主要内容之一，它对确定零件断裂原因、提出事后防止断裂措施具有重要的作用。一个零件或构件的断裂分析，应包括以下几个方面：

7.2.1 实际零件破损情况的现场调查

事故现场调查是断裂分析的重要环节，必须在事故现场仔细收集那些包含着主要断裂源的可疑碎片。这些碎片不管其形状如何，都必须保护好避免侵蚀，尤其防止手指污染断口表面。如果这些碎片已被氧化、腐蚀或污染过，也不允许清洗，直到这些断口的特征被记录、照相后为止。

同时，要了解断裂零件的实际工作条件、工作经历及周围环境等，如该零件所用材料的情况，零件冷热加工和热处理的情况及实际的操作工艺；了解零件设计要求的力学性能、硬度、金相组织等技术指标；零件服役状态下的受力情况、工作温度、介质等条件；零件在机器上的安装质量、机器运行情况，操作维护是否正常；零件在什么情况下断裂，以及该零件配偶副的情况等。

7.2.2 断裂零件的外观检查

根据收集到的零件断裂的资料及实物，就可对断裂零件进行外观检查，检查的内容如下。

① 观察整个零件的变形情况和表面情况。分析损坏零件有否弯曲、变形以及裂纹发展方向等。初步判断零件工作过程中的受力方向、应力状态，进而初步推断导致断裂的几种可能性。

② 观察零件表面冷热加工质量。有否过烧、折叠、斑疤、裂纹等热加工缺陷。有无过深刀痕、刮伤、划痕等机械加工缺陷。

③ 观察断裂部位是否在键槽、油孔、尖角、刀痕等应力集中部位。

④ 观察零件断口及裂纹分布情况。

7.2.3 断口表面的保护及清洗

如前述，根据断口的形态特征，能够判断断裂类型，揭示断裂原因，因此，尽量保持断口的原始状态，避免进一步受损、变质就十分必要。但实际上由于各种原因，断口会被污染或损伤，如果不注意排除假象，就可能造成误判。尤其是用电镜观察时，这种被污染、损伤的断口图像往往模糊不清或特征形态被掩盖，造成判断困难，因此，必须仔细地清洗。

对于不同情况的断口，采用不同清洗方法。

① 对带有灰尘或其他附着物的断口，可先用干燥空气吹，然后用无水酒精或丙酮等溶液清洗，也可用胶膜复型法清除。实践证明，用复型法覆揭多次是清除断口表面机械附着物的很好方法。

② 对带油污的断口，可先用汽油清除油腻，然后用丙酮、三氯甲烷等有机溶剂浸泡，也可放在超声波振荡器中进行超声波清洗。

③ 对在潮湿空气中锈蚀较严重的断口，以及高温下使用的有高温氧化物的断口，一定要除去氧化膜后才能观察。如采用上述两种方法不能洁净断口表面时，可采用化学清洗法。通常采用的化学清洗液的成分：

氢氧化钠（NaOH）	20g
水	100mL
高锰酸钾（$KMnO_4$）	10g

加热化学清洗液至沸腾，放入断口煮去氧化膜，再用含有亚甲基四胺 2g/L 的 6mol/L HCl 溶液浸泡 1～15min，然后用酒精清洗干净。煮去氧化膜后，再用 20%盐酸水溶液清洗断口表面。上述方法对除去镍基合金及耐热不锈钢高温氧化膜比较有效，对于碳钢及合金钢的断口，上述溶液的腐蚀能力又嫌太强，可采用 1%NaOH 溶液煮，或采用以下成分溶液加热至 85～95℃煮 2min 左右：

酪酐	15%（体积比）
磷酸	8.5%
水	76.5%

如果断口表面锈层很厚，用化学溶液清洗不能除去时，必须采用电解方法来除去铁锈。应该指出，如果断口表面的氧化膜很厚，即使能完全除去铁锈，也很难观察到断口表面的细节。因此，无论采用哪种化学或电化学方法清洗断口表面，都会或多或少损坏断口表面形态细节，一般只是在最后才采用。

7.2.4 断口分析

断口分析包括宏观断口分析法和微观断口分析法。

(1) 宏观断口分析法　宏观分析法是整个断口分析的基础。优点是简便、迅速，试样尺寸不受限制，能观察和分析断口的全貌，由此来初步判断断裂的起始位置，断裂性质及原因，提供进一步分析研究的范围。

分析时一般先用肉眼或低倍放大镜观察整个断口各区域的形貌，选好要分析细节的部位，再逐次增加放大倍数仔细观察。有条件时应拍摄断口宏观照片。

由于目前宏观分析尚局限于经验阶段，当断口宏观特征不典型、不明显、分析者经验不足时，往往不易判断或误判；应该和显微分析法配合进行分析。

(2) 微观断口分析法　微观断口分析法包括光学显微断口分析法及电子显微断口分析法。

光学显微断口分析法是在光学显微镜下观察、研究断口。由于光学显微镜的景深小，放大倍数低，分辨能力不高等原因，不便于对断口进行直接观察，只限于观察表面较平坦的断口，或使用胶膜复型法制取的复型来观察。

电子显微断口分析法是用各种电子显微分析仪器来观察、研究断口。由于电镜具有分辨能力高、放大倍数大、景深长等优点，往往利用扫描电镜直接观察断口表面的形貌，而不需要经过复杂的制样过程，十分方便；使用透射电镜观察断口复型时，可不受零件尺寸、观察部位及断口凹凸不平限制，任意制取复型来分析；在配有成分分析装置的扫描电镜中，还能对夹杂物或析出相的物相结构进行分析。因此，应用电子显微断口分析可进一步研究金属断裂机制，成为目前断口分析的主要手段之一，并逐步形成了一门较完整的新学科——电子显微断口学。

当然，利用电镜观察、分析断口，也存在有不足之处，如观察范围小，局限性大而容易造成假象等影响分析结果。因此，在正确的宏观分析基础上，再进行微观分析。宏观观察用来判断裂纹源，确定断裂的性质及裂纹扩展的方向，利用微观观察可分析断裂原因及断裂机制。

7.2.5　其他检查

只用宏观及微观断口分析法，不可能获得全面的资料和正确的结论，必须辅以金相检验、化学成分分析、力学性能试验等方法。

金相检验主要研究零件的金相组织是否正常，是否有冶金、热加工及热处理等的各种微观缺陷。

化学成分分析主要是复验材料的化学成分是否合格。检查杂质及微量元素的含量及偏析的情况。

力学性能试验主要复验常规性能数据是否合格，估算作用在零件上的应力，从而由力学性能的角度来估计零件断裂的原因。

7.3　断口的宏观分析

宏观分析断口是用肉眼、放大镜或低倍体视显微镜观察断口形貌。宏观断口分析是一种简便而又实用的分析方法，在断裂事故分析中总是首先进行宏观断口分析。

7.3.1　静载荷下的宏观断口形貌

零件在使用过程中因静载荷引起破坏的情况虽然不多，然而通过对静载试验断口的研究，可以帮助我们了解材料破断时的基本特征。

7.3.1.1　光滑圆试样的拉伸断口

钢的光滑圆试样经拉伸断裂后，在断口上常会出现三个区域，即纤维区 (F)、放射区 (R)、剪切唇 (S)，这三个形貌特征称为断口三要素，如图 7-3 所示。试样在拉伸过程中，裂纹起源于纤维区，经过快速扩展而形成放射区，当裂纹最后扩展到表面时，形成了属于韧性断裂的剪切唇，其形成过程如图 7-4 所示。最后形成杯锥状断口。

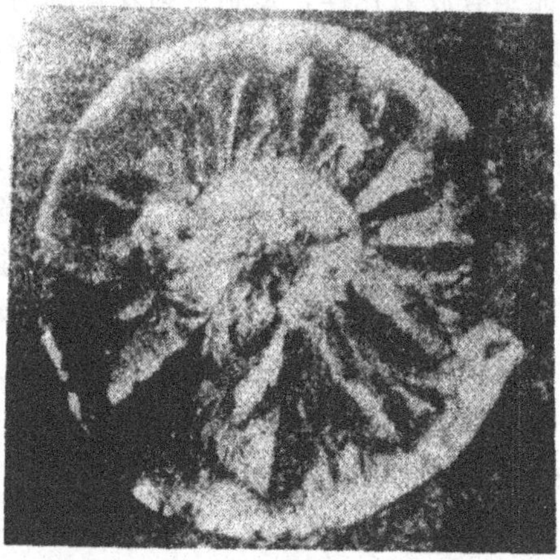

(a) 低碳钢拉伸断口

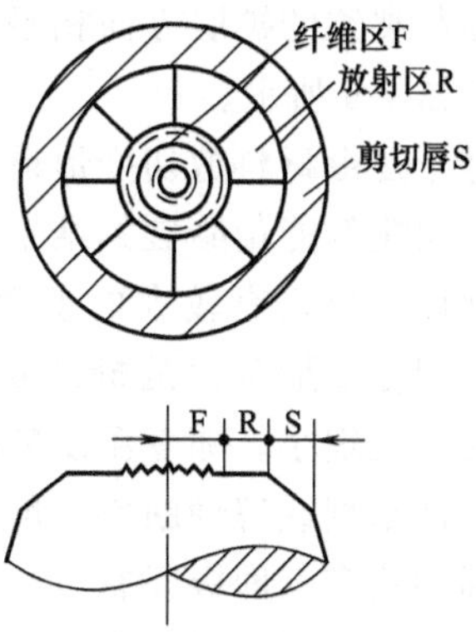

(b) 断口三要素示意图

图 7-3 光滑圆试样的拉伸断口

(1) 纤维区 纤维区的形成是在拉伸应力作用下，由于试样产生颈缩后，在这缩颈的最小截面处造成强烈的三向拉应力状态，其值在轴向最大。这种三向拉应力将使晶界、某些夹杂物、碳化物或其他第二相粒子界面处产生破裂而形成显微孔洞。随着应力的增大，空洞不断长大并互相串连，同时还产生新的孔洞，使裂纹缓慢地形成和扩展。在断裂后的断口上，常可看到由显微孔洞形成的锯齿状形貌，其底部的晶粒被拉长像纤维一样，故称纤维区。正是由于纤维区是由显微孔洞形成和连接的结果，所以纤维区所在的宏观平面虽然与外力垂直，但整个区域是由许多小杯锥所组成，每个小杯锥的小斜面大致与外力成45°角。这说明纤维区的形成，实质上是在切应力作用下，由塑性变形过程中的微裂纹经不断扩展和互相连接造成的，这已从电镜显微组织中观察到的韧窝特征可以证实。由于纤维区的塑性变形量较大，加之表面粗糙不平，对光线的散射能力很强，所以呈暗灰色。大多数单相合金、普通碳钢、珠光体类钢的断口均有这种特征。

(2) 放射区 紧靠纤维区的是放射区。纤维区与放射区的交界线，标志着裂纹由缓慢扩

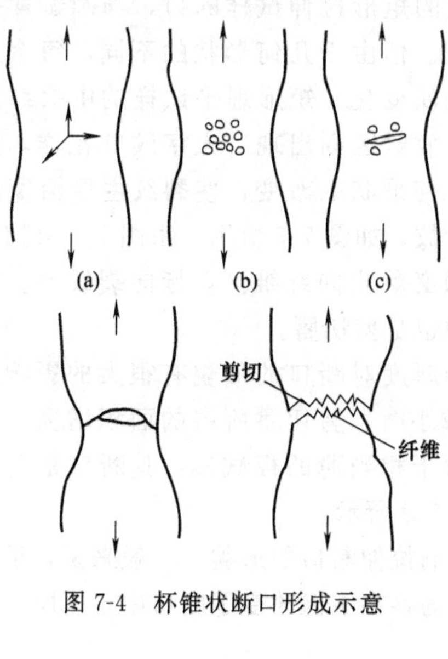

图 7-4 杯锥状断口形成示意

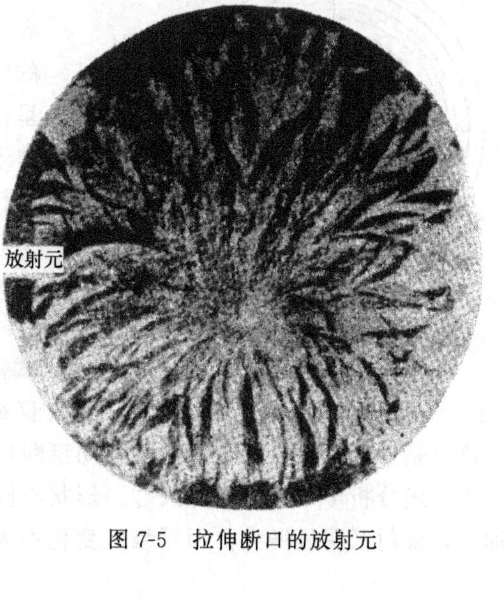

图 7-5 拉伸断口的放射元

展向快速的不稳定扩展转化。放射区的特征是有放射花样，每根放射花样称为放射元。放射元的放射方向与裂纹的扩展方向相平行，并且垂直于裂纹前沿的轮廓线，逆指向裂纹源。典型的放射元如图 7-5 所示。

放射花样也是由材料剪切变形造成的，不过它与纤维区的剪切断裂不同，是在裂纹达到临界尺寸后作快速低能量撕裂的结果。这时材料的宏观变形量很小，表现为脆性断裂特征，但在微观局部区域里仍有较大的塑性变形。所以，放射花样是剪切型低能量撕裂的一种标志。撕裂时，塑性变形量大的撕裂功大，其放射元就粗大；若撕裂时变形量小，撕裂功也小，则放射元也就细小。随着温度的降低或材料强度提高，使材料的塑性降低，则放射元将由粗变细。沿晶断裂或解理断裂一般也包括在快速破坏的放射区内。若材料处于完全的沿晶断裂或解理断裂状态（即极脆状态），则放射元会消失。

(3) 剪切唇　断裂过程的最后阶段是形成剪切唇。剪切唇表面较平滑，与拉伸应力方向的夹角约 45°，是典型的剪切断裂。剪切唇是在平面应力条件下裂纹作快速不稳定扩展的结果。此时材料的塑性变形量很大，属于韧性断裂特征。

在进行断口分析时，根据纤维区、放射区和剪切唇在断口上所占的比例，可以粗略地评价材料的性能。例如，纤维区与剪切唇较大时，则表明材料的塑性、韧性较好；反之，放射区增加，表明材料的塑性下降，脆性增加。

当试验条件变化时，断口上三个区所占的比例亦将发生变化。若试验温度降低，则中央纤维区及剪切唇减小，放射区增大。另外，断口三个区各自所占的比例，还随试样尺寸的变化而有所不同，当试样直径增大时，放射区增大的比例均大于另外两个区域，而纤维区增加极小。

7.3.1.2　带缺口圆试样的拉伸断口

带缺口的圆试样，由于缺口处应力集中，裂纹直接在缺口或缺口附近产生。所以，此时的纤维区不在试样断口中央，而是沿着圆周分布。裂纹将从外部向试样内部扩展，如图 7-6 所示。若缺口较钝，则裂纹仍可能首先在试样中心形成。但由于试样外表受到缺口的约束，而抑制了剪切唇的形成。

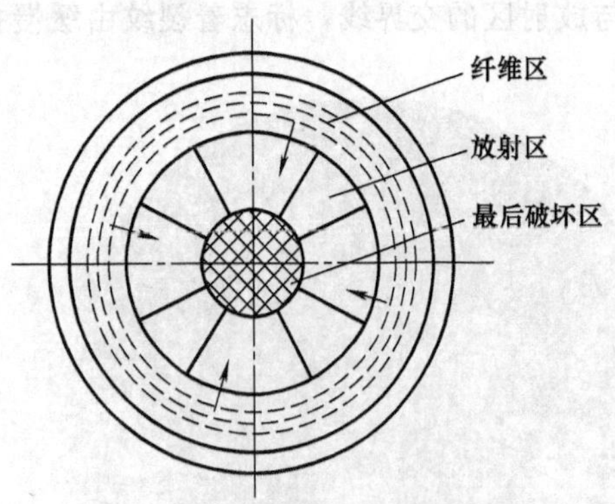

图 7-6　缺口试样的拉伸断口示意
（箭头表示裂纹扩展方向）

7.3.1.3　矩形试样的拉伸断口

无缺口的矩形拉伸试样断口，与圆试样一样有三个区域。但由于几何形状的不同，每个区域的特征均有所变化。矩形扁平试样的中央纤维区呈椭圆形，放射区则出现“人字纹”花样，这是由于试样几何形状的改变，使裂纹主要沿宽度方向扩展的缘故，如图 7-7 所示。由图 7-7 可知，人字纹的尖顶必然指向纤维区，指向裂纹源。靠近表面的区域也是剪切唇。

试样的厚度对断口的形貌有很大的影响。当试样厚度减小时，剪切唇所占的面积增大，放射区缩小。对于相当薄的板试样，其断口是全剪切的，这就是平面应力条件下造成的剪切型断口，如图 7-8 所示。

由上述分析可知，试样的尺寸、形状不同都会影响拉伸断口的形貌。一般来说，试样尺寸加大，放射区明显增大，而纤维区变化不大；缺口的存在不但改变了断口中各区所占的比例，而且裂纹源位置也将发生变化。此外，当材料性能不同，试验温度、加载速度和受力状态不同，断口三个区域的形态、大小和相对位置也会发生变化。如材料强度提高，塑性降低，则放射区所占的比例增大。

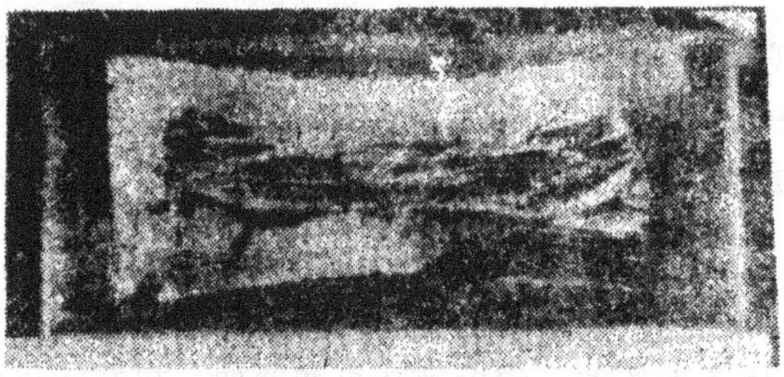

(a) 试样断口

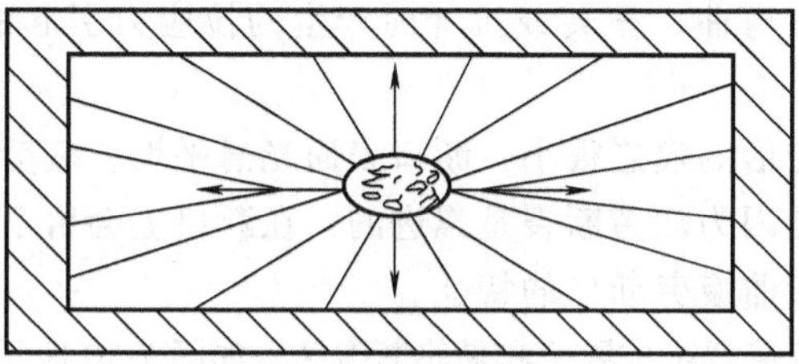

(b) 断口示意图

图 7-7 矩形试样断口

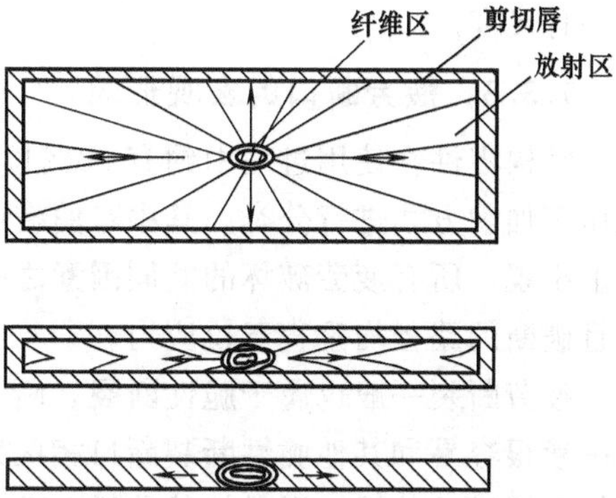

图 7-8 厚度对矩形试样断口的影响

7.3.2 冲击断口的宏观形貌

冲击韧性试验的试样，在其一侧开有 U 形或 V 形缺口，在其对应的另一侧承受冲击。冲击试样断口的形貌如同拉伸试样一样，断口上也有纤维区、放射区和剪切唇，如图 7-9 所示。试样的破断是从 V 形缺口的根部开始，纤维区在此形成，继而是放射区，其他三个侧面形成剪切唇。这三个区域连接的边界常呈弧形。

(a)

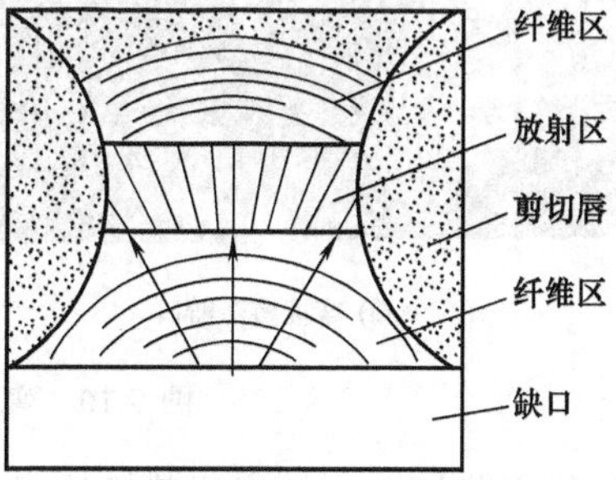

(b)

图 7-9 V 形缺口冲击断口

冲击断口由于在摆锤的冲击下，在 V 形缺口的一侧受拉应力，不开缺口的一侧受压应力，即整个断面上受力方向不同。所以，当裂纹从受拉应力的放射区进入受压应力区时，放射花样可能消失，而重新出现纤维区。这是因为当裂纹进入压应力区时，压缩变形对裂纹的扩展起阻滞作用，使裂纹扩展速度显著降低，这样就在断口上第二次出现纤维区；如果受压侧的塑性变形区很小，则二次纤维区消失，代之以放射区，但新的放射区与先前的放射区将不在同一平面上，而有某种高度差。如果材料的塑性足够好，则放射区完全消失，整个截面上只有纤维区及剪切唇两个区域。

温度对冲击断口各区所占面积也会发生变化。其中有这样一个温度，在该温度下进行冲击试验，纤维区面积陡然下降，而放射区面积陡然上升，材料由韧性迅速转变为脆性，这一温度常称为脆性转变温度。工程上常用不同的脆性转变温度作为衡量在工作条件下是否安全的一种尺度。

7.3.3 疲劳断口的宏观形貌

结构零件在使用过程中约有 80%以上是疲劳破坏的。疲劳破坏可按弯曲、扭转、反复拉压等加载方式进行分类。其中弯曲疲劳破坏占大多数，单纯的拉伸疲劳破坏只是在少数零件上出现。所有疲劳破坏的共同因素之一是由于弯曲、扭转或拉伸时产生的拉应力引起的，而且破断的路径均垂直于拉应力。

疲劳断裂一般也属于脆性断裂，断口塑性变形的痕迹很小，断口表面光滑平坦。疲劳断裂一般很容易和其他脆性断裂断口相区别，这是因为疲劳断裂是累进的，在断口上会留下裂纹扩展渐进的位置，即贝纹状花样。下面介绍弯曲疲劳断口的特征。

弯曲疲劳断口通常由三部分组成：疲劳源、疲劳裂纹扩展区和最终断裂区，如图 7-10 所示。

(a) 弯曲疲劳断口

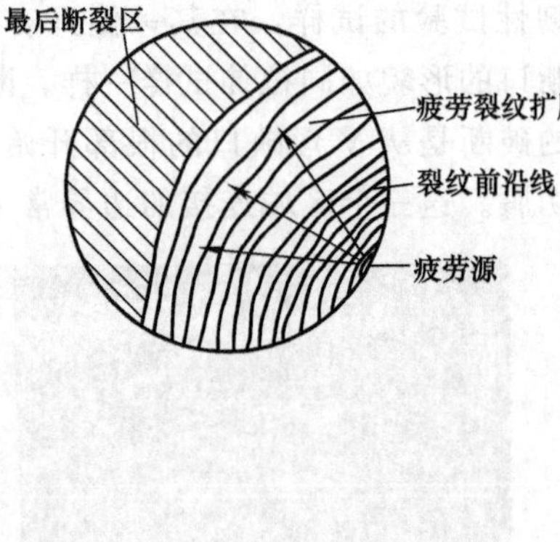

(b) 疲劳断口示意图

图 7-10　弯曲疲劳宏观断口

疲劳源又称疲劳核心，是疲劳破坏的起点，一般用肉眼或低倍放大镜就能大致判断其位置。疲劳源通常在零件的表面或次表面上产生，但当材料内部有夹杂物、气孔、偏析、内裂等缺陷时，疲劳源也可能发生在内部。因此，可以根据疲劳源的位置来判断零件的受力状态。例如，如果疲劳源在外表面上，则表示零件在外表面上有拉应力存在；若疲劳源在次表面上时，则表明零件的外表面经过强化处理（如渗碳、渗氮、表面淬火等）或外表面有残余压应力存在。一般情况下，承受的应力不大，无应力集中时，只有一个疲劳源；若承受的应力较大或有应力集中时，可能出现几个疲劳源，即为多源疲劳。

疲劳裂纹扩展区是疲劳断口上重要的特征区，裂纹扩展时常留下一条条弧线，形成像贝壳表面一样的花纹，故常称这些弧线为疲劳线或贝纹线。断口表面因反复挤压、摩擦，有时光亮得像细瓷断口一样，有时也可能呈黑色。黑色是因疲劳裂纹与外界相通，即断裂前在裂缝中有空气、水汽等氧化的结果；而光亮则是裂缝与外界隔绝，空气未能进入的缘故。疲劳线是疲劳裂纹扩展时留下的痕迹，一般是从疲劳源开始，呈弧线向四周推进，垂直于疲劳裂纹扩展方向。每一条疲劳线是表示裂纹前沿在间歇扩展时的逐次位置，它是机器在停车、开车时或载荷发生突变时造成的。另外，疲劳线之间的间距是规则的，表明所受应力的变化也是规则的；若疲劳线的间距不规则，则所受的应力变化也不规则。疲劳线间距小，表明材料的韧性较好，裂纹扩展较缓慢。

材料的性能还会影响疲劳线的形状。若疲劳线围绕着疲劳源向外凸起时，表明材料为缺口不敏感性（如低碳钢）；若疲劳线从疲劳源呈凹形向前扩展，则表明材料具有缺口敏感性（如高碳钢），其断口如图 7-11 所示。出现这种情况，是因为裂纹在材料的外周与内部扩展速度不同而造成的。如果缺口敏感性大的材料，裂纹沿外周扩展速度比向内部扩展为快，则疲劳线呈凹形［图 7-11（a）］；缺口敏感性小的材料，裂纹沿外周扩展速度比向内部扩展为慢，则呈凸形［图 7-11（b）］。此外，材料的热处理状态、所受的应力状态等对疲劳裂纹的扩展也有一定影响。

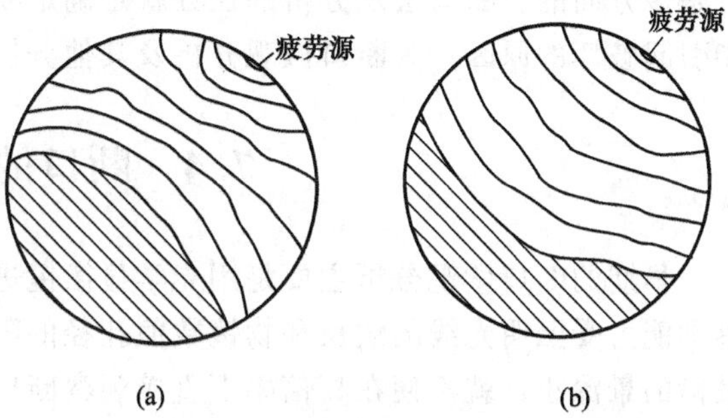

图 7-11 材料的缺口敏感性与疲劳线的关系

最后断裂区是在疲劳裂纹不断扩展，使零件或试样的有效断面逐渐减小，承受的应力不断增大，当应力超过材料的断裂强度后，随即产生快速破断而形成的。对于韧性材料，最后断裂区一般为纤维状，呈暗灰色；对于脆性材料，此区为结晶状的脆性断口。

疲劳裂纹扩展区与最后断裂区所占的相对比例，随所受应力的大小而变化。当名义应力小而又无大的应力集中时，疲劳扩展区就大，反之则小。因此，可以根据疲劳断口两个区域所占的比例，估计所受应力大小及应力集中的程度。一般来说，最后断裂区的面积愈大，愈靠近中心，则表明零件过载程度愈大或材料的韧性差。相反，最后断裂区的面积愈小，位置愈靠近边缘，则表示零件过载程度愈小，材料的韧性愈好。

7.3.4 其他断口的宏观特征

（1）晶间断裂和解理断裂的断口特征　一般来说，晶间断裂和解理断裂都是脆性断裂。随着晶间断裂和解理断裂的发展，断口上的放射区扩大，纤维区缩小，放射区中的放射花样也变细，纯晶间断裂或纯解理断裂的断口就没有纤维区和剪切唇。

某些具有极粗大晶粒的材料，其晶间断裂的宏观断口呈“冰糖块状”特征。如晶粒细小时，断口一般呈结晶状，颜色较纤维状断口明亮，但比解理断裂的结晶状断口灰暗些、粗糙些。

纯解理断口呈结晶状，将断口对着光线徐徐转动时，可见有许多闪闪发亮的小亮点，这是由解理的小平面强烈反光的结果。在断口上看不到放射花样。

高温蠕变断裂的断口，也常是晶间断裂，具有冰糖状的特征。

（2）应力腐蚀和氢脆断口　应力腐蚀断裂通常是在很低的拉应力及腐蚀介质中导致韧性

材料迅速开裂和早期脆性断裂的现象。应力腐蚀敏感的材料，在腐蚀介质中，首先在表面形成腐蚀斑点，然后在局部地区以坑道或长条状方式向材料内部浸入。在应力及腐蚀介质的复合作用下，裂纹向内伸展，经过相当时间后，裂纹达到临界尺寸，便发生突然脆断。这种断裂是在静载荷作用下，随时间的延续而造成的，故又称延滞断裂或静载疲劳断裂。其断口的裂纹源及裂纹扩展区因介质的腐蚀作用而呈黑色或灰黑色，突然脆断区常有放射花样或人字纹。

氢脆是由于材料中含有过量的氢，在使用过程中沿某些薄弱地区释放，在该区域造成很大的内应力，从而形成微裂纹。在应力作用下，裂纹不断扩展并最后导致瞬时脆断。氢脆断裂也是一种延滞断裂。由氢脆造成的裂纹断口，往往是在灰色的基体上显现出银白色的亮区。由氢引起的脆性断裂还有白点、焊接接头的低温裂纹等。

以上分别介绍了几种典型的宏观断口，但是实际构件破坏的断口是复杂的，断裂的原因也是多方面的。断口宏观分析的任务就是确定断裂的性质；寻找裂纹源的位置，从而找出可能引起破坏的原因，为断口微观分析及其他分析工作指出方向。

7.4 断口的微观分析

早期的断口微观分析主要是用光学显微镜进行分析。由于普通光学显微镜的放大倍数和鉴别能力受照明光线的波长和物镜数值孔径的限制，无法揭示断口的更多细节，加之光学显微镜的景深小，就不便在高倍率下直接观察断口表面形貌。因此，现代断口显微分析，主要采用透射电镜和扫描电镜来研究断口的形貌。

用透射电镜分析时，要从断口表面制备复型，然后在电镜下观察。其优点是分辨率高，成像质量好，不必破坏断口，可在现场制作复型。其缺点是不能直接对断口进行观察，不能在低于1000倍下观察。而用扫描电镜分析断口，不需要制作复型，可直接观察断口样品，而且可以从放大几十倍到几万倍范围内连续变倍观察。若扫描电镜内能配置能量谱仪，就可进行微区成分分析，这对分析机件断裂的原因更加有利。因此，扫描电镜更适合于进行断口微观分析。

7.4.1 韧性断裂断口

如前所述，韧性断裂就其断裂机理而言有两种类型：一种是微孔聚集型断裂；一种是滑断或纯剪切型断裂。现在讨论这两种断裂类型的微观形貌。

7.4.1.1 微孔聚集型断裂

微孔聚集型断裂的断口在高倍率的电子显微镜下观察表明，在它的断口上分布着各种不同形状、不同大小和深浅的微坑，如图 7-12 所示。这些微坑也称为韧窝、微孔或叠波(Dimples)。

断口上韧窝的存在，说明材料在局部微小区域内，曾发生过强烈的剪切变形，但在宏观范围内是否有很大的塑性变形，不能由此来判定。当然，如果材料是延性断裂，那么微观断口一定是微坑型的。

(1) 韧窝的形状　韧窝的形状主要取决于导致断裂的应力状态。韧窝有三种不同的类型，即等轴韧窝、剪切韧窝和撕裂韧窝。

① 等轴韧窝　材料在拉应力作用下，最大主应力方向垂直于断口表面，并且应力在整个断口表面上的分布是均匀的，在主应力作用下，显微孔隙向各方向均匀长大，最后破断后

便形成了等轴韧窝，在两个相匹配的断口表面，韧窝的形状是相同的，图 7-13 为等轴韧窝的微观形貌。例如，在拉伸试样杯锥状断口的杯底中心部位，即断口的纤维区部位的微观形貌特征为等轴韧窝。

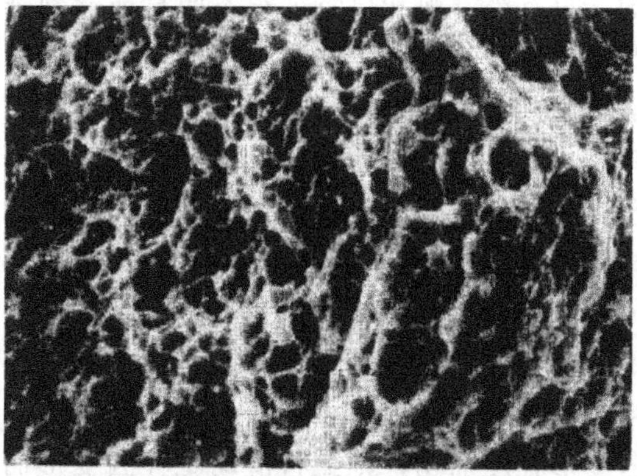

图 7-12　韧窝断口（SEM 照片）

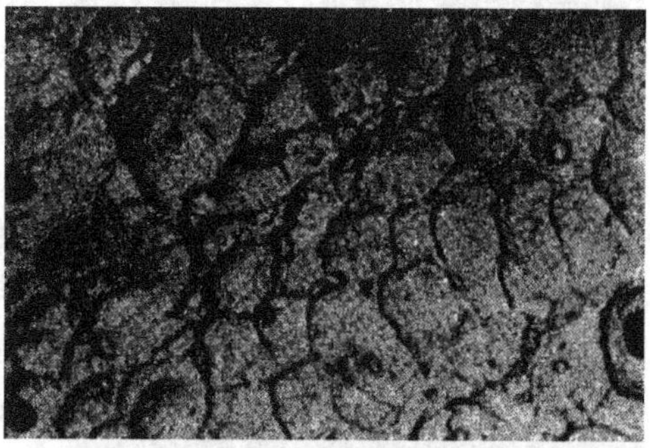

图 7-13　等轴韧窝（TEM 照片）

② 剪切韧窝　在拉伸试样、冲击试样断口的剪切唇部位，在显微空隙的形成和聚集过程中，其塑性变形主要是在切应力作用下，因此形成的韧窝呈抛物线状，成为在剪切方向上被拉长的韧窝。剪切韧窝在两个相匹配的断口表面上的抛物线方向相反。

③ 撕裂韧窝　在撕裂应力作用下，韧窝的形貌也呈抛物线状，即为拉长了的韧窝，因为在撕裂应力作用下，显微孔隙在生核和长大过程中，其周围所承受的应力不均匀，因而变形也不均匀。这种变形的不均匀性，反映在断裂后所形成的韧窝形态上，就是拉长的韧窝花样，如图 7-14 所示。撕裂韧窝在两个相匹配断口表面上韧窝的拉长方向是一致的。因此，只要对断口两个相匹配面上的相应点，在电镜制样的复型、投影、摄影等操作时做上特殊标记，测出韧窝花样的方向，就能区别是撕裂应力还是剪切应力造成的断裂。

此外，从撕裂韧窝花样，可以确定断裂时局部裂纹的扩展方向。

(2) 韧窝大小与深浅　韧窝的大小与深浅决定于材料断裂时空隙核心的数量、材料的塑性和环境的温度。如果韧窝的形核位置很多或材料的相对塑性较差，则断裂时形成的韧窝尺寸较小、较浅；反之，韧窝形核位置较少，如在大晶粒单相合金或纯金属中，则形成较大、较深的韧窝。

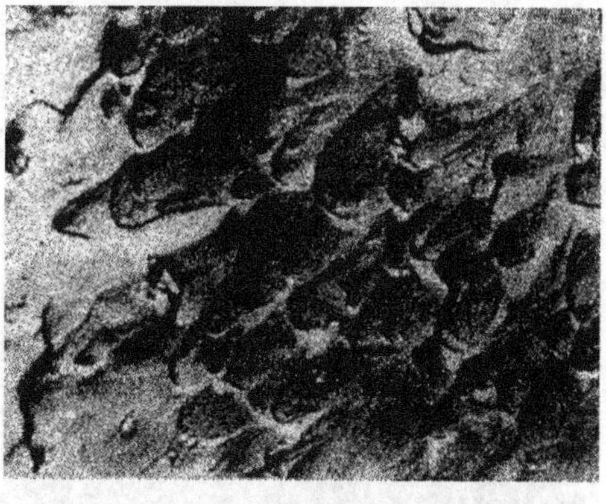

图 7-14　撕裂韧窝（TEM 照片）

夹杂物或第二相粒子对韧窝的形核具有重要的作用。图 7-15 所示为夹杂物粒子与韧窝几乎是一一对应。说明一个夹杂物就是一个韧窝的形核位置。因此，韧窝的大小与夹杂物或第二相的密度或间距有关。在一般情况下，夹杂物数量增多时，韧窝的尺寸将减小。但并不是说，韧窝都是生核于夹杂物或第二相界面。当韧窝底部没有第二相粒子时，韧窝的形成可能是由于材料中原已存在显微孔隙，或是在塑性变形过程中产生较大显微孔隙的结果。

应该指出，虽然韧窝的大小、数量和深浅与材料的塑性好坏有关，但不能认为具有韧窝花样断口的材料就是韧性材料。因为有些材料破断时，在宏观断口观察时认为是脆性断裂的

图 7-15　韧窝花样与夹杂物（TEM 照片）

断口，在微观观察时可能也存在韧窝花样，所以韧窝花样是韧性断裂的必要条件，但不是充分条件。判断材料是韧性还是脆性，进行宏观形貌观察是很重要的，只有当宏观断口特征很不明显或遭到破坏的情况下，而微观形貌上又有大量韧窝时，韧窝花样才能作为判断韧性断裂的充分依据。

7.4.1.2　滑断或纯剪切

塑性良好的金属，在纯剪切断裂时，可观察到很多直线状痕迹的微观花样，称为“蛇行滑动”花样，如图 7-16 所示，这是因为在多晶体金属中，各晶粒的位向不同，在滑移变形时，晶粒之间相互约束和牵制，形成交叉滑移的结果。

若变形程度加剧，则蛇行滑动花样因变形而平坦化，形成所谓“涟波”花样。若继续变形，涟波也将进一步平坦化，在断口上留下没有特征的平坦面，称为延伸区或平直区。

在实际工程材料中总是存在着各种缺陷，如缺口、显微空洞等。在应力作用下，这些缺陷附近的区域也可能发生纯剪切过程，在其内表面上也会呈现蛇行滑动、涟波等花样。

7.4.2　解理断裂断口

7.4.2.1　解理台阶与河流花样

理论上解理断裂断口应该是一对没有任何特征、平坦的，与晶体学平面相一致的分离表面，但实际使用的金属材料是多晶体，各晶粒在空间的位向是无序的，同时各晶粒内存在着大量的位错，有时还存在着沉淀相和非金属夹杂物等。所以，实际上金属解理断裂时，并不是沿着一个晶面解理，而是沿着一族互相平行的、位于不同高度的晶面解理。在不同高度的平行解理面之间存在着台阶，这种台阶就称为解理台阶。由于一组解理台阶在电子显微镜观察时，形成似地图上的河流图样因而被称为“河流花样”，如图 7-17 所示。

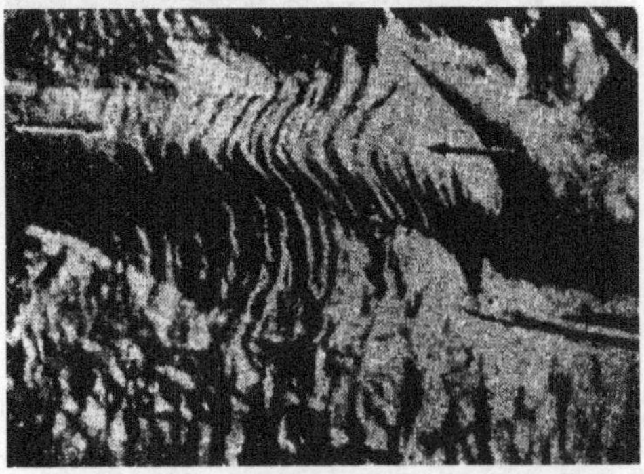

图 7-16　“蛇行滑动”花样（TEM 照片）（箭头所指范围）

图 7-17　解理断口上的“河流花样”（TEM 照片）

7.4.2.2　舌状花样

解理断裂断口微观形态的另一个特征是当滑移变形被孪晶变形代替时，解理和孪晶的叠加在主解理面上产生隆起现象，它的微观形态在电子显微镜下为舌状花样，如图 7-18 所示。舌状花样的形成是由于裂纹沿着晶体主解理面扩展时，遇到孪晶面后又沿着孪晶面扩展，并产生局部撕裂的结果。

7.4.3 准解理断裂断口

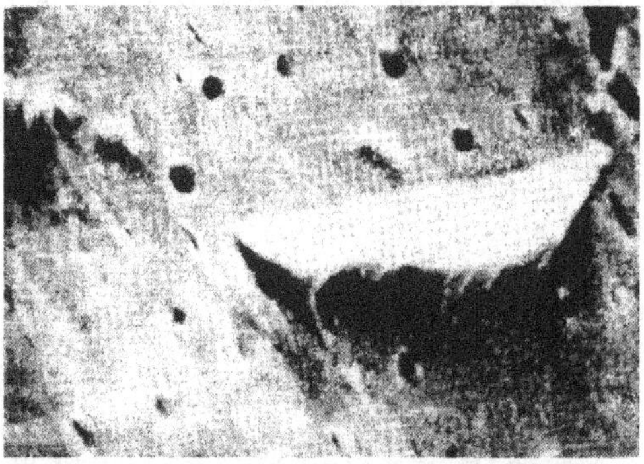

图 7-18 解理断裂的舌状花样（SEM）

在某些脆性断口上，可见到解理断裂的微观形貌，同时又伴随着有一定的塑性变形痕迹，这种断口称为准解理断口。断口中塑性变形痕迹所占的比例就是划分解理断裂与准解理断裂的大致依据。

对钢铁材料来说，解理断裂是根据铁素体组织严格沿 {100} 面拉伸分离下的定义。但对马氏体组织的脆性断裂来说，它们的解理面难以确定，这样都称解理断裂就不确切，而应称为准解理断裂。所以通常在资料中介绍的准解理断裂，常在钢的回火马氏体组织中发现。图 7-19 为准解理断口的典型电镜组织形貌，图中大箭头所围的区域为准解理的小平面。

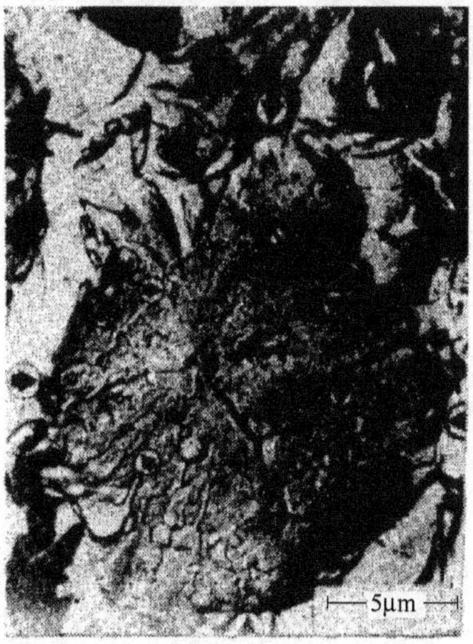

图 7-19 准解理断口微观形貌（TEM 照片）
（大箭头指示准解理小平面边界，
小箭头指示放射状河流花样，裂纹
源位于准解理断面的左上侧）

7.4.4 疲劳断裂断口

如前所述，在宏观疲劳断口上一般有三个区域：疲劳核心区（疲劳源），疲劳裂纹扩展区，瞬时破断区（最后断裂区）。在微观分析时，这三个区域分别有如下特征。

疲劳核心区是疲劳裂纹最先形成的地方，一般总是起源于零件表面应力集中或存在表面缺陷的部位，其尺寸极其微小。疲劳核心区在低于屈服应力作用下，其表面首先出现滑移带，其中某些滑移带的变形非常强烈，疲劳裂纹往往就在这些部位产生。

在微观形态上，疲劳引起的滑移带与静载拉伸造成的滑移带不同，疲劳的滑移带常在表面“挤出”，呈小峰状。不同的材料其滑移带的“挤出峰”形态不同，如图 7-20 所示。显然，这些挤出峰是一种表面缺陷，在交变应力作用下疲劳裂纹很容易在该处形成，图中可明显看出在挤出峰下凹处引起的显微裂纹。因此，对疲劳核心区的微观分析，就能寻找形成裂纹的原因，提出避免或消除产生裂纹的途径。

疲劳裂纹扩展一般分两个阶段进行。第一阶段是疲劳核心在表面一定位置形成后，裂纹立即沿着滑移带的主滑移面向金属内部扩展，此滑移面的取向大致与正应力成 45°交角。当裂纹扩展遇到晶界时，位向稍有偏离，第二阶段扩展是当裂纹依第一阶段方式扩展一定距离后，将改变方向，沿与正应力垂直的方向扩展。在第二阶段扩展时，应力每循环一次，在断口上便产生一个“波形”。

一般来说，裂纹第一阶段扩展得很浅，大约只有零点几毫米，它对疲劳总寿命的贡献不大，尤其在低周疲劳时更小，而第二阶段的裂纹扩展是主要的，疲劳寿命主要决定于第二阶段的裂纹扩展。

裂纹扩展区第二阶段微观形态的基本特征是：具有一定间距的，垂直于主裂纹扩展方向，相互平行的圆弧形条状花样，称为疲劳辉纹，又称疲劳条纹、疲劳条带等。其形貌特征如图 7-21 所示。这种疲劳辉纹常作为判断是否是疲劳断裂的有力依据。

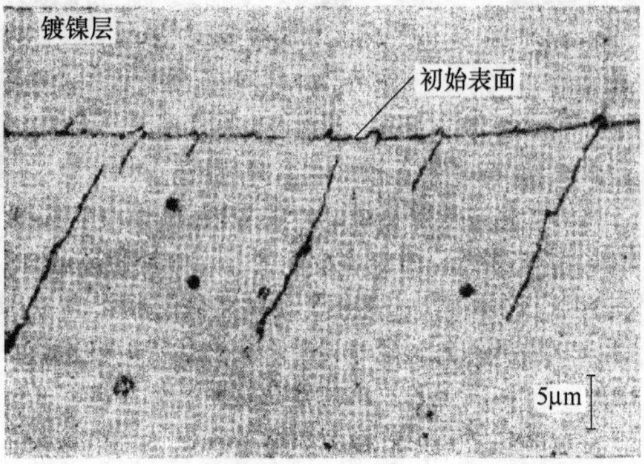

图 7-20　疲劳挤出峰及其引起的裂纹（Fe-Si 合金）

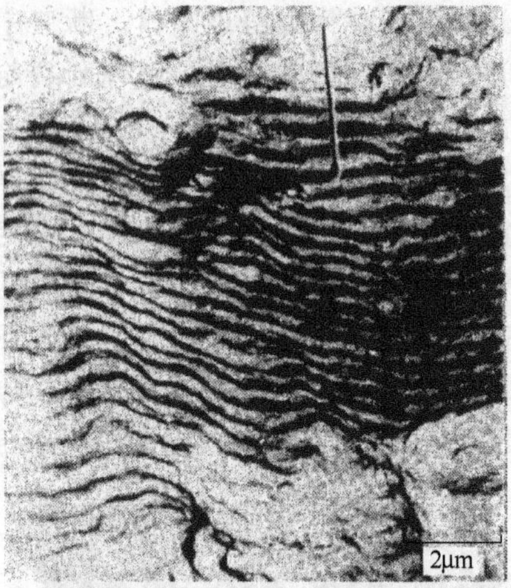

图 7-21　疲劳辉纹（TEM 照片）

必须指出，宏观断口上看到的疲劳线（贝纹线）和电镜下看到的疲劳辉纹，虽然它们的形式和实质（疲劳裂纹前沿休止线）相似，但并不是一回事。疲劳辉纹是在疲劳裂纹扩展早期应力很小、扩展速率很小时，在一次交变应力循环作用下，裂纹尖端塑性钝化后形成的一种微观特征。而疲劳线往往是在裂纹扩展后期或在较大应力作用于产生，或扩展速率很快时和交变应力幅度突变（机器启动、停歇刹车、偶然过载）等原因，便形成了宏观特征。有时在宏观断口上看不到疲劳线，而在电镜下却能看到疲劳辉纹。

7.4.5　晶间断裂断口

晶间断裂又称沿晶断裂，它是多晶体沿着晶粒界面彼此分离。氢脆、应力腐蚀、高温蠕变、回火脆性等断裂及焊接焊缝的热裂纹常是晶间断裂。晶间断裂断口从宏观上看无明显塑性变形，具有结晶颗粒状的组织特征，但色泽较暗，有的甚至已失去金属光泽。电镜观察表明，随着引起晶间断裂的原因或条件不同，晶间断口微观的表现形式不同。

产生晶间断裂原因通常有以下几种情况。

① 晶界上存在脆性沉淀相，容易导致晶间断裂，图 7-22 为过热的 Cr6 钢由于碳化物在晶界上偏析而造成的岩石状晶间断裂。在晶界上常存在不连续的碳化物网或颗粒。

② 晶界弱化。例如，合金钢的高温回火脆性断口，断裂是沿着原奥氏体晶粒的边界发生。在断口上没有可察觉到的第二相粒子。

③ 环境引起晶间断裂。这主要指在环境作用下，晶界脆化或沿晶界优先腐蚀等引起的晶间断裂。常见的有应力腐蚀断口等，图 7-23 为铸造铝合金在 3.5%NaCl 水溶液中应力腐蚀开裂后的断口形貌，这种断口称泥纹花样。在断口上分布着直线状的裂纹，实质是腐蚀产物覆盖龟裂的结果。图中箭头所指的黑色小块是一级复型从断口上粘下来的腐蚀碎屑。图 7-24 为碳钢在 80℃的 $Ca(NO_3)_2$ 溶液中的应力腐蚀断口，它也是岩石状沿晶断裂。

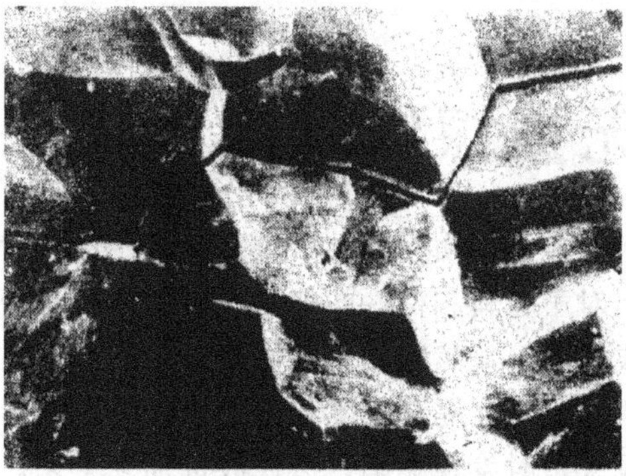

图 7-22 岩石状晶间断裂（SEM 照片）
（有一条沿晶界的二次裂纹）

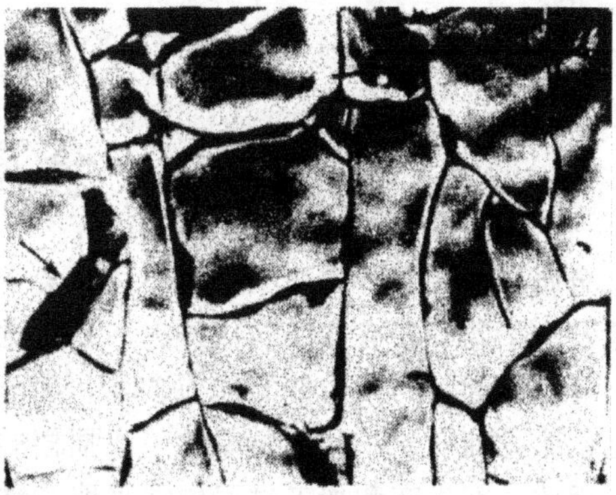

图 7-23 铝合金的应力腐蚀断口（TEM 照片）
（塑料-碳复型）

图 7-24 碳钢的应力腐蚀断口

思 考 题

1. 简述进行断口分析的意义。
2. 断裂的类型有哪些？
3. 简述金属断裂分析的方法。
4. 画图说明光滑圆试样的拉伸断口的宏观形貌特征。
5. 简述解理断裂、韧性断裂和晶间断裂的微观断口形貌特征。

单元八 金属无损探伤基础

金属材料在生产和加工过程中往往会产生各种缺陷，如表面或内部裂纹、缩孔、气孔、折叠及夹杂物等。有些缺陷从外表不易察觉，但对于材料和构件的使用，潜伏着很大的危险性，可能引起材料或构件的提前破坏，甚至酿成事故。显然我们不可能对每个零件都进行破坏性试验，而对于一些重要零件采取抽样的办法，也不能完全排除使用中由缺陷带来的危险性。因此，在生产和加工过程中须采取各种手段来及时发现缺陷，以便改进加工工艺，确保产品质量。金属无损探伤方法就是为了解决上述问题，利用电磁、声、光、射线、渗透等物理现象，在不改变被检验物形状和性能的条件下，迅速而可靠地确定表面或内部裂纹，确定其他缺陷的大小、数量、位置以及其他质量指标。目前无损探伤的方法很多，常用的有磁粉探伤、超声波探伤、射线探伤等。

8.1 磁力探伤

磁力探伤法可以用来检验铁磁性物质的表面和接近表面层的裂纹、气孔、非金属夹杂物等缺陷。由于设备简单，操作简便，检验灵敏度较高，在机械制造中广泛用来检查钢铁零件。

8.1.1 磁力探伤原理

8.1.1.1 磁力探伤原理

磁力探伤是通过在被检验钢铁零件内建立一个磁场，因缺陷造成的漏磁场能吸引其他的铁磁性物质，来检查出缺陷的存在。

铁磁性材料制成的工件被磁化，工件就有磁力线通过。如果工件本身没有缺陷，磁力线在其内部是均匀连续分布的。但是，当工件内部存在缺陷时，如裂纹、夹杂、气孔等非铁磁性物质，其磁阻非常大，磁导率低，必将引起磁力线的分布发生变化。缺陷处的磁力线不能通过，将产生一定程度的弯曲。当缺陷位于或接近工件表面时，则磁力线不但在工件内部产生弯曲，而且还会穿过工件表面漏到空气中形成一个微小的局部磁场，如图 8-1 所示。这种由于介质磁导率的变化而使磁通泄漏到缺陷附近空气中所形成的磁场，称作漏磁场。这时如果把磁粉喷洒在工件表面上，磁粉将在缺陷处被吸附，形成与缺陷形状相应的磁粉聚集线，称为磁粉痕迹，简称磁痕，如图 8-2 所示。通过磁痕就可将漏磁场检测出来，并能确定缺陷的位置（有时包括缺陷的大小、形状和深度）。

8.1.1.2 影响漏磁场强度的因素

(1) 外加磁场强度　对铁磁材料磁化时所施加的外加磁场强度高时，在材料中所产生的磁感应强度也高，处于表面缺陷阻挡的磁力线也较多，形成的漏磁场强度也随之增加。

(2) 材料的磁导率　材料磁导率高的工件易被磁化，在一定的外加磁场强度下，材料中产生的磁感应强度正比于材料的磁导率。在缺陷处形成的漏磁场强度随着磁导率的增加而增加。

(3) 缺陷的埋藏深度　当材料中的缺陷越接近表面，被弯曲逸出材料表面的磁力线越多。随着缺陷埋藏深度的增加，被逸出表面的磁力线减少，到一定深度，在材料表面没有磁力线逸出而仅仅改变了磁力线方向，所以缺陷的埋藏深度愈小，漏磁场强度也愈大。

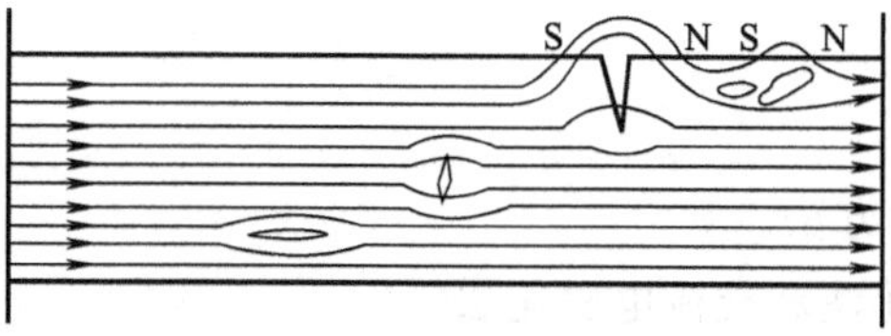

图 8-1 缺陷附近的磁力线分布

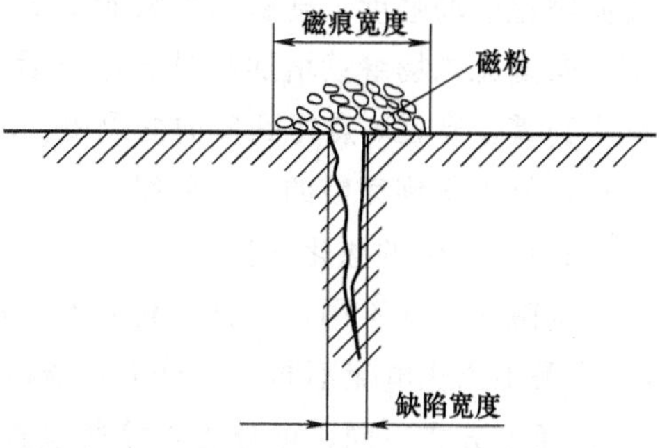

图 8-2 表面裂纹上的磁粉堆积

(4) 缺陷方向 当缺陷长度方向和磁力线方向垂直时，磁力线弯曲严重，形成的漏磁场强度最大。随着缺陷长度方向与磁力线夹角减小，漏磁场强度减小，如果缺陷长度方向平行于磁力线方向时，漏磁场强度最小，甚至在材料表面不能形成漏磁场。

(5) 缺陷的磁导率 如材料的缺陷内部含有铁磁性材料（如 Ni、Fe）的成分，即使缺陷在理想的方向和位置上时，也会在磁场的作用下被磁化。那么缺陷形不成漏磁场。缺陷的磁导率与材料的磁导率对漏磁场的影响正好相反，即缺陷的磁导率愈高，产生的漏磁场强度愈低。

(6) 缺陷的大小和形状 缺陷在垂直磁力线方向上的尺寸愈大，阻挡的磁力线愈多，容易形成漏磁场且其强度愈大。

缺陷的形状为圆形时，（如气孔等）漏磁场强度小；当缺陷为线形时，容易形成较大的漏磁场。

8.1.2 磁力探伤过程

磁力探伤过程包括：零件的磁化、敷粉（干粉或湿粉）检验、退磁等。

磁力探伤时必须在被检零件内或零件周围建立一个磁场，该磁场的建立过程就是零件的磁化过程。

铁磁性的零件在磁场里磁化时，它的磁感应强度 B 的变化可以用磁化曲线来表示。如图 8-3 所示。

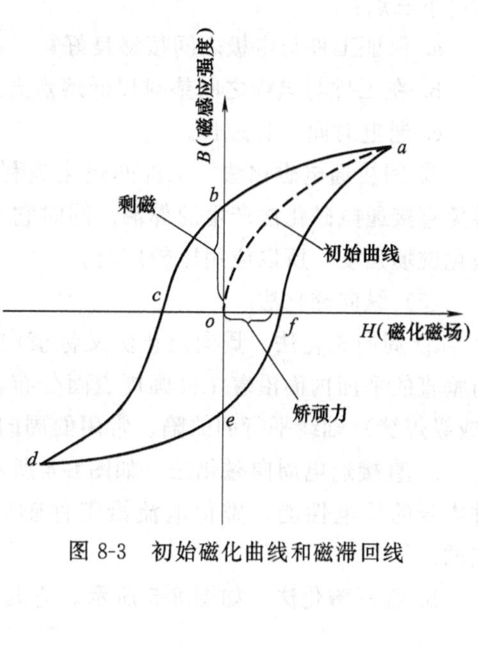

图 8-3 初始磁化曲线和磁滞回线

图中的 oa 为初始磁化曲线，磁化过程到达 a 点为饱和，即获得最大的磁感应强度。从 a 点开始减小磁化磁场 H 时，磁感应强度 B 也缓慢降低，但是这种变化并不沿着原始磁化曲线 ao 进行，而是沿着 ab 曲线变化。当 H 减小到零时，B 降低到 b。o 与 b 之间的距离代表剩磁。钢能保留一定数量的剩磁，这种性质叫做顽磁性。一般来说，高导磁率材料具有低的顽磁性；低导磁率材料具有高的顽磁性。

如果把磁化磁场的方向反转过来，并逐渐增加反向磁场强度，则磁感应强度 B 在 c 点降低为零。由 c 点可以求出该钢件的矫顽磁力（矫顽力）。矫顽力就是消除材料里剩磁所需施加的反向磁化磁场强度。硬磁钢的矫顽力大于软磁铁的矫顽力。

把反向磁化磁场继续增加超过 c 点以后，磁感应强度 B 在 d 点达到反向饱和点。再把磁场减小到零，则在 e 点得到反向的剩磁。oe 也表明材料的剩磁大小。把磁化磁场沿着原方向再增加，就可得到完整的磁滞回线。

8.1.2.1　零件的磁化方法

由于其磁化方式不同，工件磁化则有不同的方法。

① 按采用磁化电流不同，可分为直流电磁化法和交流电磁化法。

② 按通电方式不同，可分为直接通电磁化法和间接通电磁化法。

③ 按工件磁化方向的不同，可分为周向磁化法、纵向磁化法、复合磁化法和旋转磁场磁化法。

(1) 直流电磁化法和交流电磁化法

① 直流电磁化法　直流电磁化时，采用低电压大电流的直流电源，使工件产生方向恒定的电磁场。由于这种磁化方式所获得的磁力线能穿透工件表面一定深度，故能发现近表面区较深的缺陷，故其探伤效果比较好，但退磁困难。

② 交流电磁化法　交流电磁化时，采用低电压大电流的交流电源。由于充磁电流采用频率可变的交流电，所以供电比较方便，而且磁化电流的调整也较容易。另外，发现表面缺陷的灵敏度比直流电磁化法要高，而且退磁也比较容易，应用比较普遍。

(2) 直接通电磁化法和间接通电磁化法

① 直接通电磁化法　该方法是将工件直接通以电流，使工件周围和内部产生周向磁场。适合于检测长条形如棒材或管材等工件。直接通电磁化法的设备比较简单，方法也简便。但由于对工件直接通以大电流，所以容易在电极处产生大量的热量使工件局部过热，导致工件材料的内部组织发生变化，影响材料性能或在过热的部位把工件表面烧伤，所以操作时应注意以下三点：

a. 保证工件与电极之间接触良好；

b. 在工件与电极之间垫衬以低熔点金属材料（如铅）防止工件被烧伤；

c. 通电时间不宜过长。

② 间接通电磁化法　工件的磁化是利用探伤器等使工件产生磁场来完成的，这样可以避免直接通电磁化法产生的弊端。同时它可以通过改变线圈的匝数或磁化电流的大小来调整磁化磁场强度，所以应用比较广泛。

(3) 纵向磁化法

① 周向磁化法　周向磁化法又称横向磁化法。工件磁化后所产生的磁力线是在工件轴向垂直的平面内而沿着工件圆周表面分布，磁力线是相互平行的同心圆。常用来检验与工件（或纵焊缝）轴线平行的缺陷。常用的周向磁化法有下述几种：

a. 直接通电周向磁化法　如图 8-4 所示。它是在被检工件整个或局部通以电流，利用工件本身的导电性能，磁化电流沿工件轴向通过，在工件上产生环形磁场发现工件表面缺陷的。

b. 心杆磁化法　如图 8-5 所示。它是用非铁磁性的导电材料（如铜棒）作心杆，穿过空心工件，电流从心杆上通过，并在其周围产生周向磁场，用来检验工件的纵向缺陷。它具有效率高、速度快、不损伤工件等优点。

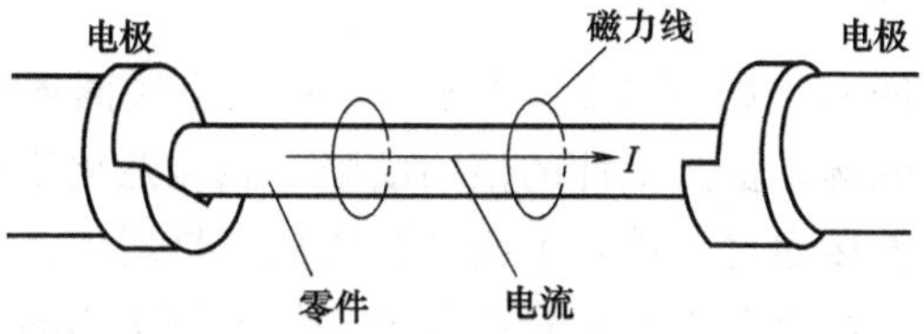

图 8-4 零件的周向磁化

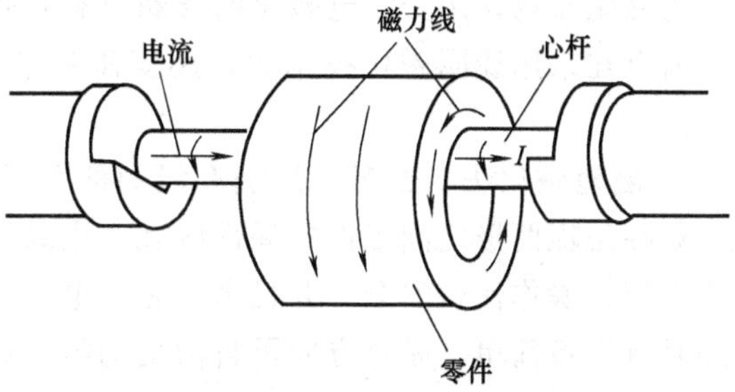

图 8-5 心杆磁化法

c. 磁锥法 检验形状复杂或大型工件（包括板状工件）时，用上述两种方法达不到理想的效果。因为大型工件磁化时达不到要求的磁化电流，所以磁锥法磁化技术得到广泛应用。

磁锥法是一种局部磁化法，如图 8-6 所示，它使用一对圆锥形的铜棒作为两个通电电极，铜棒的一端通过电缆与电源连接，另一端与工件接触。通电后，电流通过两个触头施加在工件表面，形成以触头为中心的周向磁场（对触头而言）。磁锥法常用于检验压力容器等焊缝的纵向缺陷。在操作时应注意以下几点：

ⅰ. 触头与工件表面相垂直，防止磁场干扰。

ⅱ. 两触头间距在 150～200mm 之间，探伤效果最好，一般间距不小于 75mm。间距太近两只触头所产生的周向磁场易产生叠加与干扰，影响对缺陷的观察和检验；间距太大则要求较大的电流，易烧伤工件表面。

ⅲ. 触头与工件的接触点应在被检部位两侧各取一个点，这样工件表面较平坦易保持良好的接触，另外可以克服缺陷轻微的方向性。

ⅳ. 在触头与工件之间应垫铅衬或铜丝编织网，保证良好的电接触防止工件表面烧伤。

ⅴ. 磁锥在接触或离开工件表面时，应先切断磁化电流，防止产生电火花。

② 纵向磁化 工件磁化后产生的磁力线与工件的轴线平行。用来检验与工件垂直的缺陷。常用的磁化方法有以下几种。

a. 螺线管线圈法 如图 8-7 所示，把工件放在通电的螺线管线圈里，这种工件就是线圈的铁芯，磁力线沿工件轴线分布，故可检验工件横向缺陷，在操作时应注意以下几点。

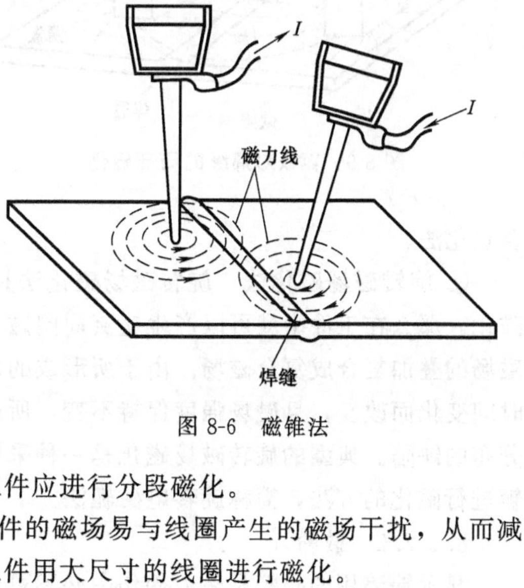

图 8-6 磁锥法

ⅰ. 由于螺线管内磁场不是均匀的，距螺线管中心越近，磁场越弱，因此，工件磁化时应将工件放进靠近其内壁的地点。

ⅱ. 由于螺线管所产生的磁场有一定的有效长度，所以对较长的（大于两倍线圈长度）工件应进行分段磁化。

ⅲ. 短小的工件在线圈内磁化以后所产生工件的磁场易与线圈产生的磁场干扰，从而减小磁场强度，降低灵敏度，所以不宜将短小的工件用大尺寸的线圈进行磁化。

ⅳ. 用直流电磁化的线圈与用交流电磁化的是不同的，直流线圈的匝数很多（几千匝），而通过的电流很小（几安培），如果用直流线圈通以交流电，由于它的电感太大而不能产生合适的磁化磁场；用交流电磁化的线圈只有几匝（一般只有 3～6 匝），但却能通过很大的电流。所以在采用线圈磁化技术时，用安匝数来调节和控制的磁场强度，而不用电流大小来表示。

b. 磁轭磁化法　磁轭就是绕有线圈的 U 形铁芯，如图 8-8、图 8-9 所示。当线圈通电后，处在磁轭两极之间工件的局部区域产生纵向磁场，检测工件的横向缺陷。磁轭磁化使用安全电压，操作比较安全。并且由于磁化电流不直接通过工件，不会产生局部过热现象。同时还具有设备简单、磁化方向可自由变动等优点。适合于检查板状或其他工件上位于不同方向的表面缺陷。

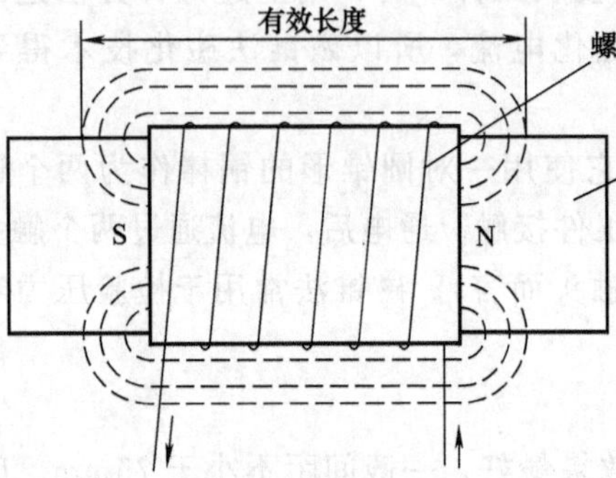

图 8-7　螺管线圈法

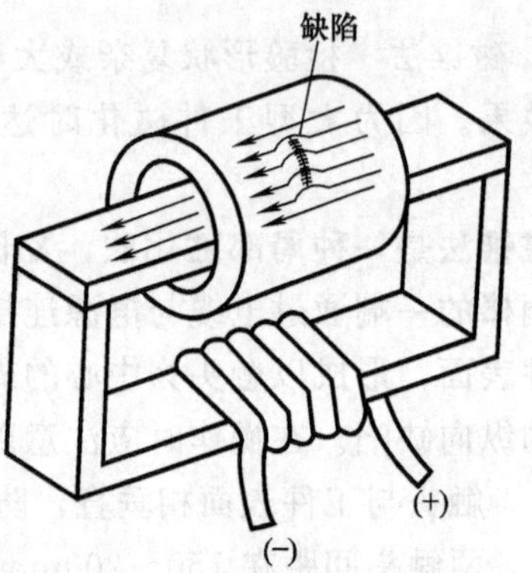

图 8-8　磁轭磁化法

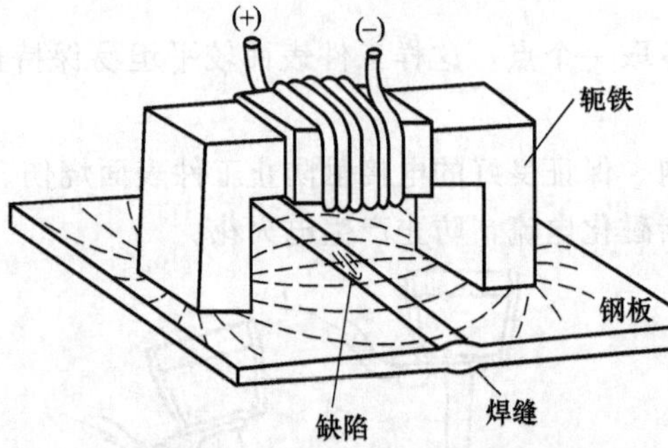

图 8-9　轭铁对焊缝的局部磁化

（4）复合磁化法和旋转磁场磁化法

① 复合磁化法　复合磁化法是纵向和周向磁化同时作用在工件上，使工件得到由两个互相垂直的磁力线作用而产生的合成磁场，以检查各种不同角度的缺陷。这是一种采用直流电使磁轭产生纵向磁场，用交流电直接向工件通电产生周向磁场。磁轭中部嵌入一片不导电的绝缘片把磁轭分开。探伤时，工件在产生纵向磁场的同时亦产生周向磁场，从而这两个磁场在工件中结合组成复合磁化法。

② 旋转磁场磁化法　旋转磁场磁化法是采用相位不同的交流电对工件进行周向和纵向磁化，那么在工件中就可以产生交流周向磁场和交流纵向磁场。这两个磁场在工件中，产生磁场的叠加复合成复合磁场。由于所形成的复合磁场的方向是以一个圆形或椭圆形的轨迹随时间变化而改变，且磁场强度保持不变，所以称为旋转磁场。它可以检测工件各种任意方向分布的缺陷。典型的旋转磁场磁化是一种采用十字相交的电磁轭制成手提工频旋转磁场电磁轭进行磁化的方法，简称旋转电磁轭法。

8.1.2.2　敷粉

显示缺陷用的磁粉是磁力探伤中必不可少的材料。它是由高磁导率的铁磁物质组成的粉末状微粒（5～10μm）。常用磁性氧化铁（Fe_2O_3、Fe_3O_4）制成黑色、红色磁粉，或表面涂有银白色或荧光材料的磁粉。根据零件表面的颜色，可选用不同颜色的磁粉，以得到明显的衬色。按照磁粉的用法可分为湿粉显示法和干粉显示法。

（1）湿粉显示法　应用湿粉显示法探伤时，先要把磁粉微粒按一定比例配制成水或油（变压器油或煤油）磁悬液。

在探伤时磁悬液一般由油泵通过油管喷枪均匀地喷洒在被检零件表面。若零件表面上有缺陷，则缺陷处的漏磁将吸附磁悬液中的磁粒子，形成磁痕，显示缺陷。未被吸附的磁粒子将随同磁悬液从零件上流走。磁悬液具有良好的流动性，因此能显示零件整个表面上的微小缺陷。湿粉法操作简单，在磁力探伤中得到广泛应用。

（2）干粉显示法　是利用低压空气用喷粉器、空气喷枪将干燥的磁粉直接喷洒在工件表面上，若零件表面上有缺陷的漏磁部分磁粉就会被吸附到缺陷处形成磁痕，显示缺陷。但在使用时，磁粉易飞扬，劳动条件差，对环境污染较严重，喷洒不均匀易造成漏检，故应用较少。

（3）荧光磁粉显示法　荧光磁粉的磁粒子表面涂有一种荧光物质，这种荧光粒子在波长约为3.650nm的紫外光照射下产生较亮的光泽，如果背景是黑色或近乎黑色时，这种光泽将具有最大的色衬度和灵敏度。荧光磁粉显示法适用于检查颜色磁粉难以检查的黑色零件，如发蓝、烤蓝或表面被氧化的铸、锻件。该设备需置于暗室内，以免外界光线影响荧光显示的效果。

（4）常用磁悬液的配方

① 水基悬浮液配方

甘油三油酸酯肥皂	15～20g
磁粉	50～60g
水	100mL

配制时先将甘油三油酸酯肥皂放在少量温水中稀释，然后加入磁粉，在研钵中研细，最后加水到100mL。

② 油基磁悬液配方

煤油（或变压器油）	1000mL
磁粉（Fe_3O_4）	20～30g

或按以下配方

煤油	400mL
变压器油	600mL
磁粉	10g

油基磁悬液在配制时，只要把磁粉均匀地调配在煤油或变压器油中，并在使用时用油泵搅拌几分钟即可。

③ 荧光磁悬液

荧光磁粉	2～3g
煤油（或变压器油）	1000mL

荧光磁粉成分：磁粉56%；铁粉40%；荧光剂4%；胶性漆每千克混合物0.4kg。

8.1.2.3　退磁

工件经磁力探伤后所留下的剩磁，会影响安装在其周围的仪表、罗盘等计量装置的精度，或者吸引铁屑增加磨损。有时工件中的强剩磁场会干扰焊接过程，引起电弧的偏吹，或者影响以后进行的磁力探伤。因此经磁力探伤后的零件应进行退磁处理。

常用的退磁方法有交流线圈退磁法和直流退磁法。

(1) 交流线圈退磁法　交流线圈退磁法是利用交流电方向不断发生变化，磁场方向也随之发生变化并减弱的方法退磁，如图 8-10 所示。其具体方法如下。

① 把需退磁的工件放入等于或大于工件磁化电流的磁化线圈中，利用自动分级开关逐渐减小磁化电流，开关每转一级，电流减少一倍，直到电流为零。

② 把工件放入线圈中，然后缓慢地将工件从线圈中移出，而达到退磁目的。根据 JB 3965—85，推荐使用 5000～10000 安匝的线圈。

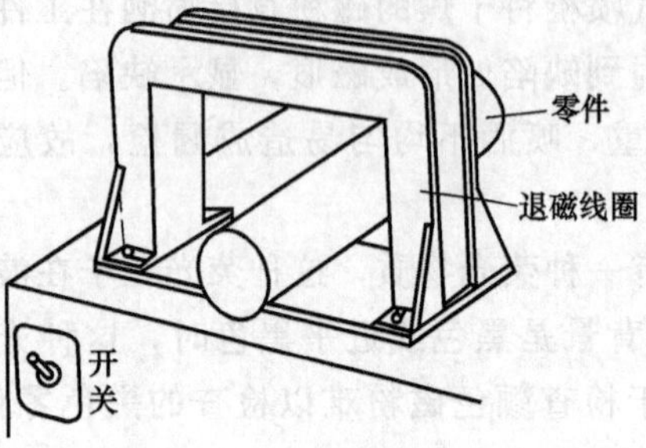

图 8-10　交流线圈退磁法

(2) 直流退磁法　用直流退磁法时，一般采用改变电流的方向（得到反向磁场）及减弱磁化电流的方法来进行退磁。在直流退磁装置中，反转磁场的频率用时间继电器来调整。实践证明，磁场频率在 0.4～0.6 次/s 时，退磁效果较好。在退磁时，必须先减小磁化电流，然后才能反转磁场方向。

由于直流磁化比交流磁化穿透的深，因此直流退磁比交流退磁效果更好，更完全。

退磁以后的零件要用剩磁测定仪检查退磁效果，或用未被磁化的铁丝或磁粉靠近工件，当不被吸附时说明退磁效果好。

8.2　超声波探伤

8.2.1　超声波基本知识

声波和超声波都是机械振动波，只是频率范围不同。声波的频率范围约为 20Hz～20kMHz，超过 20kMHz 的称超声波。

在金属探伤中使用的超声波，其频率为 0.5～10MHz，其中以 2～5MHz 最为常用。

8.2.1.1　超声波的种类和性质

超声波是一种超出人耳听觉范围的高频弹性波。根据超声波传播时物质粒子振动方式不同，可以分为纵波、横波、表面波等多种类型。当介质中质点的振动方向和波的传播方向一致时称为纵波。纵波能在固体和液体中传播，在空气中的传播速度很低。质点的振动方向和波的传播方向垂直时称为横波；横波只能在固体中传播。表面波只能在固体或液体表面传播。不同类型的超声波，它们在探伤时各有不同的用途。

超声波在各种物体中以不同速度传播时，有明显的指向性，频率越高，指向性越好。它和其他波一样，在不同介质的分界面上会发生反射、折射现象。所以当固体材料中有缺陷存在时，就会产生声波的反射或透过声强度的减弱。根据接收达到信号就能测知缺陷的存在和判断缺陷的性质。

(1) 声速　声波在单位时间内传播的距离称为声波在该介质中的传播速度，简称为声速，用符号 C 表示，其单位为 m/s。

不同类型的波在同一种介质中传播时，其传播速度不同。表 8-1 为超声波在各种介质中的传播速度。

表 8-1 超声波在各种介质中的传播速度

介质	$C_{纵波}$	$C_{横波}$	$C_{表面波}$	密度 ρ /(10^3kg/m^3)	声阻 /[10^7kg/(m^2·s)]	2.5MHz 频率超声波衰减系数 α/(NP①/m)
	m/s					
铝	6260	3038	2800	2.7	1.7	0.2～5
铁	5850	3230	3060	7.8	4.5	1～8
铜	4700	2260	2100	8.9	4.18	1.8～4.4
黄铜	4430	2120	2000	8.1	3.61	—
镁	4600	2200	—	1.7	0.78	0.1
有机玻璃	2550	—	—	1.18	0.3	58
水	1490	—	—	1.0	0.149	0.1
空气	335	—	—	1.3×10^{-3}	4.3×10^{-5}	100

① 1NP（奈培）=8.686dB（分贝）。

（2）超声场的特征值

充满超声波的空间或是传播超声波的空间称为超声场，能反映超声场特征的有声压、声强、声阻抗率等。

① 声压　在不存在声波的空间，介质所受到的压强为标准大气压强，当空间存在声波时，介质内部产生密度的不均匀分布，在密度高的区域大于标准大气压强，密度低的区域小于标准大气压强。即在声波场中，介质各点所受压强是在标准大气压强值再附加一个交变的压强，这个交变振动的附加压强称为声压。声压的单位为 Pa 或 μPa，人耳能感觉的最微弱的声压为 20Pa。

② 声阻抗率　介质中任何一点处的声压和该质点的声速之比称为声阻抗率，简称声阻。声阻抗率是介质的一种声学性质，对平面行波（波阵面为平面）来说，声阻是声速与介质密度的乘积。声阻抗率的单位为 g/(cm^2·s)。

③ 声强　单位时间通过单位截面介质的声波能量称为声强，声强的单位为 W/cm^2。如震耳欲聋的炮声，声强约 10^{-4}W/cm^2，而人能分辨最弱声音的声强为 10^{-6}W/cm^2。

（3）声波的反射与折射　当声波由法线方向入射到两种介质界面时，会发生部分声能或声强的反射。反射波的强度与两种介质的声阻抗率有关系。一般来说，两种介质的声阻抗率相差越大，则反射波的强度越大。

如果声波以某一角度投射在两种介质界面上，除产生声波的反射外，还在另一介质中产生声波的折射。

此外，当超声波透过金属时会发生声强的衰减，金属对超声波能量的吸收取决于金属本身的晶粒直径 d 和声波波长 λ 的比值 d/λ。d/λ 值越大，声能的衰减越大。因此，当金属的晶粒粗大和厚度较大时，必须采用频率较低的超声波才能进行检验。但频率的减小会导致探伤灵敏度的降低。

（4）声束的散发　如前所述，超声波的方向性好，但它也有散发现象，如图 8-11 所示。

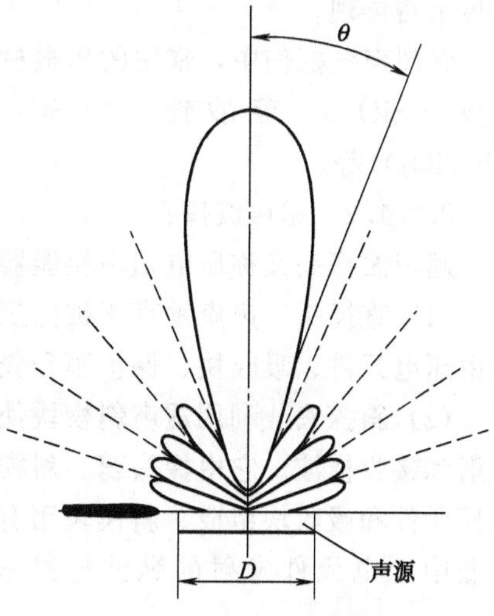

图 8-11　超声波的散发

图 8-11 中纵坐标表示超声波的声压，当声源的尺寸（D）比较大时，声波从声源集中成一波束，以某一角度（2θ）传播出去，在声源中心轴线上（$\theta=0°$）声压最大，在其两侧有许多复瓣波束，它是由声波干

涉形成的干扰区，复瓣的能量很小，可忽略不计。

当声源发射体为圆形时，声束发散和波长 λ 与发射体直径 D 之间有如下关系

$$\sin\theta=1.22\lambda/D \tag{8-1}$$

式中　θ——圆形超声束的半扩散角。

由此可知，扩散角与声源发射体的直径成反比，与波长成正比。当声源直径一定时，波长越短（频率越高）扩散角越小，即超声波的方向性越好。

扩散角的大小在探伤中的作用很大，一般是扩散角越小，方向性越好，可提高对缺陷的分辨能力和判断缺陷的位置。但有时探测形状复杂的工件时，又希望扩散角大一些，以便利用扩散声束来探测某一区域的缺陷。另外声束的扩散会影响到探伤时声影的大小，影响探伤的灵敏度。

8.2.1.2　产生超声波的方法

产生超声波的方法很多，在超声波探伤中主要是利用某些晶体的压电效应。石英等某些晶体的晶片受拉伸或压缩时，会在晶片表面产生电荷，并在受力方向改变时电荷的符号也会改变，如图 8-12 所示，这种现象称为正压电效应。反之，在晶体表面上施加电荷时，会使晶体尺寸发生改变，这种现象称为逆压电效应，如图 8-13 所示。

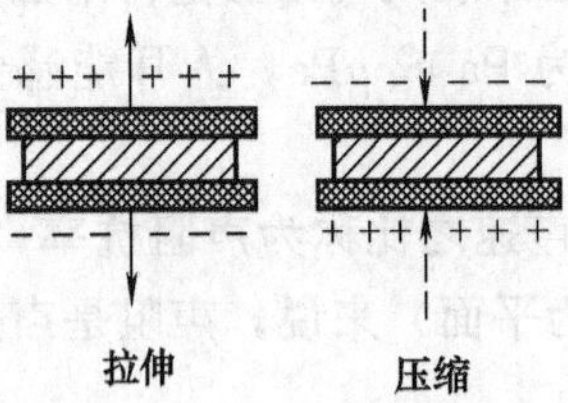

图 8-12　晶体的正压电效应

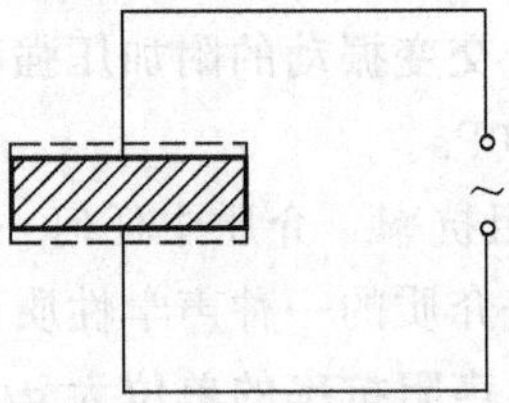

图 8-13　晶体的逆压电效应

当在晶片表面施加交替变更电荷时，晶片的振动就以声波的形式传播到周围介质中。如果高频发生器以固定周期不断发出高频电流（大于 20Hz）加在晶片上，则晶片将电能转换为高频弹性振动波，以同样的频率传播到周围介质中，这样就产生了超声波。如果由压电晶片产生的超声波穿过某种介质，传播到另一压电晶片上，后者也将产生机械振动波。当压电晶片施以机械振动时，晶体表面产生压电电荷，该电荷用导线引入电子放大器，经放大后可用显示器再现。

在超声波探伤中，常用的压电材料可分为两大类，即压电单晶和压电陶瓷。压电单晶有石英（SiO_2）、硫酸锂（Li_2SO_4）等；压电陶瓷有钛酸钡（$BaTiO_3$）、钛酸铅（$PbTiO_3$）等。

8.2.1.3　超声波探头

超声波探头又称压电超声换能器，是实现电-声能量相互转换的能量转换器件。

（1）直探头　声束垂直于被探工件表面入射的探头称为直探头。它可发射和接收纵波。它由压电元件、吸收块、保护膜和壳体等组成。如图 8-14（a）所示。

（2）斜探头　利用透声斜楔块使声束倾斜于工件表面射入工件的探头称为斜探头。它可发射和接收横波。它由探头蕊、斜楔块吸收块和壳体等组成。探头蕊与直探头相似，也是由电压元件和吸收块组成。斜楔块用有机玻璃制作，它与工件组成固定倾斜的异质界面，使探头蕊中压电元件发射的纵波通过波型转换，以折射横波在工件中传播，如图 8-14（b）所示。

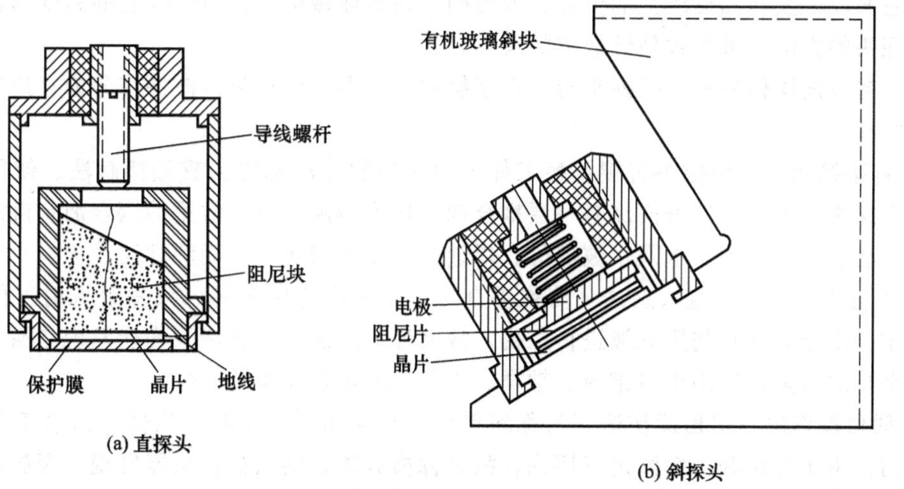

图 8-14 探头的结构

(3) 水浸聚焦探头 它是一种由超声探头和声透镜组合而成的探头，声透镜由环氧树脂浇铸成球形或圆柱形凹透镜，类似光学透镜能使光线聚焦一样，它可使超声束集聚成一点（点聚焦探头）或一条线（线聚焦探头）。由于聚焦探头的声束变细，声能集中，从而大幅度改善了超声波指向性，并可提高灵敏度和分辨力。

(4) 双晶探头 它是为了弥补普通直探头探测近表面缺陷时存在着盲区大、分辨力低的缺点而设计的。内含两个压电元件，分别为发射、接收晶片，中间用隔声层隔开。

双晶探头主要用于探测近表面缺陷和薄工件的测厚。

8.2.2 超声波探伤检测分类

8.2.2.1 脉冲反射探伤法

(1) 脉冲反射法的原理 高频发生器以固定周期不断发出高频脉冲信号，加在探头内的晶片上，激励压电晶片振动发出超声波。将探头置于光洁度较高的工件表面，探头发出的超声波就以一定速度向工件内部传播。当超声波在工件内部遇到缺陷（F）时，一部分声能被反射回来；另一部分声波继续传播到工件的底面（B）后也被反射回来。由缺陷和底面反射回来的声波可由同一探头或并排的另一探头接收，又变为电脉冲经放大器放大后，在探伤仪的荧光屏上显示，如图 8-15 所示。

荧光屏上的水平亮线为扫描线即时间基线，其长度与时间成正比，根据发射波、缺陷反

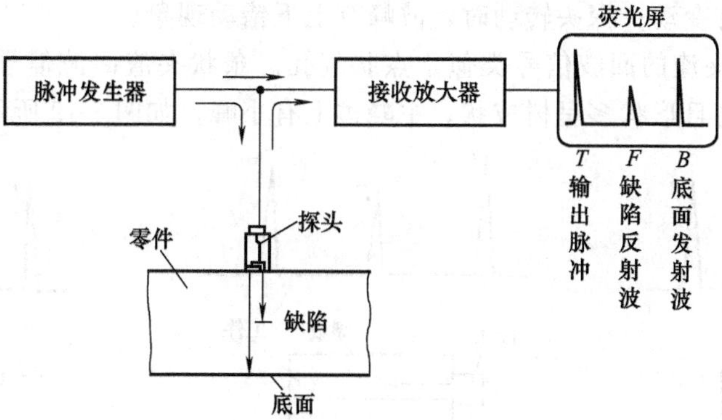

图 8-15 脉冲反射探伤示意图

射波及底面反射波在扫描线上的位置，即可确定缺陷埋藏深度；由缺陷波的高度和在工件表面移动探头的方法，可大致估计缺陷的尺寸。

(2) 超声波探伤方法　按探头与工件接触方式分类，可将超声波探伤分为直接接触法和液浸法两种。

① 直接接触法　使探头直接接触工件进行探伤的方法称之为直接接触法。使用直接接触法应在探头和被探工件表面涂有一层耦合剂，作为传声介质。常用的耦合剂有机油、变压器油、甘油、化学浆糊、水及水玻璃等。焊缝探伤多采用化学浆糊和甘油。

a. 垂直入射法　垂直入射法（简称垂直法）是采用直探头将声束垂直入射工件探伤面进行探伤。由于该法是利用纵波进行探伤，故又称纵波法。垂直法探伤能发现与探伤面平行或近于平行的缺陷，适用于厚钢板、轴类、轮等几何形状简单的工件。

b. 斜角探伤法　斜角探伤法（简称斜射法）是采用斜探头将声束倾斜入射工件探伤面进行探伤。由于它是利用横波进行探伤，故又称横波法，斜角探伤法能发现与探测表面成角度的缺陷，常用于焊缝、环状锻件、管材的检查，如图 8-16 所示。

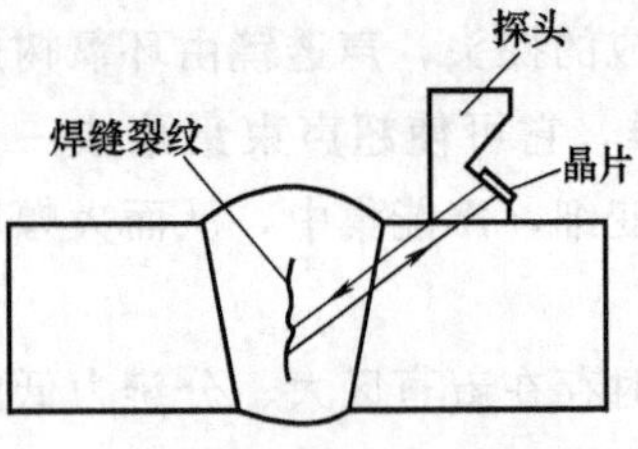

图 8-16　斜角探伤法

② 液浸法　液浸法是将工件和探头头部浸在耦合液体中，探头不接触工件的探伤方法。根据工件和探头浸没方式，分有全没液浸法、局部液浸法和喷流式局部液浸法等。

液浸法探伤由于探头与工件不直接接触，因此它具有探头不易磨损，且声波的发射和接收比较稳定等优点。其主要缺点是，它需要一些辅助设备，如液槽、探头桥架、探头操纵器等。同时，还由于液体耦合层一般较厚而声能损失较大。

(3) 缺陷性质的估判　判定工件中缺陷的性质称之为缺陷定性。在超声波探伤中，不同性质的缺陷其反射回波的波形区别不大，往往难于区分。因此，缺陷定性一般采取综合分析方法，即根据缺陷波的大小、位置及探头运动时波幅的变化特点，并结合热加工工艺情况对缺陷性质进行综合判断。这在很大程度上要依靠检验人员的实际经验和操作技能，下面将简单介绍几种常见缺陷的波形特征。

① 气孔　单个气孔回波高度低，波形为单峰，较稳定，如图 8-17 所示。当探头绕缺陷转动时，缺陷波高大致不变，但探头定点转动时，反射波立即消失；密集气孔会出现一簇反射波，其波高随气孔大小而不同，当探头作定点转动时，会出现此起彼伏现象。

② 裂纹　缺陷回波高度大，波幅宽，常出现多峰，如图 8-18 所示。探头平移时，反射波连续出现，波幅有变动；探头转动时，波峰有上下错动现象。

③ 夹渣　点状夹渣的回波信号类似于点状气孔。条状夹渣回波信号呈锯齿状，由于其反射率低，波幅不高且形状多呈树枝状，主峰边上有小峰，如图 8-19 所示。探头平移时，波

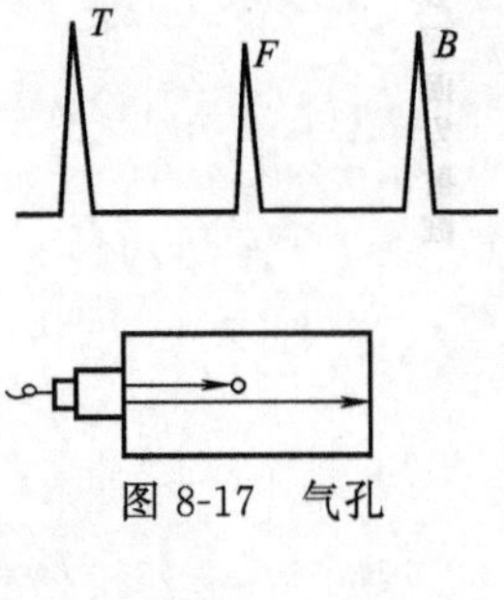

图 8-17　气孔

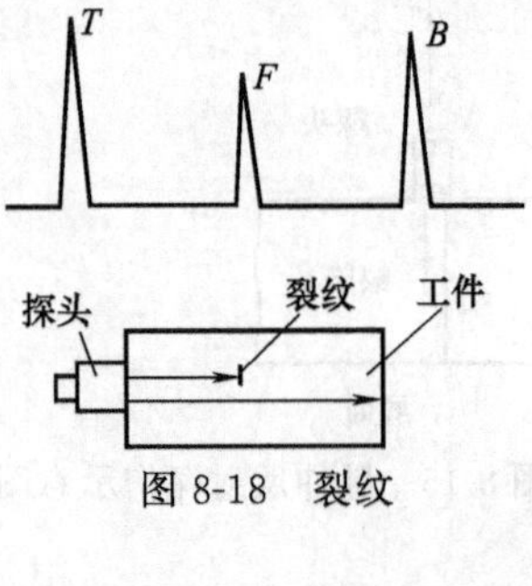

图 8-18　裂纹

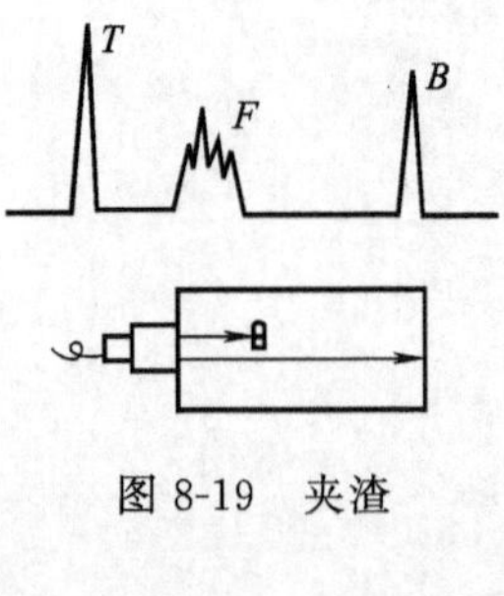

图 8-19　夹渣

幅有变动；探头绕缺陷移动时，波幅不相同。

④ 未焊透　由于反射率高（厚板焊缝中该缺陷表面类似镜面反射），波幅均较高，如图 8-20 所示。探头平移时，波形较稳定。在焊缝两侧探伤时，均能得到大致相同的反射波幅。

⑤ 疏松　疏松对声波有显著的吸收和散射作用，故使底面波明显降低或消失，如图 8-21 所示。疏松严重时无缺陷波。当探头移动时，会出现波峰很低的蠕动波形，当提高探头灵敏度时，会出现草状杂波，但无底面波。

⑥ 缩孔　缺陷波高大，在缺陷波前后尚有些微弱的反射波，如图 8-22 所示。当缺陷较大时，底面波严重衰减或消失，多个方向探测均能得到缺陷波。

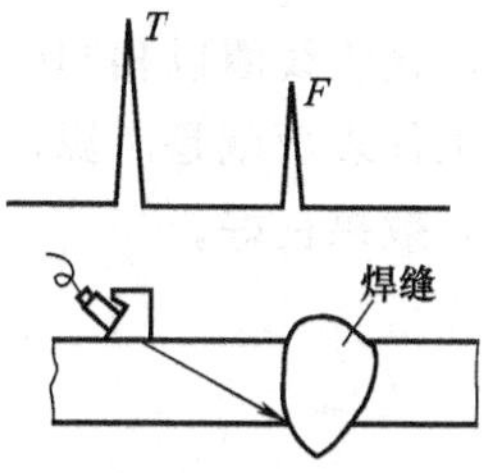

图 8-20　未焊透

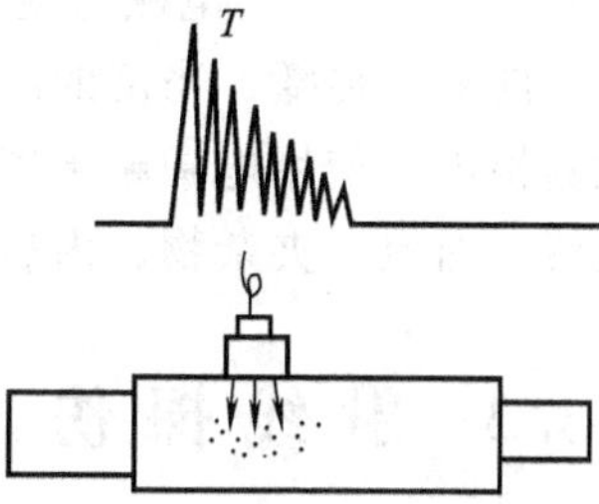

图 8-21　疏松

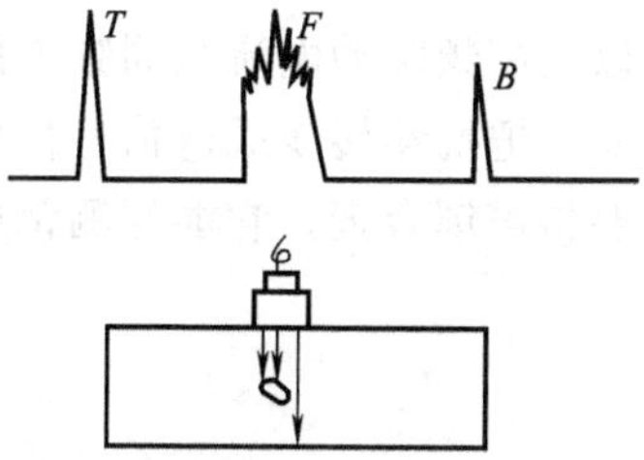

图 8-22　缩孔

⑦ 白点　缺陷波呈丛集状，数个波同时呈现，波峰清晰、尖锐有力，如图 8-23 所示。当探头移动时，缺陷波变化迅速而敏感，若降低灵敏度时，缺陷波仍然很高。白点面积较大或密集时，底面波下降。

⑧ 非金属夹杂物　缺陷波呈连串的波峰，波幅一般较弱，其波形间有一两个较高的缺陷波，如图 8-24 所示。缺陷分布越密，则波形越乱，底面波无明显变化。

8.2.2.2　穿透探伤法

穿透探伤法是根据超声波穿透工件后的能量变化，来判断工件内部的缺陷。穿透法探伤采用两个探头，一个探头以连续方式向被检验物体发射超声波，在物体的另一面放一个探头来接收超声波。当物体内部存在缺陷时，声波在界面缺陷处被反射（或阻挡），到达缺陷处的声波不能被背面的探头接收，即在缺陷的后面形成“声影”，如图 8-25 所示。

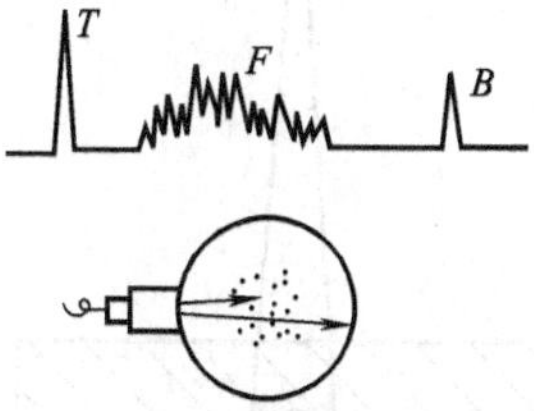

图 8-23　白点

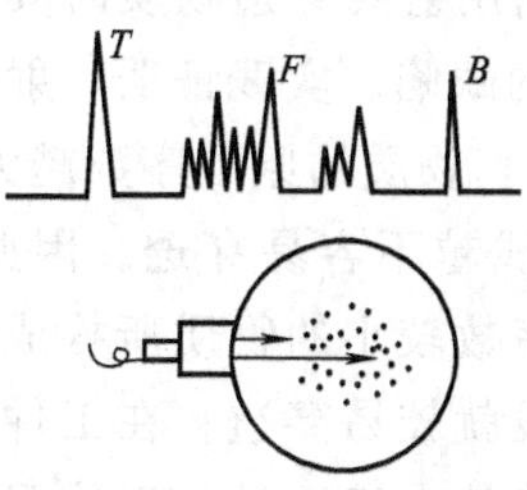

图 8-24　非金属夹杂物

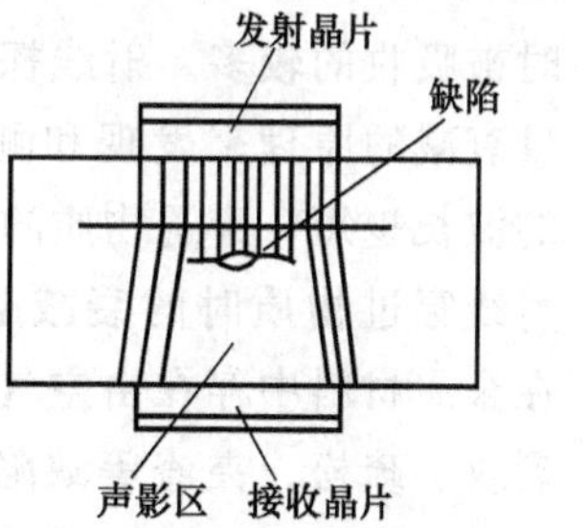

图 8-25　“声影”的形成

穿透探伤法的灵敏度取决于超声波的频率、被检验材料对超声波的吸收，以及接收装置的灵敏度。如果缺陷尺寸小于超声波的波长，则由于声波的衍射，在接收晶片上不会出现声影，只有缺陷大于声波的波长时并在一定条件下才能得到声影。

8.2.2.3　电磁超声探伤简介

电磁超声探伤是一种非接触式的探伤方法，由于探头与工件不直接接触，这就排除了由于接触不良引起的干扰，同时给工件在高温下探伤提供了便利条件，电磁超声探伤的原理如

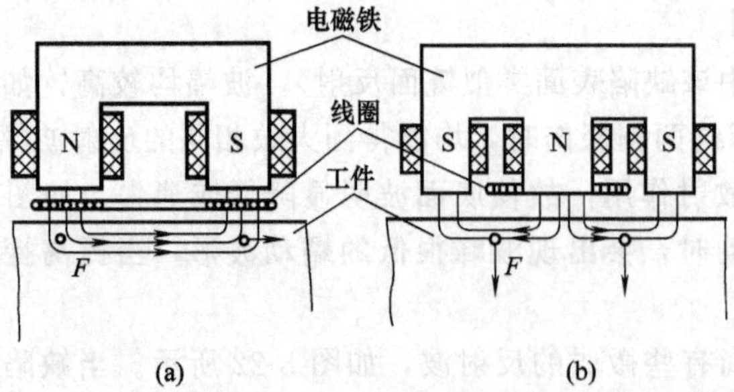

图 8-26 电磁超声探伤原理

图 8-26 所示。

如果在线圈中通以高频脉冲电流，由于电磁感应作用在工件表面产生高频涡流，其方向和线圈电流方向相反，这一涡流在电磁产生的静电场的作用下将产生洛伦兹力 F，作用在工件表面上电磁力的方向可用右手定则来判断，力的大小由静磁场强度和高频脉冲电流强度来决定。这个电磁力使工件表面的一薄层内产生扰动，以与高频脉冲电流相同频率的波垂直向纵深传播。当反射波返回时，接收线圈以相同的逆效应，把扰动转换成电信号传给放大器检出。使用电磁超声探伤时，工件表面就是声源，不需要传声耦合剂。它能探测钢中的缩管、白点、夹杂物、内裂等缺陷，效果良好。

8.3 射线探伤

8.3.1 射线探伤原理

射线探伤是利用X射线或γ射线检验材料内部的一种探伤方法。

探伤用的X射线波长约为0.005～0.1nm，具有较强的穿透物质的能力，在X射线管内，阴极产生的电子在几十千伏或几百千伏的加速电压下，高速地向阳极运动撞击到阳极靶后即发射X射线。

γ射线的波长更短，约为0.0003～0.1139nm，能量更大，γ射线比X射线具有更强的穿透能力。γ射线是利用放射性同位素衰变过程产生的，最常用的γ射线是人工放射性同位素 Co^{60}。

X射线和γ射线穿透物质时，能量都有损失，这种损失称为能量衰减。能量衰减的主要原因是：形成光电子（光电效应）后吸收了射线的能量，与物质中的电子发生弹性碰撞，引起射线能量的吸收和散射。能量较大的射线穿透物质时吸收较少，能量较小的射线穿透物质时被吸收的较多。射线探伤就是利用射线穿透物质时其能量衰减的原理来发现和测定材料的缺陷。实践证明，射线的波长越短，穿透物质的能力越强，物质的原子序数越大，射线穿过物质时的衰减越大，射线越不容易穿透。因此，在金属材料中存在由空气或原子序数较小的物质所构成的裂纹、疏松、夹渣等缺陷时，射线就较易穿透。在工件下面放置感光胶片或荧光屏，则缺陷处由于透过的射线强度大，胶片感光强烈而显现出黑度较大的缺陷图像，如图8-27所示。而荧光屏上可直接观察到这种缺陷的图像。

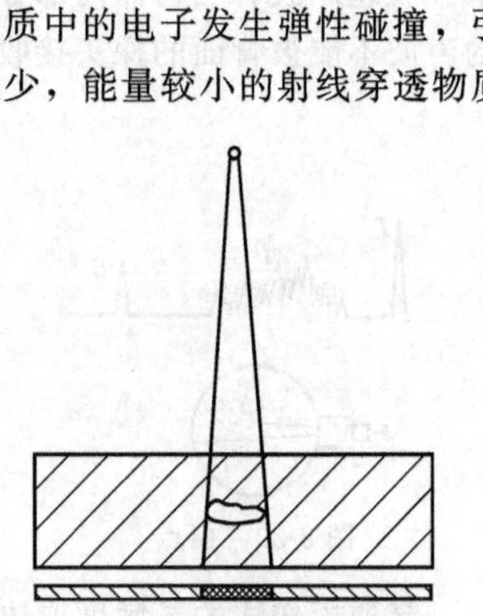

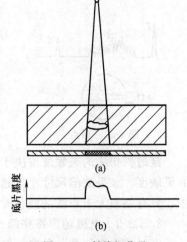

图 8-27 射线探伤及底片黑度示意图

8.3.2 射线探伤方法

(1) 射线透射摄影法　射线探伤时将装有胶片的暗盒放在工件的背面，经适当的曝光（感受射线作用），再经显影、定影，就可得到摄有检验材料内部缺陷的底片。

(2) 射线荧光屏观察法　荧光屏观察法是将透过被检物体后的不同强度的射线，再投射在涂有荧光物质的荧光屏上，激发出不同强度的荧光而得到物体内部的影像。检验时，把工件放置在观察箱上，X射线管发出的射线透过被检工件，落到与之紧挨着的荧光屏上，显示的缺陷影像经平面镜反射后，通过平行于镜子的铅玻璃观察，如图8-28所示。

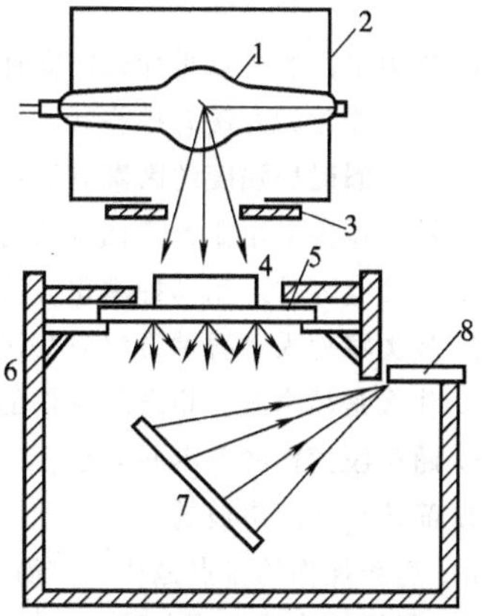

图 8-28　射线荧光屏观察法

1—X射线管；2—保护罩；3—铅遮光板；4—工件；5—透视屏；6—透视箱；7—平面镜；8—铅玻璃

荧光屏观察法只能检查较薄且结构简单的工件，同时灵敏度较差，对于微小裂纹是无法发现的。

(3) 电视观察法　电视观察法是工业射线探伤很有发展前途的一种新技术，与传统的射线照相法相比具有实时、高效、不用射线胶片、可记录和劳动条件好等显著优点。国内外将它主要用于钢管、压力容器壳体焊缝检查；微电子器件和集成电路检查；食品包装夹杂物检查及海关安全检查等。

这种方法是利用小焦点或微焦点X射线源透照工件，利用一定的器件将X射线图像转换为可见光图像，再通过电视摄像机摄像后，将图像或直接或通过计算机处理后再显示在电视监视屏上，以此来评定工件内部质量，如图8-29所示。

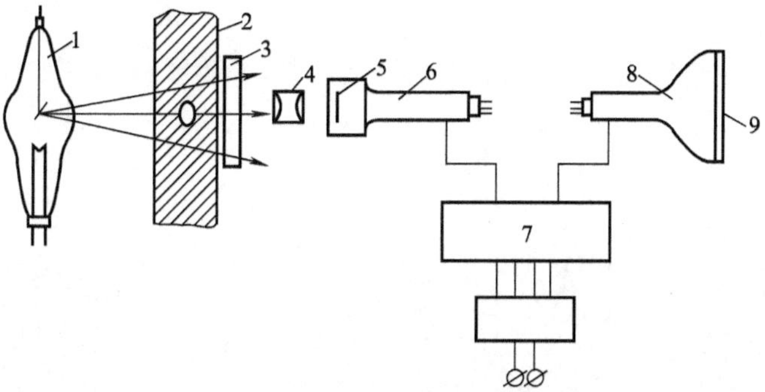

图 8-29　电视观察法

1—X射线管；2—工件；3—荧光屏；4—物镜；5—阴极；6—电视摄像管；7—放大转换器；8—显像管；9—荧光屏

(4) 射线计算机断层扫描技术　计算机断层扫描技术，简称CT (computer tomography)。它是根据物体横断面的一组投影数据，经计算机处理后，得到物体横断面的图像。所以，它是一种由数据到图像的重组技术。

射线源发出扇形束射线，被工件衰减后的射线强度投影数据经接收检测器（300个左右，能覆盖整个扇形扫描区域）被数据采集部采集，并进行从模拟量到数字量的高速A/D转换，形成数字信息。在一次扫描结束后，工作转动一个角度再进行下一次扫描，如此反复下去，即可采集到若干组数据。这些数字信息在高速运算器中进行修正、图像重建处理和暂存，在计算机CPU的统一管理及应用软件支持下，便可获得被检物体某一断面的真实图像，显示于监视器上。

思 考 题

1. 磁力探伤的特点是什么？简述磁力探伤的过程。
2. 零件磁化的方法有哪些？
3. 影响漏磁场强度的因素有哪些？
4. 轴类零件采用哪种磁化方法进行检验？
5. 套筒类零件采用哪种磁化方法进行检验？
6. 板类零件采用哪种磁化方法进行检验？
7. 什么是超声波？超声波探伤的特点是什么？
8. 超声波探伤的有哪些方法？
9. 简述产生超声波的方法。
10. 射线探伤的特点是什么？简述射线探伤的原理。
11. 射线探伤的方法有哪些？

单元九　结构钢常规金相检验

9.1　钢中非金属夹杂物的金相检验

内容详见单元六。

9.2　冷变形金属的金相检验

冷变形钢是指可以在常温下用冲压或拉拔等冷变形的方法，以制成某种机械配件或毛坯的钢材。

9.2.1　冷冲压用钢的金相检验

用于冲制形状复杂、受力不大、表面质量要求高的零件，是深冲冷轧薄板用钢，主要牌号有 08、08F、10 等钢种。用于锅炉、船舶、桥架、高压容器等构件时，常采用 20、16Mn、15MnV、14MnNb 等钢种。

冷变形钢的典型组织即为冷轧薄板的显微组织，其形态为等轴或“饼形”的铁素体晶粒和均匀分布的颗粒状碳化物；而热轧钢板为等轴铁素体和片状或粒状珠光体，但以粒状珠光体更有利于冲压变形（见图 9-1、图 9-2）。

冷变形钢的铁素体晶粒度评级标准是 GB/T 4335—1984《低碳钢冷轧薄板铁素体晶粒度测定法》。该标准适用于含碳量（质量分数）小于 0.2%的低碳冷轧薄板。对于低碳低合金钢薄板亦可参照使用。

图 9-1　08 钢显微组织（500×）

图 9-2　10 钢显微组织（200×）

铁素体晶粒的形态、大小对冲压性能是有影响的。铁素体晶粒呈薄饼时，钢材经受的塑性变形应变值较大，冲压时能阻碍钢板厚度方向的变薄和破裂，故可以提高钢板的冲压性能。铁素体晶粒过细，则冲压变形时易加工硬化，故冲压性能差，使冲模的寿命下降。晶粒粗大的钢板塑性较差，冲压时在变形较大的部位易产生裂纹。当铁素体晶粒大小不均匀时，因大小不同的晶粒具有不同的延伸量，冲压时会由于较大的内应力而产生裂纹，同时使冲压表面显得粗糙不平呈橘皮状。所以在生产中对钢材的晶粒度常作出限制。交货状态的碳素钢薄板和钢带的铁素体晶粒度应符合 GB/T 710—1991 标准规定。

游离渗碳体评定按 GB/T 13299—1991《钢的显微组织评定法》进行。评级图有 0～5 共分为 6 级。根据游离渗碳体的形态又分为 A 系列、B 系列、C 系列。A 系列是根据形成晶界渗碳体网的原则确定的，它以个别铁素体晶粒外围被渗碳体网包围部分的比率作为评定原则。B 系列是根据游离渗碳体颗粒构成单层、双层及多层不同长度链状和颗粒尺寸的增大原则来确定的。C 系列是根据均匀分布的点状渗碳体向不均匀的带状结构过渡原则确定的。交货状态的碳素结构钢薄板及钢带中游离渗碳体允许范围应符合 GB/T 710—1991 的规定。由于游离渗碳体的硬度很高，冲压时几乎不变形，所以低碳钢的冲压性能与游离渗碳体的形状、分布有密切关系。若游离渗碳体呈分散的点状、短链状时，对钢的冲压性能影响不大。若呈长链状或网状分布，则钢的冲压性能极差，网状分布愈完整影响愈严重，甚至造成大量钢材报废。对于不良分布的游离渗碳体可用正火来改善或消除。

低碳钢板经热轧缓慢冷却后常出现铁素体和珠光体相间的带状组织，它使钢板呈现方向性，冲压时呈带状组织偏析分布的片状珠光体较铁素体难以发生塑性变形而致开裂。检验带状组织可按 GB/T 13299—1991 标准进行评级。试样磨面应为纵向，放大倍数为 100×，评定时应选择磨面各视场中最大级别处和标准中相应的级别图比较后评定。GB/T 13299—1991 标准中的带状组织标准评级图由 3 个系列各 6 个级别（0～5 级）组成。A 系列适用于含碳量（质量分数）小于或等于 0.15%钢的带状组织评级。B 系列指定为含碳量（质量分数）在 0.160%～0.30%钢的带状组织评级。C 系列适用于含碳量（质量分数）在 0.31%～0.50%钢的带状组织评级。带状组织可用正火或高温扩散退火及随后的正火方法消除。如果显微组织中无变形的夹杂物（MnS 等），则在消除带状组织后能明显地去除材料的各向异性；反之若变形夹杂物较多，则即使消除了带状组织，对钢材横向性能改善也不大。

铁素体呈针片状平行或交叉分布在珠光体基体上，这种组织称为魏氏组织。因针片状铁素体有分割基体的作用，故降低了钢的冲压性能。但含碳量（质量分数）在 0.15%以下的钢，特别是碳钢不易形成魏氏组织。魏氏组织按 GB/T 13299—1991 标准进行评级。评定时应选择磨面上最严重视场进行评定。评定的标准评级图由 2 个系列 6 个级别（0～5 级）组成。A 系列适用于含碳量（质量分数）为 0.15%～0.30%钢的魏氏组织评级。B 系列适用于含碳量（质量分数）为 0.31%～0.50%钢的魏氏组织评级。魏氏组织可经过适当的正火处理加以消除。

9.2.2 冷拉结构钢的金相检验

冷拉结构钢是用优质碳素结构钢如 08、10 钢和合金结构钢的热轧钢在常温下拉制而成的。冷拉结构钢的主要牌号有 15、25、45、15Mn 钢等。

冷拉结构钢经冷拉变形后其显微组织中铁素体晶粒由原来等轴状改变为沿着变形方向延伸的晶粒，晶界面积也因晶粒的伸长变扁而增大，晶内出现滑移线，当变形量很大时，铁素体晶粒被拉成纤维状，晶界处如有珠光体也被拉成长条状，其中渗碳体不易变形而破碎，这种组织称为冷加工纤维状组织（图 9-3）。

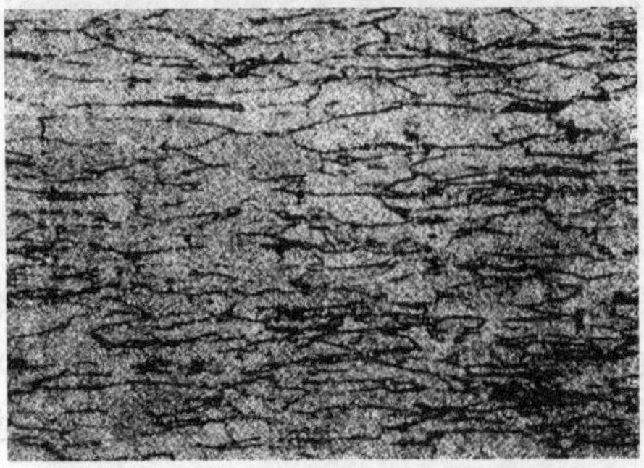

图 9-3 冷加工纤维状组织（200×）

冷拉钢材原始组织具有粗片状珠光体或网状渗碳体时，易形成冷加工纤维状组织。如果将钢的原始组织改变为细珠光体，或使珠光体中的渗碳体球化，则钢材在冷拔时的塑性能力将会大大提高。

① 冷拉结构钢金相检验可按 GB/T 3078—1994 有关规定执行，其中有以下几项：

断口检验按 GB/T 1814—1979《钢材断口检验法》进行检验。

低倍组织和缺陷检验按 GB/T 226—1991《钢的低倍组织及缺陷酸蚀试验法》进行检验。低倍缺陷组织按 GB/T 1979—2001《结构钢低倍组织缺陷评级图》进行评级。

脱碳层的检验可按 GB/T 224—1987《钢材脱碳层深度测定法》进行测定。测定时，在显微镜下观察与脱碳层成垂直的磨面，磨面的边缘不应抛磨成圆角。

非金属夹杂物检验可按 GB/T 10561—1989《钢中非金属夹杂物显微评定法》进行评级，测定时是选择 JK 评级图还是选择 ASTM 评级图，这要看供需双方协议中的规定，然后进行夹杂物的分类，按其形态和大小进行评定。

铁素体晶粒度可按 GB/T 4335—1984《低碳钢冷轧薄板铁素体晶粒度测定法》进行，也可按 YB/T 5148—1993《金属平均晶粒度测定法》进行评定。

带状组织检验可按 GB/T 13299—1991《钢的显微组织评定方法》进行评级。

② 冷变形钢材热处理后的组织和性能。将经过冷变形的钢材加热到低于再结晶温度（约 650℃），保温一定时间并缓慢冷却。这时钢中的内应力基本消除，但显微组织及力学性能无甚变化，仍保留加工硬化现象。

当加热温度升到再结晶温度以上，并保温一定时间，这时钢发生再结晶现象，原先被拉长或压扁的铁素体晶粒变为等轴晶粒，而渗碳体发生球化，此时金属的各种性能恢复到变形前的状况。

再结晶退火一般得到细而均匀的等轴晶粒。但如果加热温度过高或保温时间过长，则再结晶的晶粒又会发生长大且粗化，晶界将会平直，材料的冲击韧性下降。

9.3 低碳低合金钢的金相检验

低碳低合金钢是在含碳量低的碳素钢基础上加入少量的合金元素（一般 $w_{Me}<3\%$）而获得高强度（特别是屈服点 Re_L）、高韧性和良好的可焊性及其他特殊性能的钢种。

9.3.1 低碳低合金钢的分类

9.3.1.1 铁素体和珠光体型钢

09MnV、10MnPNbRE 属于这种类型。这类钢的屈服点为 300～600MPa，大多数在热轧态使用。显微组织中铁素体晶粒大小及分布形态对钢的冲击韧性、脆性转变温度有重大影响。均匀、细小、等轴的铁素体晶粒配合适当的细片状珠光体是最有利的。

9.3.1.2 贝氏体型钢

18MnMoNb 等钢中加入 Mo、B 等合金元素可阻止奥氏体在高温区分解，使之在相当宽的冷却速度下即可得到贝氏体。这类钢一般能在热轧态直接冷却得到贝氏体，故常在热轧态使用。低碳低合金钢中的贝氏体一般存在以下三种类型。

① 粒状贝氏体，在白色块状铁素体基体上分布着很多颗粒状第二相，颗粒分布无规则，外形一般不为圆形，常呈任意状或条状。

② 针状贝氏体，在针状相内存在短杆状碳化物。

③ 上贝氏体，常称羽毛状贝氏体，由相互平行排列的羽毛状铁素体条和在铁素体条之间分布的碳化物构成。

9.3.1.3 马氏体型钢

18MnPRE 钢由于含有合金元素而使淬透性提高，因而淬火后能得到低碳马氏体而使钢强化。

低碳马氏体和羽毛状上贝氏体的金相组织特征见表 9-1。

表 9-1 低碳马氏体和羽毛状上贝氏体的金相组织特征

组织	低碳马氏体	羽毛状上贝氏体
金相显微形貌特征	①由于板条状接近平行的条束组成“领域” ②于奥氏体晶界、晶内均可形核成长 ③先形成的条束较宽，后转变的马氏体条较细 ④马氏体“领域”间以一定角度交叉分布 ⑤马氏体各条束间及“领域”浸蚀深浅不一，有黑白差 ⑥用 4%硝酸酒精浸蚀，色泽较上贝氏体略浅	①羽毛状长大成片 ②常于奥氏体晶界形核成长，一般生长不完全，还有残余奥氏体转变成为马氏体 ③比高温度转变的马氏体片大，浸蚀后色浅，较低温度形成的上贝氏体“羽毛”片窄，色泽较浅 ④各“羽毛片”间呈一定交叉角度 ⑤“羽毛片”内浸蚀后，大致色泽相同，较均匀 ⑥含碳量较高或转变温度较低时形成的贝氏体浸蚀后色略深，更有利于与马氏体的区别

9.3.2 低碳低合金钢的金相检验

钢材断口检验按 GB/T 1814—1979 标准进行。钢的低倍组织及缺陷酸蚀试验和缺陷的分类及评定按 GB/T 226—1991 和 GB/T 1979—2001 标准进行。原材料组织检验：对于铁素体和珠光体型钢，正常组织为等轴铁素体和细片状珠光体。如果热轧后冷速过大会产生贝氏体。原材料中的魏氏组织、带状组织、脱碳层、晶粒度等均按上述有关标准进行评定。

9.4 调质钢的金相检验

调质钢通常是指采用调质处理（淬火＋高温回火）的中碳优质碳素结构钢和合金结构钢，如 40Cr、40MnB、40CrMn、30CrMnSi、38CrMoAlA、40CrNiMoA 和 40CrMnMo 等。调质钢主要用于制造在动态载荷或各种复合应力下工作的零件（如机器中传动轴、连杆、齿轮等）。这类零件要求钢材具有较高的综合力学性能。

9.4.1 调质钢的热处理

9.4.1.1 预先热处理

为了消除和改善前道工序（铸、锻、轧、拨）遗存的组织缺陷和内应力，并为后道工序（淬火、切削、拉拨）做好组织和性能上准备而进行退火或正火工序就是预先热处理。

关于调质钢在切削加工前进行的预先热处理，珠光体钢可在 A_{c3} 以上进行一次正火或退火；合金元素含量高的马氏体钢则先在 A_{c3} 以上进行一次空冷淬火，然后再在 A_{c1} 以下进行高温回火，使其形成回火索氏体。

9.4.1.2 最终热处理

调质钢一般加热温度在 A_{c3} 以上 30～50℃，保温淬火得到马氏体组织。淬火后应进行高温回火获得回火索氏体。回火温度根据调质件的性能要求，一般取 500～600℃之间，具体范围视钢的化学成分和零件的技术条件而定。因为合金元素的加入会减缓马氏体的分解、碳化物的析出和聚集以及残余奥氏体的转变等过程，回火温度将移向更高。

9.4.2 调质钢的金相检验

(1) 原材料组织检验 调质工件在淬火前的理想组织应为细小均匀的铁素体加珠光体，这样才能保证在正常淬火工艺下获得良好的淬火组织——细小的马氏体。

(2) 脱碳层检验 钢材在热加工或热处理时，表面因与炉气作用而形成脱碳层。脱碳层的特征是，表面铁素体量相对心部要多（半脱碳）或表面全部为铁素体（全脱碳），从而使工件淬火后出现铁素体或极细珠光体组织，回火后硬度不足，耐磨性和疲劳强度下降。因此调质工件淬火后不允许有超过加工余量的脱碳层。试样的磨面必须垂直脱碳面，边缘保持完整，不应有倒角。试样的浸蚀剂用4%硝酸酒精即可。脱碳层的具体测量方法可按GB/T 224—2008标准进行。

(3) 锻造的过热和过烧检验 锻造加热时，不仅奥氏体晶粒粗大，而且有些夹杂物发生溶解而在锻后冷却时沿奥氏体晶界重新析出。一般过热时，仅出现粗大的奥氏体晶粒并产生魏氏组织。在一些低合金钢中还会出现粗大的贝氏体或马氏体组织。由于过热锻件晶粒粗大，使得塑性和韧性下降，容易造成脆断。

当钢加热到更高温度，接近液相线时，会出现过烧现象。过烧特征是钢的粗大晶界被氧化和熔化，锻造时将产生沿晶裂纹，在锻件表面出现龟裂状裂纹。

(4) 调质钢的淬火回火组织 调质钢正常淬火组织为板条状马氏体和针片状马氏体。当含碳量较低时，如30CrMo等，形态特征趋向于低碳马氏体。当含碳量较高，如60Si2，50CrV等，形态特征趋向于高碳马氏体。

如果淬火加热温度过低，或保温不足，奥氏体未均匀化，或淬火前预先热处理不当，未使原始组织变得细匀一致，导致工件淬火后的组织为马氏体和未溶的铁素体，后者即使回火也不能消除（见图9-4)。

如果淬火加热温度正常，且保温时间足够，但冷却速度不够，以致不能淬透，结果沿工件截面各部位将得到不同的组织，即从表层至中心依次出现马氏体、马氏体和极细珠光体、极细珠光体和铁素体等组织。甚至表层也不能得到全马氏体组织。

当工件淬火温度正常，保温时间足够，且冷却速度也较大，过冷奥氏体在淬火过程中未发生分解，那么淬火后得到的组织应是板条状马氏体和针片状马氏体。在随后的高温回火过程中，马氏体中析出碳化物，最终得到的是均匀且弥散分布的回火索氏体（图9-5)。

图9-4 低碳马氏体和网状铁素体（500×）

图9-5 45钢调质处理之回火索氏体（500×）

9.5 贝氏体钢的金相检验

中低碳结构钢适当合金化后可显著延迟珠光体转变，突出贝氏体转变，使钢在奥氏体化后在较大的连续冷却范围内可以得到贝氏体为主的组织，称为贝氏体钢。为延迟钢的珠光体转变（包括先共析铁素体转变），最有效的办法是添加某些合金元素如 B、Mo、Mn、W 和 Cr，其中 B 和 Mo 在延迟珠光体转变同时能促使形成贝氏体组织。

贝氏体钢主要有 10CrMnBA、10CrMnMoBA、10Cr2Mn2MoBA、18Mn2CrMoBA 和 55SiMnMo 等。

贝氏体钢金相试样制备和低碳低合金钢相同，常用的浸蚀剂也是 4%硝酸酒精，供应状态的贝氏体钢组织是粒状珠光体。但最终热处理状态通常是炉冷、空冷或模冷。其组织以下贝氏体为主，但随冷却速度不同，也可能出现板条状马氏体和无碳贝氏体。

无碳贝氏体是中碳贝氏体钢 55SiMnMo 正火态的主要组织。铁素体和富碳奥氏体组成条片相间的贝氏体组织，在相内和相间均无碳化物析出，经测定此种无碳贝氏体中奥氏体相的体积分数约占 30%，奥氏体的含碳量（质量分数）可达 1.5%。

为了显示无碳贝氏体中的奥氏体，可采用染色法。染色剂为：亚硫酸钠 2g，冰醋酸 2mL，水 50mL。先用硝酸酒精浸蚀使得组织清晰，再浸入染色剂中 1～2min。染色后的奥氏体为天蓝色；而铁素体呈棕色。无碳贝氏体具有良好的抗疲劳冲击力，回火分解温度为 400℃。

9.6 弹簧钢的金相检验

弹簧钢是用于制造各种弹性元件的专用结构钢，它具有弹性极限高、足够的韧性、塑性和较高的疲劳强度。弹簧钢含碳量比调质钢高，其中碳素弹簧钢的含碳量（质量分数）约为 0.60%～1.05%；合金弹簧钢的含碳量（质量分数）为 0.40%～0.74%。弹簧钢中加入合金元素主要为硅和锰，目的是提高淬透性。要求较高的弹簧钢，还需要加入铬、钒或钨等元素。

9.6.1 弹簧钢的热处理

① 淬火加中温回火处理。用这种处理方法的多数为热轧材料以热成形方法制作的弹簧，或者用冷拉退火钢丝以冷卷成形的弹簧。中温回火后的组织为回火托氏体，此弹簧有很高的弹性极限与屈服强度，同时又有足够的韧性和塑性。

② 低温去应力回火。应用这一处理方法的主要是一些用冷拉弹簧钢丝或油淬回火钢丝冷盘成形的弹簧。

钢丝成材过程的强化处理也有两种方法。一种是冷拉后的淬火回火处理，其组织为回火托氏体。另一种为“铅淬”冷拔，即将热轧盘条加热到奥氏体状态，然后在 450～550℃的熔化铅液中做等温处理，得到冷拉性能很好的回火索氏体，最后通过一系列的冷拔，得到一定规格尺寸与强度的钢丝。这种钢丝组织为纤维状的形变回火索氏体。

9.6.2 弹簧钢的金相检验

（1）石墨碳与非金属夹杂物检验　检查石墨碳及非金属夹杂物时，试样取样部位一般都在材料端部，也可按照双方协议的规定。其检查方法及评级可分别按 GB/T 10561—2005 和 GB/T 13302—1991 标准进行评定。石墨碳及非金属夹杂物是弹簧钢的内部缺陷。

（2）表面脱碳层检验　在弹簧钢各种材料标准中对表面脱碳均有明确的规定，一般脱碳深度根据材料的厚度或直径的百分数而定，而且冷拉材料要比热轧材料严格，如公称直径≤8mm 的热轧圆钢，其规定总脱碳层不大于直径的 2.5%，而同规格的冷拉钢则为不大于 2%。

检查材料表面脱碳时，试样的切取部位均在材料两端或其中任意一端，如为弹簧成品或半成品，一般可在任意部位取。脱碳层检验标准为 GB/T 224—2008。

（3）显微组织检验　经过退火处理，热轧弹簧钢其组织是珠光体或珠光体和网状铁素体。规格较大的冷拉弹簧钢一般经过球化退火处理，组织为球状珠光体。冷拉碳素弹簧钢丝（包括冷拉的 65Mn 弹簧钢丝），因冷拉前经过极细珠光体转变（俗称铅淬）处理，所以冷拉后组织呈纤维状的极细珠光体。油淬火回火钢丝的组织为回火托氏体。图 9-6、图 9-7 分别为油淬火回火钢丝组织和冷拉铅浴处理钢丝组织。

用热轧弹簧钢制作弹簧时，由于采用热成形方法，然后需进行淬火、回火处理，故原材料的组织检验可以省略。冷拉退火钢丝用冷盘法加工弹簧，则要检验原材料组织的球化程度。若球化不良，则材料要重新球化退火。检查“铅淬”冷拉钢丝组织时，磨面应取纵向，其他试样磨面可以取任意方向。

图 9-6　65Mn 弹簧钢回火托氏体组织（500×）

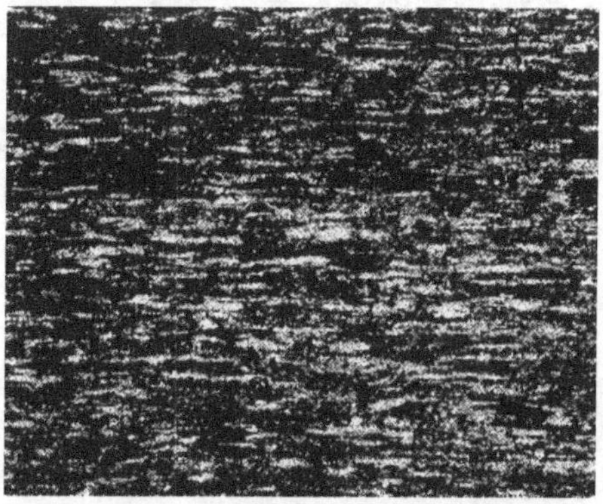

图 9-7　50CrV 弹簧钢冷拉铅浴处理形变索氏体组织（500×）

对于用碳素弹簧钢和合金弹簧钢制作的内燃机气门弹簧，在检验组织及缺陷时，应按 GB/T 2785—1988《内燃机气门弹簧技术条件》进行。对于汽车钢板弹簧的金相检验，则按照 JB 3782—1984《汽车钢板弹簧金相检验标准》进行。金相试样应在钢板全长的 1/4 处截取，且截面距钢板一端距离不得小于 50mm。在检查带状组织时，金相磨面应取钢板的纵向截面。

9.7　轴承钢的金相检验

滚动轴承对轴承钢的性能要求比较高，各类轴承钢对冶金质量的要求比一般工业用钢更严格，质量检测项目比较多。其中纯洁度和均匀性是各类轴承钢对冶金质量要求的两大基本特征。

轴承钢的纯洁度是指：严格控制杂质和有害成分。例如硫、磷含量较一般钢材为低；钢中非金属夹杂物必须作为冶金质量控制的重点，钢中气体含量应尽可能低。

轴承钢的均匀性是指：化学成分均匀一致，尽可能降低成分偏析。尽可能减少钢中碳化物的不均匀性，包括碳化物带状、网状、液析。大颗粒碳化物是一种脆性相，它的危害性与脆性夹杂物相似，易形成疲劳源，使钢的使用寿命下降。碳化物的不均匀性会增加钢的局部过热和硬度不均匀性。所以各类轴承钢标准比其他钢类更强调碳化物的均匀度。

此外，轴承钢材表面不得有裂纹、折叠、拉裂、结痕、夹碴及其他有害的缺陷。低倍酸蚀检验，不得有缩孔、疏松、白点、气泡、裂纹和粗大的非金属夹杂物。

9.7.1 铬轴承钢

铬轴承钢退火态主要检验材料表面的脱碳层和球化退火组织的评定。图 9-8 为 GCr15 钢球化退火组织。

铬轴承钢淬火回火态试样主要用于检验原材料的非金属夹杂物、碳化物网状、带状、液析和轴承零件的淬火回火组织。试样磨面应取纵向或轧制方向，在直径的 3/4 处的纵向剖面。图 9-9 为 GCr15 钢正常淬火回火后的组织。

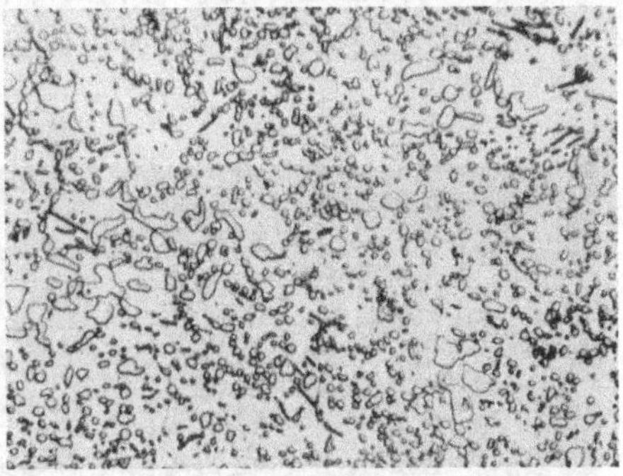

图 9-8　GCr15 钢球化退火组织

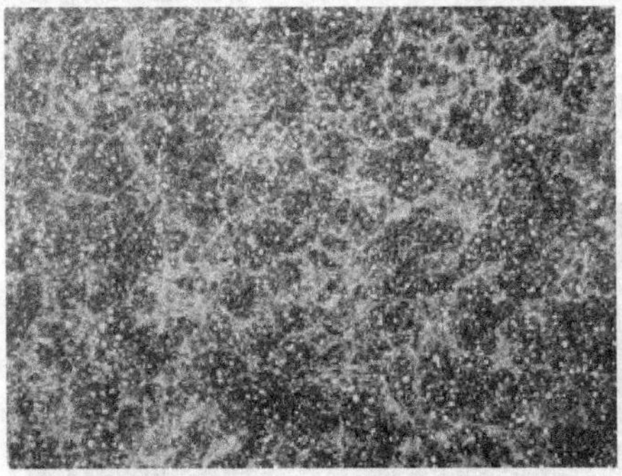

图 9-9　GCr15 钢正常淬火回火后的组织

未浸蚀试样检验非金属夹杂物，按相关的标准进行分类和评级。试样经 4%硝酸酒精溶液浸蚀后，检验碳化物是否存在网状、带状、液析等组织。

9.7.2 渗碳轴承钢

主要检验项目有钢中非金属夹杂物和碳化物带状评级等。其制样和检验方法与铬轴承钢基本相同，仍采用比较法即与标准图片对比评定。

渗碳轴承钢制滚动轴承零件半成品和成品的金相组织检验，检验项目包括表面渗碳后粗大碳化物的评级、高温回火后渗碳层显微组织评级、渗碳淬火回火后表层显微组织评级、心部组织评级和渗碳层网状碳化物评级及有效硬化层深度的测定等。两个标准分别针对一般中小型渗碳零件金相检验和特大型深层渗碳零件的金相检验。

滚动轴承零件渗碳淬火或二次淬火、回火后的表层组织应根据马氏体的粗细程度和残留奥氏体的数量来评定，心部组织应为板条状马氏体和贝氏体，并允许少量铁素体存在。

9.7.3 特殊用途的轴承钢

(1) 不锈轴承钢　不锈轴承钢主要用于制造化学工业、食品工业等腐蚀环境下和低温下工作的轴承零件，其材料主要采用高碳铬马氏体不锈钢，以 9Cr18 和 9Cr18Mo 为代表。有时也选用奥氏体不锈钢和沉淀硬化不锈钢等。

9Cr18 钢的热处理工艺分为原材料球化退火处理和淬火、回火处理。球化退火处理后的组织应为均匀分布的细粒状珠光体，允许存在分散的一次碳化物。但若发现碳化物沿孪晶界析出，则判为不合格。

9Cr18 钢属高碳高合金钢，铸态中存在大量共晶碳化物，经过适当的热加工后要检验共晶碳化物的破碎程度及分布状况，取钢材直径的 1/2 半径处的纵向磨面来评定碳化物的不均匀度。评级的原则根据碳化物分布的两种基本形式考虑。当碳化物以带状形式分布时，评级依据是带的宽度、碳化物的密集程度、碳化物的堆积程度。当碳化物以网状形式分布时，评级原则是碳化物网的变形和破碎程度、网的粗细程度、网的堆积程度。

高碳铬不锈钢滚动轴承零件经淬火、回火后的组织应为回火马氏体加块状、粒状碳化物和少量残留奥氏体。

(2) 高温轴承钢　高温轴承钢一般用在长期服役于 315℃左右，最高温度达 425℃的耐高温轴承零件，其材料主要选用高速钢和高铬马氏体不锈钢，也可采用耐高温的渗碳钢。该类钢经淬火、回火后的组织为细针状马氏体加碳化物和少量残留奥氏体。

(3) 耐冲击中碳合金轴承钢　耐冲击轴承可选用渗碳轴承钢或选用耐冲击工具钢和中碳合金钢，这类钢淬火、回火后具有高的屈服强度、弹性极限和耐磨性，且有良好的抗疲劳和多冲击性能。

这类钢经淬火、回火后的组织由隐针、细针状马氏体、少量残留奥氏体和碳化物组成。

如果选用渗碳轴承钢，经表面渗碳、淬回火后的组织由隐针或针状马氏体、少量残留奥氏体及碳化物组成。

思考题

1. 片状珠光体的粗细用什么来衡量？
2. 简要叙述上、下贝氏体、粒状贝氏体的形貌。
3. 板条状马氏体和针状马氏体在形态上有何区别？
4. 调质处理的目的是什么？
5. 铁素体和网状渗碳体如何区分？
6. 铁素体和残余奥氏体如何区分？
7. 马氏体和下贝氏体如何区分？
8. 什么叫合金钢？
9. 钢中加入合金元素的目的是什么？
10. 常用的低合金调质钢有哪几类？
11. 40Cr 钢退火后应得到什么组织？淬火后应得到什么组织？淬火加高温回火后应得到什么组织？
12. 常用弹簧钢有哪几类？
13. 60Si2Mn 钢退火后、淬火后、淬火加中温回火后的金相组织分别是什么？
14. 什么是轴承钢的纯洁度和均匀性？
15. 轴承钢中碳化物对性能的影响是什么？
16. 常用的轴承钢有哪几类？

单元十　工具钢的金相检验

10.1　碳素工具钢的金相检验

10.1.1　显微组织特点

原材料组织：大多为锻造加工后的退火状态的过共析钢组织——由片状珠光体和网状渗碳体所组成。为了淬火、回火后获得细马氏体和颗粒状渗碳体，必须进行预先处理，消除网状渗碳体及使片状渗碳体趋于球化，即进行球化退火。

球化退火后的组织为球状或球状与片状混合的珠光体，硬度应为187～217HBW，便于切削加工，并为淬火做好组织准备。

10.1.2　不正常的退火组织

（1）网状碳化物　碳素工具钢在热加工后的冷却过程中，二次碳化物沿晶粒边界析出而成网络状，称为网状碳化物，见图10-1，亦为碳素工具钢检验项目之一。

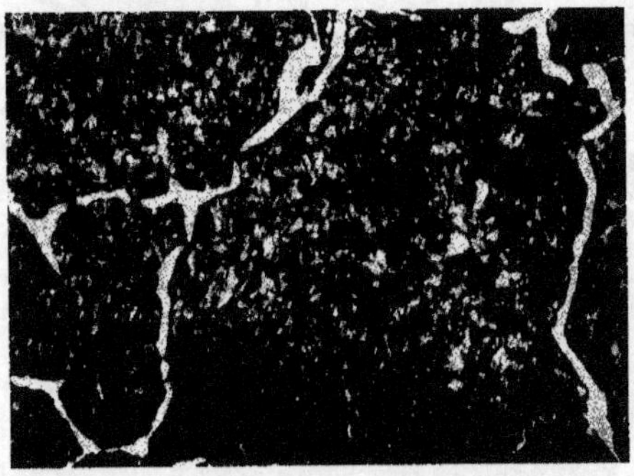

图10-1　碳素工具钢网状碳化物（500×）

（2）脱碳层　脱碳层是指钢材热加工时，由于表面与炉气的氧化反应，失去部分或全部的碳量，造成钢材表面碳量降低的区域。脱碳层分为全脱碳层和部分脱碳层。全脱碳层全部为铁素体组织，其深度由试样的边缘至最初出现有珠光体或其他组织的部分为止。部分脱碳层深度由全脱碳层终端至心部组织出现处为止。脱碳层的总厚度，等于全脱碳层和部分脱碳层厚度之和。如果脱碳情况不严重，则可能没有全脱碳部分。

（3）石墨碳　游离石墨碳是碳素工具钢容易产生的一种缺陷。钢材退火温度过高、长时间保温和缓慢冷却，或者是多次退火，都可能使钢中的碳以石墨形式析出。

产生石墨碳的钢材，可从金相组织上观察到石墨的形状及分布情况，其形态多为呈灰黑色的点状或不规则形状，见图10-2。试样在磨制抛光时，石墨碳容易脱落。石墨碳周围由于贫碳，铁素体数量较多，珠光体相应减少，故可与制样过程中造成的凹坑加以区别。

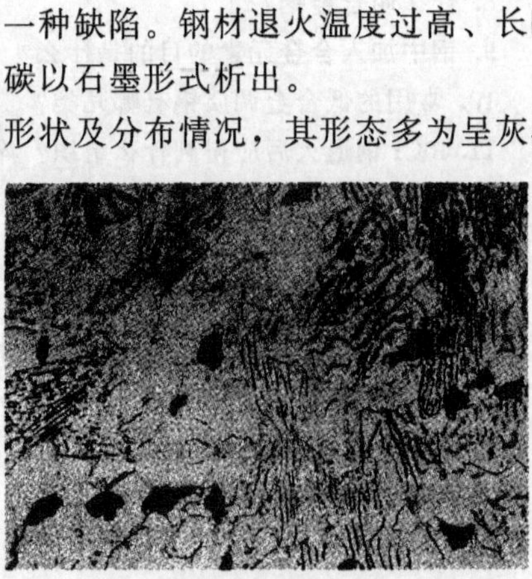

图10-2　碳素工具钢石墨碳组织（500×）

石墨碳使钢材的强度降低，脆性增加，易产生崩折现象，所以钢材中不允许有石墨碳存在。

10.1.3　不正常的淬火组织

（1）欠热组织

淬火温度偏低或保温时间不足，均会出现淬火不足的缺陷，从显微组织形态来看，会出现未转变的细珠光体或极细珠光体，上述组织经常与马氏体、渗碳体混合存在。出现这种组织，会造成硬度偏低，直接影响刀具的耐磨性，大大降低刀具的寿命，具体表现为刀刃变钝，切削性能降低。如发生这种情况，可以进行重新淬火，适当提高淬火温度，以重新获得正常淬火组织。

（2）过热和过烧组织

当淬火温度过高时便产生过热组织。其显微组织表现为马氏体针叶粗大、残留奥氏体增多、渗碳体颗粒减少。过热严重时则为过烧；除马氏体非常粗大外，还会有晶界烧熔现象，产生奥氏体的高温产物。

过热和过烧组织一出现，将显著降低刀具的耐磨性、切削性和寿命，有时也会产生崩刃、断裂等破坏性事故。所以要严格控制碳素工具钢的显微组织，力求获得细小针状马氏体和弥散分布的渗碳体以及回火充分的显微组织，使组织应力尽量降低，使之既能耐磨，又有足够的韧性。

10.2 合金工具钢的金相检验

10.2.1 合金工具钢的退火组织及其评定

合金工具钢退火状态的金相检验项目、目的、方法等许多方面与碳素工具钢相同，以下仅叙述其不同之处。

（1）珠光体　由于合金元素细化了钢的组织，因此合金工具钢的球状珠光体或片状珠光体均比碳素工具钢细小。在退火状态下，一般可以由珠光体的粗细来判别材料是碳素工具钢还是合金工具钢。珠光体级别同样是根据球状珠光体与片状珠光体的比例来判定。

（2）网状碳化物　合金工具钢碳化物颗粒及碳化物网的粗细均比碳素工具钢细小，但评级的方法与碳素工具钢基本相同。

一般钢材截面小于60mm者，允许有破碎的半网存在，但不允许有封闭的网状碳化物存在，因为网状碳化物具有较大的脆性，容易造成刀具的崩刃。

（3）脱碳层　合金工具钢退火状态脱碳层组织与碳素工具钢相同，主要是观察珠光体的变化情况，脱碳严重时亦出现铁素体组织。

（4）共晶碳化物不均匀度　合金工具钢中的高碳高铬钢（Cr12MoV、Cr12钢）属于莱氏体钢，铸造状态有共晶网状碳化物组织。经锻轧等热压力加工后可使部分网状组织破碎。由于热压力加工程度的不同，可出现各种分布的碳化物。如热压力加工变形量大，碳化物呈堆集的带状；如热压力加工变形量小，则碳化物呈较完整的网状。钢中的这种碳化物不均匀分布即为碳化物不均匀度。严重时，将造成工模具在锻造或热处理时的开裂、过热及变形，并使工模具在使用过程中易出现崩裂等缺陷，为此必须检查和控制碳化物不均匀度。

碳化物不均匀度检验的取样方法：从钢材离端部50mm处截取厚度为10～12mm的横向试片，然后在圆试样直径上或方试样对角线的1/4处取样，再纵向进行检验。

试样可经正常淬火、回火后进行磨制，4%HNO_3酒精溶液深浸蚀，在100×下观察。合格级别可按标准或使用要求确定。

10.2.2 合金工具钢的淬火组织及其评定

合金工具钢由于淬火临界速度较小，所以钢的淬透性也较好，即使以缓慢的速度冷却

（如油冷），也能获得马氏体组织。马氏体多呈丛集状，不如碳素工具钢的马氏体针叶那样清晰。马氏体针叶长度与级别的评定方法与碳素工具钢相同。

10.2.3 合金工具钢的回火组织及其评定

回火后的组织为回火马氏体及细小颗粒状碳化物。对于合金量具钢，由于技术条件对使用性能的特殊要求，因此热处理要进行冷处理和低温人工时效处理。冷处理可以增加尺寸稳定性，减少量具的残留奥氏体数量。再进行低温人工时效，使马氏体正方度降低，残留奥氏体稳定及充分消除应力，使量具尺寸稳定。经上述处理后量具的组织组成物与淬火、回火后组织相似，仅残留奥氏体的体积百分数会显著减少。

10.3 模具钢的金相检验

10.3.1 冷作模具钢

(1) 莱氏体钢　以 Cr12、Cr12MoV 等钢种为代表。金相检验项目如下。

① 共晶碳化物不均匀度　按相应技术条件进行评定。

② 珠光体球化　按相应技术条件进行评定。

③ 二次碳化物网　按相应技术条件进行，一般模坯碳化物网应≤2 级。

④ 淬火组织及晶粒度　按相应技术条件进行评定。

(2) 基体钢　以 65Cr4W3Mo2VNb（65Nb）、5Cr4Mo3SiMnVAl（012Al）等钢种为代表。金相检验项目如下。

① 脱碳层测定　模坯脱碳层深度不允许超过加工余量，模具热处理后不允许有明显脱碳。

a. 退火脱碳。这类钢的脱碳组织表现为碳化物球由基体向外逐渐减少，而碳化物形态无明显改变。因此基体组织呈球状或点状珠光体。部分脱碳时有两个特征：一是碳化物球逐步均匀减少；二是低密度碳化物球的颗粒数逐步增多。全脱碳区为铁素体。

b. 淬火回火脱碳。基体钢的脱碳与低合金工具钢的脱碳相似。淬火组织可见交叉分布的针状马氏体，表层马氏体针比心部长，浸蚀后色泽略浅，低温回火后也具有较浅色泽，因此在制备金相试样时应注意把表面组织完全显示出来。脱碳程度较大时，如含碳量的质量分数约为 0.4%时，将出现板条马氏体，表面色泽较深，回火后也是色泽较深。金相分析时要分辨假象，500 倍下必须观察到成排分布的低碳板条马氏体。严重脱碳的淬火组织，会出现铁素体网，制备试样应能显示出铁素体晶界为准。

② 碳化物带状偏析　检查时取纵向试样，经淬火回火，试样需深浸蚀，在 100 和 500 放大倍数下根据碳化物聚集程度、大小和形状评定其级别。

基体钢的碳化物多呈点状，淬火加热时碳化物带内基体含碳及合金量较高，淬火后形成以隐针孪晶马氏体为主的组织，经高温回火后，该区仍显回火不足，呈白色，剩余碳化物是黑色点状，碳化物两偏析带之间是低合金低碳区，高温回火后转变为回火马氏体、回火托氏体，甚至是回火索氏体，黑白相间的条带是由带状偏析所致，淬火组织和回火组织不均匀也是模具淬火开裂和早期失效的原因。

③ 二次碳化物网　网状碳化物形成原因主要是，停锻温度较高；冷却又较慢；球化退火前需经正火消除残留网状。一般网状碳化物所包围的晶粒也比较粗大，这种晶粒相当于在

停锻温度时的奥氏体晶粒。过热球化也可以形成碳化物网，显微组织中可观察到网状二次碳化物、粗粒和粗片珠光体。另外在高温加热风淬或高温分级淬火也可能形成碳化物网，显微组织要用高锰酸钾或赤血盐溶液热染，因为它是纤细而封闭的网络。

④ 共晶碳化物　可参照高铬钢或高速钢的办法进行制样和评定。

⑤ 回火程度　制备试样时必须注意，不要在磨抛时发热。用95%含水酒精试剂，硝酸浓度为4%的浸蚀剂，使用温度15～25℃，侵蚀时间为2min。试样浸蚀面观察到灰黄色不均匀者为回火不足。因为回火不足容易误判，可将同一块试样再切下一块，再补充回火一次，与前一试样在同等条件下浸蚀对比观察效果较好。

10.3.2　热作模具钢

（1）高韧性热锻模具钢　钢种有5CrMnMo、5CrNiMo、4Cr5MoSiV（H11）。

① 原材料带状组织　按技术条件验收。

② 碳化物偏析带　主要针对H11钢，按技术条件验收。

③ 热处理组织　回火托氏体和回火索氏体的模具，应注意组织不均匀和回火不均匀，出现上贝氏体时，说明有过热现象，回火马氏体、回火托氏体和少量碳化物的模具，应注意碳化物偏析引起的组织不均匀现象。

④ 碳化物网　主要针对H11钢，按技术条件验收。

⑤ 球化质量　主要针对H11钢，按技术条件检验。

（2）强韧兼备的热作模具钢和高热强钢　钢种有4Cr5MoSiV1（HB）、4Cr3Mo3VNb（HM3）和3Cr2W8V、4Cr5Mo2MnVSi（Y10）等。

① 共晶碳化物不均匀性　如果共晶碳化物数量多并集聚成链或带，将会造成严重危害。因此应采用《铬轴承钢技术条件》中有关碳化物液析的评定标准及相应的技术条件进行检验。

② 球化质量　按相应的技术条件检验。

③ 碳化物网　要求模坯碳化物网≤2级。

④ 碳化物偏析带　按相应的技术条件检验。

⑤ 热处理组织　采用回火马氏体、回火托氏体、剩余碳化物和共晶碳化物的模具，应注意有无晶界碳化物网。共晶碳化物若呈带状或有碳化物偏析带，将使淬火回火组织不均匀。一般能在1000倍放大倍数下分辨出回火马氏体、回火托氏体和回火索氏体。3Cr2W8V钢在回火后有时会出现宽晶界，应注意与二次网状碳化物的区别，具有宽晶界组织的模具脆性倾向大。

10.4　高速工具钢的金相检验

10.4.1　退火状态

（1）共晶碳化物不均匀度　标准级别图分带状及网状两个系列，带状越宽、网状越完整则级别越高。钨钼系的碳化物网较为细小，但评级原则相同。

检查共晶碳化物不均匀的试样，应在钢材直径的1/4处，取厚度10～12mm的横向试片，再取扇形试样。经金相磨抛浸蚀，不同牌号的高速钢应按标准中的热处理制度淬火，并在680～700℃回火1～2h。

（2）脱碳层　总脱碳层指铁素体＋过渡层的总深度，剥皮及银亮钢材不允许有脱碳。

10.4.2　淬火回火状态

淬火后金相检验项目按专业标准进行评定。检验项目见表 10-1，可作为工艺检验参考指标。

表 10-1　淬火后检验项目及合格级别

产品		淬火晶粒度		过热程度合格级别	回火程度合格级别
名称	规格/mm	W-Mo 系	W 系		
直柄钻头	≤φ3 ＞φ3～20	10.5～12 9.5～11	10～11.5 9.0～10.5	≤1 ≤2	≤2
中心钻		10～11.5	9.5～11	≤1	
锥柄钻头	≤φ30 ＞φ30	9.5～11 9.0～10.5	9.0～10.5 8.5～10	≤2	
切口及锯片铣刀	厚≤1 厚＞1	10～11.5	9.5～11	≤1 ≤2	
铣、铰刀		9.5～11	9.0～10.5	≤2	
车刀	≤16×16 ＞16×16	8.5～10.5	8～10	≤2 ≤3	
齿轮刀具		9.5～11	9.0～10.5	≤2	
螺纹刀具		9.5～11.5	9.5～11	≤1	
拉刀		9.5～11	9.0～10.5	≤1	

（1）淬火晶粒度　淬火晶粒度的晶粒号数与一般晶粒的平均直径的关系见表 10-2。

表 10-2　晶粒度与晶粒平均直径的总数

晶粒度	一般晶粒的平均直径/μm	晶粒度	一般晶粒的平均直径/μm
8.0	10～12.0	10.0	＞4～5
8.5	＞8～10	10.5	＞3～4
9.0	＞6～8	11.0	＞2～3
9.5	＞5～6	12.0	＞1～2

（2）过热组织　部分碳化物变形、呈棱角状；部分碳化物拖尾；部分碳化物呈线段状；部分碳化物呈半网状；部分碳化物呈明显网状。各级过热组织的特征见表 10-3。

表 10-3　过热组织特征

级别	组织特征	级别	组织特征
1	部分碳化物变形、呈棱角状	4	部分碳化物呈半网状
2	部分碳化物拖尾	5	部分碳化物呈明显网状
3	部分碳化物呈线段状		

（3）回火金相组织　回火充分时，整个视场呈黑色回火马氏体。一般回火程度时，个别区域或碳化物堆集处有白色区域。回火不足时，较大部分白色区存在，可见淬火晶粒。回火程度分级的组织特征见表 10-4。

表 10-4 各级回火组织特征

级 别	回火程度	组织特征
1	充分	整个视场呈黑色回火马氏体
2	一般	个别区域或碳化物堆集处有白色区域
3	不足	较大部分白色区存在,可见淬火晶粒

思 考 题

1. 碳素工具钢不正常的退火组织和淬火组织是什么?
2. Cr12 型冷作模具钢金相检验内容是什么?
3. 高韧性热锻模钢金相检验内容是什么?
4. 高速工具钢金相检验内容是什么?

单元十一 特殊钢常规金相分析

11.1 不锈钢的金相检验

11.1.1 不锈钢金相检验试样制备与浸蚀

(1) 不锈钢金相检验试样制备　不锈钢（以及耐热钢）的金相试样的制备和一般的高合金钢基本相同。其中奥氏体型不锈钢基体组织较软，韧性较高和易加工硬化，试样制备的难度较大，易产生机械滑移和扰乱金属层等组织假象而影响正常的金相组织分析和检验。

奥氏体-马氏体钢如制样不当，奥氏体会转变为马氏体。因此，试样的制备应以不引起组织变化为前提，磨制试样应仔细，在进行砂轮磨平时，不要使试样产生高热。砂纸磨光时，用力不宜过大，尽量采用新砂纸，以减少磨制时间。在进行机械抛光时，应采用长毛绒织物和磨削能力大的金刚石研磨膏，抛光时间不宜过长，施加压力不宜过大。

不锈钢（耐热钢）的理想抛光方法是电解抛光，这样可以得到高质量的试样而避免产生假象组织。

常用的电解抛光：

① (60%) 高氯酸 200mL；酒精 800mL，电压 35～80V，时间 15～60s；

② 铬酸 600mL；水 830mL，电压 1.5～9V，时间 1～5min。

(2) 不锈钢金相试样的浸蚀　不锈钢具有较高的耐腐蚀性能，所以显示其显微组织的浸蚀剂必须有强烈的浸蚀性，才能使组织清晰地显示。浸蚀剂在使用过程中应注意安全，防止发生烧伤及爆炸等事故。应根据钢的成分和热处理状态来选择合适的浸蚀剂。

常用的浸蚀剂：

① 氯化铁 5g，盐酸 50mL，水 100mL；

② 盐酸 10mL，硝酸 10mL，酒精 100mL；

③ 苦味酸 4g，盐酸 5mL，酒精 100mL。

此外，不锈钢中可能还会同时出现铁素体、奥氏体、碳化物、δ铁素体、σ相等，可以通过化学或电解浸蚀等方法予以区别。在形态上奥氏体有孪晶组织，铁素体常呈带状或枝晶状；用赤血盐氢氧化钾溶液浸蚀后铁素体呈玫瑰色，奥氏体呈光亮色；氢氧化钾水溶液电解后，铁素体呈灰色，奥氏体呈白色；用碱性高锰酸钾浸蚀后，碳化物为浅棕色，σ相为橘红色。

11.1.2 各类不锈钢的热处理及其金相组织

(1) 铁素体不锈钢　这类钢经 900℃保温并空冷后的显微组织为：铁素体及沿轧制方向分布的碳化物；经 1200℃加热并水淬后的显微组织为δ铁素体＋低碳马氏体。一般含碳量低、含铬量偏高时（如 00Cr27Mo 钢），钢的显微组织为铁素体，见图 11-1。故不能通过相变热处理来改善钢的性能。若含碳量较高、含铬量处于下限时（如 1Cr17 钢），钢中会出现珠光体组织，故淬火后会出现低碳马氏体。钼、钛等元素加入铁素体不锈钢中不改变其铁素体组织，但会生成 MoC、Mo_3C、TiC 等碳化物，经淬火后固溶于铁素体中，强化钢的性能和抗蚀能力。

铁素体不锈钢在 400～550℃温度范围内长时间加热会显著降低钢的耐蚀性，并出现脆化，即所谓 475℃脆性。研究表明，这是富铬铁素体内相变的结果。铁素体不锈钢在 600～800℃温度范围内长时间加热，则会因为析出 σ 相而降低钢的塑性和韧性。

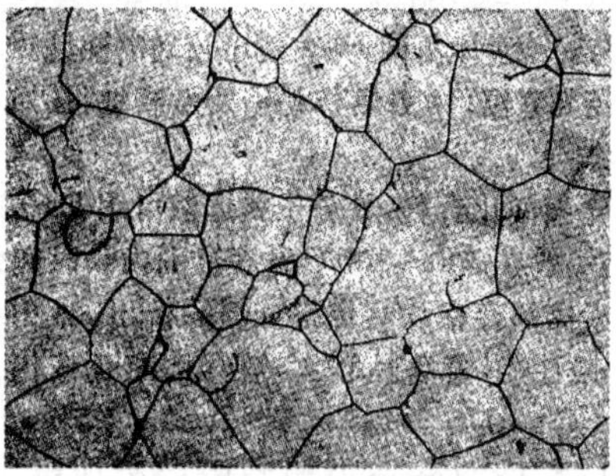

图 11-1 Cr17 钢的淬火组织（340×）

（2）马氏体不锈钢 马氏体不锈钢最常见的是 Cr13 型不锈钢，属于该合金系列的牌号有 1Cr13、2Cr13、3Cr13、4Cr13，此外还有一个牌号 9Cr18 的合金。高的含铬量使钢具有良好的抗氧化性和耐腐蚀性能，铬大部分固溶在铁素体中，提高了钢的强度，同时在钢的表面形成了致密的耐蚀氧化膜。碳的作用是使钢热处理后强化，含碳量越高，钢的硬度和强度也越高。但 C 和 Cr 易形成碳化物 $Cr_{23}C_6$，降低钢的耐蚀性。

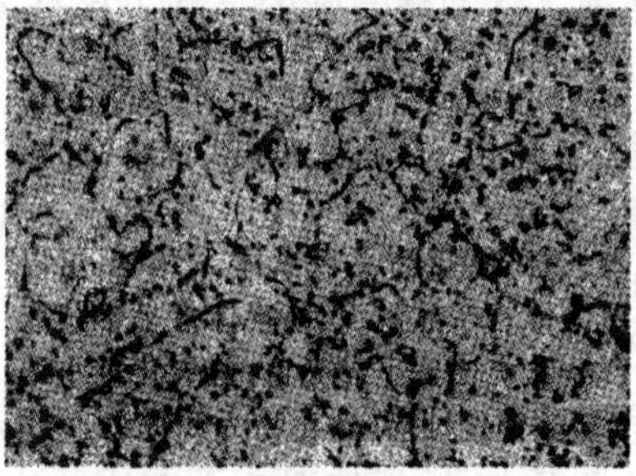

图 11-2 Cr13 型钢退火组织（500×）

马氏体不锈钢退火后的组织为铁素体与碳化物，碳化物常沿铁素体晶界呈网状分布，见图 11-2，使得钢的强度和耐蚀性都很差，因此要经过调质处理。

Cr13 型钢在 850℃以上温度加热时，即进入奥氏体相区，碳化物 $Cr_{23}C_6$ 完全溶解的温度是 1050℃；而当温度高于 1150℃时，钢中将出现 δ 铁素体。因此 1Cr13、2Cr13 钢的淬火温度为 1000～1050℃，淬火后，1Cr13 钢的组织为马氏体＋少量 δ 铁素体，2Cr13 钢的淬火组织为针状马氏体。

3Cr13、4Cr13 钢由于含碳量较高，钢中的碳化物较多，加热时可以阻止奥氏体晶粒长大，所以其淬火温度可以提高至 1050～1100℃，使钢中的碳化物更多地溶入奥氏体中。淬火后的组织为马氏体＋碳化物＋少量残留奥氏体。

一般 1Cr13、2Cr13 钢为获得较好的力学性能，采用 600～750℃高温回火，得到回火索氏体；3Cr13、4Cr13 钢为得到较高的硬度和耐磨性，采用 200～250℃低温回火，得到回火马氏体及细颗粒碳化物。

（3）奥氏体不锈钢 此类钢热处理后，得到奥氏体组织，见图 11-3。奥氏体不锈钢具有良好的高低温塑性、韧性和耐腐蚀性能。它的缺点是晶界腐蚀和应力腐蚀的倾向大，切削加工性能差。常见的奥氏体不锈钢为 18-8 型不锈钢，典型的牌号有 0Cr18Ni9、2Cr18Ni9、1Cr18Ni9、1Cr18Ni9Ti。

18-8 型不锈钢的常用热处理工艺如下。

① 消除应力处理 分为高温和低温两种。低温除应力处理是为了消除冷加工和焊接引起的内应力，处理温度范围为 300～350℃，不应超过 450℃，以免析出 $Cr_{23}C_6$ 碳化物造成基体贫铬，引起晶界腐蚀。高温除应力处理一般在 800℃以上；对于不含稳定碳化物元素的 18-8 不锈钢，加热后应快速冷却，以快速通过析出碳化物的温度区间，防止晶界腐蚀。对于含有稳定

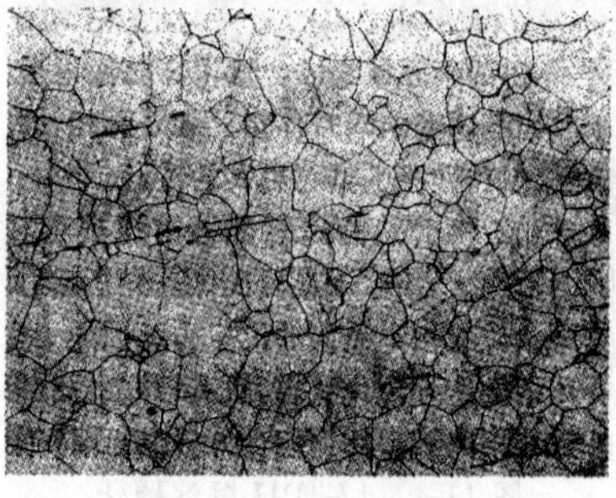

图 11-3 18-8 型不锈钢组织（170×）

碳化物元素的钢，这一处理常与稳定化处理一起进行。

② 固溶处理 是将钢加热至高温，使碳化物得到充分溶解，然后迅速冷却，得到单一奥氏体组织。碳在镍铬奥氏体中的固溶度极小，当18-8型不锈钢中的含碳量较高时，组织中便会析出碳化物，从而减少奥氏体中的含铬量，降低钢的耐蚀性。因此通过将奥氏体不锈钢加热至1050～1100℃，使碳化物溶于奥氏体之中，经水中冷却，可以得到含有过饱和碳的单一奥氏体组织。固溶处理的温度不宜过高或过低。过低不能使碳化物迅速充分地溶于奥氏体中；温度过高则导致奥氏体晶粒的长大，恶化加工成形性能、冲击韧性、增加晶界腐蚀倾向，同时还会析出高温铁素体。

③ 敏化处理 经固溶处理的奥氏体不锈钢，再在500～850℃加热，铬将从过饱和的固溶体中以碳化物的形式析出，在碳化物的周围地区形成贫铬区，从而造成奥氏体不锈钢的晶界腐蚀敏感性，这样的处理叫敏化处理，这种状态就叫敏化。敏化处理的目的是为了评价奥氏体不锈钢的晶界腐蚀倾向。

④ 稳定化处理 1Cr18Ni9Ti不锈钢需进行稳定化处理。钛和铌与碳的亲和力比铬大，把它们加入不锈钢中，碳优先与它们结合形成TiC、NbC，从而使钢中的碳不再与铬生成$Cr_{23}C_6$，也就不再引起晶界贫铬，起到抑制晶界腐蚀的作用。但由于钢中铬的含量比钛、铌的含量多，且钛、铌的扩散速度很慢，因此一般固溶处理后总要生成一部分$Cr_{23}C_6$。为此，需将1Cr18Ni9Ti加热至850～900℃进行稳定化处理。在此温度范围内$Cr_{23}C_6$将溶解，而TiC、NbC仍然稳定，从而使钢中不再含有$Cr_{23}C_6$，由此提高合金的抗晶界腐蚀能力。

(4) 双相不锈钢 在18-8型不锈钢的基础上，提高含铬量或加入其他铁素体形成元素，当不锈钢中δ铁素体含量很高而接近奥氏体含量时，称为奥氏体-铁素体双相不锈钢。由于双相不锈钢中同时存在γ和δ两相，因此它与单纯的奥氏体不锈钢或铁素体不锈钢相比，在组织和性能上具有更大的特点。

双相不锈钢的晶间腐蚀倾向比奥氏体小，这是由于此类钢在敏化温度范围（500～750℃）加热$Cr_{23}C_6$未在奥氏体晶界析出，而先在δ铁素体内析出，晶界不至于造成严重的贫铬现象。双相不锈钢的抗应力腐蚀能力也高于奥氏体，由于两相都有足够的合金化，在许多介质中能达到钝化状态，故有较好的耐蚀性能。

双相钢比铁素体钢韧性好，比奥氏体钢的强度高，但塑性及冷变形性较奥氏体钢差，轧制后其组织沿轧制方向呈带状分布，使力学性能有较大的各向异性。双相钢典型钢种有0Cr21Ni6Mo2Ti、00Cr25Ni5Mn等。

这类钢一般在固溶处理（950～1000℃）状态使用，其金相组织是在δ铁素体基体上分布有小岛状的奥氏体，δ铁素体的数量约占50%～70%。

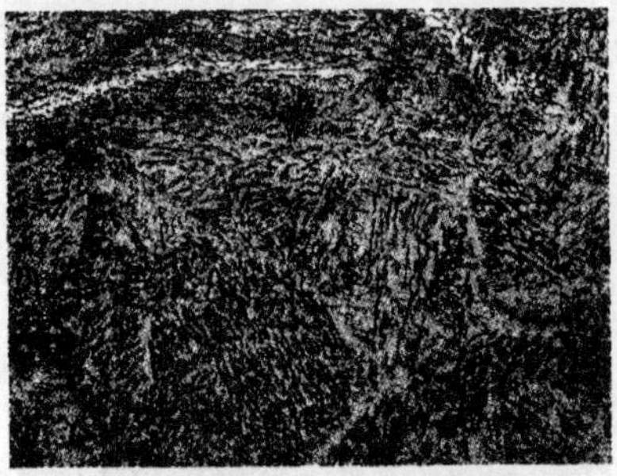

图11-4 17-4PH沉淀硬化不锈钢组织（500×）

铁素体-奥氏体双相不锈钢也存在475℃脆性和σ相脆性问题。

(5) 沉淀硬化不锈钢 沉淀硬化不锈钢有三种类型：马氏体型、半奥氏体型、奥氏体型。这类钢利用马氏体转变强化和碳化物、金属化合物的沉淀硬化作用，可以获得很高的强度。主要牌号有17-7PH、17-4PH、PH15-7Mo等。图11-4所示是17-4PH沉淀硬化不锈钢组织。

沉淀硬化不锈钢处理工艺，必须通过固溶处理、调整处理、时效处理三个过程。

① 固溶处理。加热950～1000℃保温1h空冷。获得奥氏体及少量δ铁素体，铁素体为条状，这种组织保证钢具有良好的冷变形能力。

② 调整处理。在固溶处理后，为了获得一定数量的马氏体使钢强化，必须进行调整处理，经常采用的方法有：中间时效法、高温调整及深冷处理、冷变形法。

③ 时效处理。不论经过何种调整处理后，均需进行时效处理，它是使钢强化的途径。时效温度一般为400～500℃。

11.1.3 不锈钢金相检验

不锈钢金相检验标准中除了规定了产品的尺寸、外形及允许偏差，牌号及化学成分，力学性能，工艺性能，表面质量等要求以外，还分别规定了低倍组织、非金属夹杂物、晶粒度、铁素体含量、耐腐蚀性能等要求，应通过金相检验等手段予以确定。

不锈钢的低倍组织及缺陷的试验方法可以根据相关的标准进行。浸蚀一般用热蚀法，即将试样在60～80℃的比例为HCl（50mL）/H_2（50mL）溶液中浸泡30min，然后在流水中用刷子洗刷干净表面的腐蚀产物。此外，还可采用HNO_3（10～40mL）/HF（48%，3～10mL）/H_2O（87～50mL）或HCl（50mL）/HNO_3（25mL）/H_2O（25mL）热蚀。

标准中规定，钢棒的横截面酸浸低倍或断口试样上不得有肉眼可见的缩孔、气泡、裂纹、夹杂、翻皮及白点。

11.2 耐热钢的金相检验

11.2.1 金相试样的制备

耐热钢金相检验的制样、磨抛、浸蚀和一般的合金钢基本相同，奥氏体耐热钢的制样可参照奥氏体不锈钢的制样方法，由于基体较软，应注意避免产生机械滑移和扰乱层，如有可能，应尽量采用电解抛光。

11.2.2 铁素体耐热钢

铁素体耐热钢中的主要合金元素为铬，其质量分数范围为12%～28%，再加少量的铝、钛、硅等元素，典型的牌号有06Cr13Al、10Cr17、16Cr25N等。这类钢冷却后得到单相的奥氏体组织，具有高的抗氧化性能，主要用做抗氧化钢种，用做燃烧室、喷嘴和炉用部件。

11.2.3 珠光体铁素体耐热钢

珠光体铁素体耐热钢的合金元素含量的质量分数不超过5%～7%，属于低合金钢；典型的牌号有15CrMo、12Cr1MoV、12Cr2MoWvB等。热处理工艺是正火＋高温回火，热处理后的组织为铁素体＋珠光体或贝氏体等。它们被广泛应用于工作温度为350～670℃的锅炉管（过热器管、主蒸汽管）、汽包和汽轮机的紧固件、主轴、叶轮、转子等零件。

11.2.4 马氏体耐热钢

马氏体耐热钢是在含铬量$w(\mathrm{Cr})=12\%$的不锈钢基础上发展起来的，其淬透性好，从高温奥氏体状态空冷可得到马氏体组织。这类钢的热处理工艺为淬火＋高温回火，热处理后的组织主要为回火索氏体，典型的牌号有12Cr13、14Cr11MoV等。常用于汽轮机的动静叶片、内燃机的进、排气阀。

11.2.5 奥氏体耐热钢

奥氏体耐热钢中含有大量的奥氏体稳定化元素如镍、锰、氮等，以及铬、钨、钼等合金元素，所以在室温得到稳定的奥氏体组织，并具有良好的抗氧化性、耐腐蚀性、热强性和热稳定性，工作温度可高至600℃以上。常见的钢号有07Cr18Ni11Ti、45Cr14Ni14W2Mo等。常用于高温炉中的部件、高强重载负排气阀等。

11.2.6 耐热钢金相检验标准

相应标准中规定了12Cr1MoV钢球化级别标准、15CrMo钢珠光体球化参考级别、20号钢球化参考级别，以及碳钢石墨化金相标准评级图。标准中规定了球化名称、球化级别和相应的力学性能，并附有对应的金相图片。例如，12Cr1MoV钢球化级别标准规定见表11-1。

表 11-1 12Cr1MoV 钢球化级别标准

名称	球化级别	强度范围/(kgf/mm²)	组织特征
未球化	第一级	≥56	聚集形态的珠光体，其中碳化物并非全为片状，存在灰色的块状区域，晶粒度6～7级
轻度球化	第二级	≥52～<56	聚集形态的珠光体区域已开始分散，但其组成还是十分密集的，珠光体仍保持原有的区域形态，晶粒度4～5级
中度球化	第三级	≥49～<52	珠光体区域已显著分散，但仍保持原有的区域形态，珠光体内碳化物已全部成小球状，晶粒度5～6级
完全球化	第四级	≥45～<49	大部分碳化物已分布在铁素体晶界上，仅有少量的珠光体区域的痕迹，晶粒度6～7级
聚集式球化	第五级	<45	珠光体的区域形态完全消失，碳化物小球在铁素体晶界上分布出现了大量的“双重晶界”现象，晶粒度6～7级

图11-5为12Cr1MoV钢的未球化和聚集式球化的显微组织。

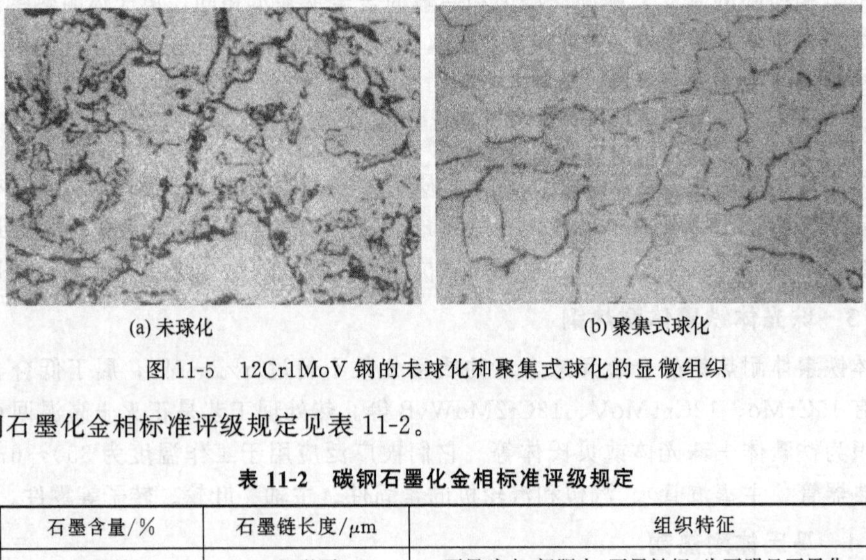

(a) 未球化　　(b) 聚集式球化

图 11-5 12Cr1MoV 钢的未球化和聚集式球化的显微组织

碳钢石墨化金相标准评级规定见表11-2。

表 11-2 碳钢石墨化金相标准评级规定

级别	石墨含量/%	石墨链长度/μm	组织特征
1	2以下	20以下	石墨球小，间距大，石墨链短，为不明显石墨化
2	2～6	20～<30	石墨球较大，比较分散，石墨链稍长，为显著石墨化
3	9～14	30～<60	石墨球成链，石墨链较长，具有连续性，为严重石墨化
4	17～26	60以上	石墨球聚集成链状和块状，石墨链长，具有连续性，为非常严重石墨化

图 11-6 分别为碳钢石墨化评级示意图（一级和四级）。石墨化四级组织是不允许出现的。

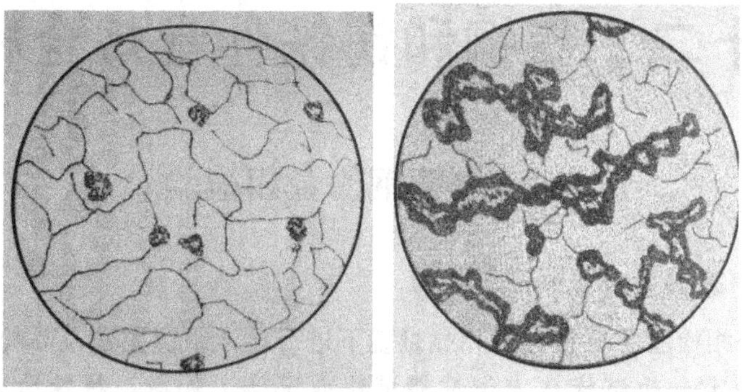

(a) 一级　　(b) 四级

图 11-6　碳钢石墨化评级示意图

思　考　题

1. 不锈钢按组织不同可分为哪几类？
2. 不锈钢金相检验主要内容是什么？
3. 耐热钢有哪几种类型？
4. 耐热钢金相检验标准是什么？

单元十二　铸钢和铸铁件常规金相分析

12.1　铸钢的金相检验

12.1.1　铸造碳钢的金相检验

铸造碳钢的金相检验主要是在金相显微镜下进行显微组织鉴别及晶粒度和非金属夹杂物别的测定。标准规定金相试样从力学性能试块或试样上切取，特殊情况由供需双方协商决定。

(1) 显微组织检验　试样用2%～4%硝酸酒精溶液浸蚀后，在显微镜下按大多数视场确定其组织。对铸态、退火、正火态组织放大100倍观察，对调质态组织在500倍下鉴别。表12-1中以ZG340-640铸钢为例对其不同组织的进行了说明。

表12-1　ZG340-640铸钢不同热处理规范的显微组织

状态		热处理温度/℃	显微组织及其特征
铸态			珠光体、网状分布的铁素体
退火	非正常	A_{c1}～A_{c3}	珠光体、铁素体、残留铸态组织
	正常	A_{c3}+50～150	珠光体、铁素体
	非正常	A_{c3}+150以上	珠光体、铁素体(组织粗化)
正火	非正常	A_{c1}～A_{c3}	珠光体、铁素体、残留铸态组织
	正常	A_{c3}+50～150	珠光体、铁素体
	非正常	A_{c3}+150以上	珠光体、网状分布的铁素体(组织粗化)
调质	非正常	A_{c1}～A_{c3}水淬+回火	回火索氏体、未溶碳化物
	正常	A_{c1}+30～50水淬+回火	回火索氏体
	非正常	A_{c3}+50以上水淬+回火	回火索氏体(组织粗化)

(2) 晶粒度测定　奥氏体晶粒度和铁素体晶粒度的测定方法，按相关的标准规定执行。被测试样在放大100倍下与标准晶粒度图对照进行评级。

(3) 非金属夹杂物的评级　非金属夹杂物测定方法：对完全抛光的试样在放大100倍、以直径为79.8mm的视场观察，选夹杂物严重的视场评级。对有特殊要求者，可经供需双方商定采用平均级别的方法评定。

12.1.2　铸造高锰钢的金相检验

(1) 显微组织　高锰钢经水韧处理后的组织，应为奥氏体或奥氏体加碳化物。

(2) 碳化物评级　按未溶、析出、过热碳化物分别评定。试样经浸蚀后，放大500倍以ϕ80mm视场选取最严重的视场评级。

① 未溶碳化物评级　按视场内平均直径≤5mm的未溶碳化物总数、大小和沿晶聚集分布情况进行评级。对平均直径＜2mm的碳化物不予评级。

② 析出碳化物评级　主要按视场内析出碳化物大小、沿晶网的粗细进行评级。

③ 过热碳化物评级　按视场中过热碳化物量的增加、沿晶网粗化情况进行评级。

(3) 晶粒度评级　按相关的标准进行评定。

(4) 非金属夹杂物（氧化物＋硫化物）评级　在 100 倍的 ϕ80mm 视场中选取最严重的视场评定。

11.2 铸铁的金相检验

12.2.1 白口铸铁

(1) 白口层深度　为了保证激冷铸铁的高硬度和高耐磨性，必须确保必要的白口层深度。检验时，应从激冷面开始沿着激冷方向制取金相磨面。

(2) 白口区的石墨　当铸铁的含硅量过高或浇注温度过低时，往往在白口区内析出石墨。这种石墨一般呈点状，故称点状石墨。点状石墨的存在，将降低白口层的硬度。为此，应对点状石墨的数量加以严格控制。点状石墨数量检验应在铸铁的激冷面上进行。

(3) 白口组织　共晶激冷铸铁的组织为莱氏体。莱氏体沿激冷方向呈树枝状分布。对于亚共晶激冷铸铁，尚存在呈枝晶分布的珠光体。

在白口铸铁中，碳化物作为一种硬化相以构成坚固的“骨架”，而基体珠光体赋予白口铸铁一定的韧性。只有两者均匀、致密的配置，才能使铸铁具有良好的耐磨性能。

12.2.2 灰铸铁

灰铸铁金相检验必须按照标准规定方法和内容进行。

灰铸铁的金相试块应取自抗拉试棒距断口 10mm 处，或从试棒的底部切除 10mm 后再取金相检验试块。试块尺寸应包括试棒半径的一半。由于特殊需要，从铸件上取样时，应在报告中注明取样部位和壁厚等情况，但不允许直接从浇口和冒口上切取金相试块。

(1) 灰铸铁石墨的检验

① 石墨分布　标准规定灰铸铁石墨检验应在未浸蚀的试样上进行，观察放大倍数为 100 倍。

② 石墨长度　在灰铸铁中，石墨长度也是影响铸铁力学性能的重要因素。抗拉强度随石墨长度的增加而降低。

(2) 灰铸铁基体组织的检验

① 珠光体粗细和珠光体数量　灰铸铁的珠光体一般呈片状，标准规定在 500 倍下，按片间距的大小，将珠光体的粗细分为四级：极细珠光体（铁素体与渗碳体难以分辨）、细片状珠光体（片间距≤1mm）、中片状珠光体（片间距＞1～2mm）、粗片状珠光体（片间距＜2mm）。

珠光体数量是指珠光体和铁素体的相对量。国家标准根据珠光体数量对灰铸铁力学性能的影响规律，将珠光体数量分为八级，见表 12-2。

表 12-2 珠光体数量分级

级别	1	2	3	4	5	6	7	8
名称 数量/%	珠 98 ≥98	珠 95 ＜98～95	珠 90 ＜95～85	珠 80 ＜85～75	珠 70 ＜75～65	珠 60 ＜65～55	珠 50 ＜55～45	珠 40 ＜45

② 碳化物的分布形态和数量　根据碳化物的分布形态，可分为条状碳化物、块状碳化

物、网状碳化物和莱氏体状碳化物。

③ 磷共晶类型分布形态和数量　根据磷共晶的形态特征，将磷共晶分为二元磷共晶、三元磷共晶、二元磷共晶-碳化物复合物和三元磷共晶-碳化物复合物四种类型。

在金相检验中，为了鉴别碳化物和磷共晶，也可以采用染色法。常用染色剂的配方、染色方法和碳化物、磷共晶的着色情况见表12-3。

④ 灰铸铁共晶团的检验　灰铸铁在共晶转变时，共晶成分的铁水形成由石墨（呈分枝的立体状石墨簇）和奥氏体所组成的共晶团。常用的浸蚀剂为氯化铜1g，氯化镁4g，盐酸2mL，酒精100mL，或硫酸铜4g，盐酸20mL，水20mL。

共晶团的金相检验国家标准规定在10倍或40倍下观察直径为70mm的视场内共晶团的个数，或计算每平方厘米面积内共晶团的个数来表示共晶团数，可对照标准的共晶团数量图比较进行评级。

表12-3　常用染色剂及染色效果

编号	成分	浸蚀温度/℃	浸蚀时间/min	染色效果
1-1	20mL硝酸,75mL乙醇	室温	1～3	基体呈黑色,磷共晶不浸蚀
1-2	20mL硝酸,80mL水	室温	1～3	
2	25g氢氧化钠,2g苦味酸,75mL水	煮沸	2～5	渗碳体呈棕色,磷化铁呈黑色
3	10g氢氧化钠,10g赤血盐,100mL水	50～60	1～3	渗碳体不染色,磷化铁呈浅黄色或黄褐色
4	5g高锰酸钾,5g氢氧化钠,100mL水	40	2	渗碳体不染色,磷化铁呈棕色

12.2.3　球墨铸铁

(1) 球墨铸铁的石墨及其检验

① 石墨形态　标准根据石墨面积率划分石墨形态。所谓石墨面积率，是指在显微镜下，单颗石墨的实际面积与其最小外接圆面积的比率。石墨面积率反映了单颗石墨截面图形接近理想图形的程度。石墨面积率愈接近1，该石墨愈接近球状。于是，各种形状的石墨均可以用石墨面积率来表示。

国家标准根据石墨面积率值将球墨铸铁的石墨形态分为球状、团状、团絮状、蠕虫状和片状，见表12-4。

表12-4　石墨形态与石墨面积率范围

石墨形态	球状	团状	团絮状	蠕虫状	片状
石墨面积率/%	＞0.81	0.61～0.80	0.41～0.60	0.10～0.40	＜0.10

② 石墨球化率及其确定　在金相检验中，通常所见到的是几种形态的石墨共存。在这种情况下，评定石墨的球化质量须用球化率来解决。所谓球化率，是指在规定的视场内，所有石墨球化程度的综合指标。它反映该视场内所有石墨接近球状的程度。

关于球化率的评定，国家标准规定了利用石墨面积率来定量计算球化率的方法。它常用于仲裁场合。

国家标准根据石墨形态及其分布和球化率，参考其对力学性能的影响趋势和工艺特点，将球墨铸铁石墨球化分为1～6级，球化分级的说明见表12-5。国家标准还列出了各球化级别的标准等级图片，在使用时，可对照标准等级图片进行评级。

表 12-5 球化分级的说明

球化级别	说 明	球化率/%
1	石墨呈球状，少量团状，允许极少量团絮状	不低于 95
2	石墨大部分呈球状，余为团状和极少量团絮状	90～<95
3	石墨大部分呈球状和团状，余为团絮状，允许极少量为蠕虫状	80～<90
4	石墨大部分呈团絮状和团状，余为球状和少量蠕虫状	70～<80
5	石墨呈分散分布的蠕虫状和球状、团状、团絮状	60～<70
6	石墨呈聚集分布的蠕虫状、片状和球状、团状、团絮状	

③ 石墨大小 国家标准参照国际标准中关于石墨大小的分级方法，将石墨大小分为六级，见表 12-6。

表 12-6 石墨大小分级

级别	3	4	5	6	7	8
石墨直径/mm(放大 100 倍)	>25～50	>12～25	>6～12	>3～6	>1.5～3	≤1.5

(2) 球墨铸铁的基体组织及其检验

① 珠光体粗细和珠光体数量 在一般情况下，球墨铸铁的珠光体呈片状。按照珠光体的片间距，将其分为粗片状珠光体、片状珠光体和细片状珠光体。珠光体数量是指珠光体与铁素体的相对量。

在铸态或完全奥氏体化正火后，球墨铸铁的铁素体呈牛眼状。

② 分散分布的铁素体数量 一般情况下，分散分布的铁素体数量较少。为了便于检验，国家标准按块状和网状两个系列进行评级。

③ 磷共晶数量 由于磷共晶显著降低冲击韧性，一般情况下，球墨铸铁的磷共晶含量的体积分数应控制在 2%以下。

④ 渗碳体数量 在球墨铸铁结晶后，往往在组织中出现一定数量的渗碳体。严重时，出现莱氏体。在球墨铸铁的生产中，若渗碳体作为硬化相单独存在时，其含量的体积分数一般应小于 5%（某些需要以渗碳体作为硬化相的耐磨铸铁除外）作为控制界限。对于某些高韧性球墨铸铁，应作更严格的控制。

(3) 球墨铸铁等温淬火的组织及检验

① 等温淬火的组织 检验球墨铸铁等温淬火组织可按相关标准进行。

② 贝氏体长度 奥氏体化温度愈高，则转变成贝氏体的尺寸愈长。在贝氏体形态及其他条件相同的情况下，贝氏体尺寸愈长，力学性能愈低。

③ 白区数量 所谓白区，是指球墨铸铁经等温淬火后，集中分布在共晶团边界上尚未转变的残留奥氏体和淬火马氏体。试样经浸蚀后呈白色断续网络状。试验表明，奥氏体化温度愈高，等温转变愈不充分，铸铁中稳定奥氏体的合金元素含量愈高，则白区数量愈多。

④ 铁素体数量 球墨铸铁等温淬火后的铁素体一般出现于部分奥氏体化的淬火状态下，其数量决定于三相区内未溶铁素体的多少。一般来说，少量铁素体的存在，虽使强度和硬度有所降低，但使塑性、韧性和疲劳强度有所提高。

(4) 球墨铸铁几种常见的铸造缺陷

① 球化不良和球化衰退 球化不良和球化衰退的显微组织特征是除球状石墨外，出现

较多蠕虫状石墨。产生球化不良的原因是铁水含硫量过高，球化剂残余量不足或铁水氧化。产生球化衰退的原因是经球化处理的铁水随着时间的延长，铁水中球化剂的残余量逐渐减少，以至不能起到球化的作用。球化不良和球化衰退的球墨铸铁铸件只能报废。

② 石墨飘浮　石墨飘浮的金相组织特征是石墨大量聚集，往往出现开花状。常见于铸件的上表面或泥芯的下表面。形成原因主要是碳当量过高以及铁水在高温液态时停留时间过长。因此，在壁厚较大的铸件上容易出现。石墨飘浮降低铸件的力学性能。

③ 夹渣　球墨铸铁的夹渣一般是指呈聚集分布的硫化物和氧化物。在显微镜下，为黑色不规则形状的块状物或条带状物，常见于铸件的上表面或泥芯的下表面。夹渣可能是由于扒渣不尽而混入的一次渣，也可能是由于浇注温度过低，铁水表面氧化而形成的二次渣。具有夹渣的铸件，力学性能低。严重时，使铸件渗漏。

④ 缩松　缩松是指在显微镜下所见到的微观缩孔。缩松分布在共晶团的边界上，呈向内凹陷的黑洞。形成原因是铁水在凝固时，铸型对石墨化膨胀的阻力太小，铸件外形胀大，使共晶团之间的间隙较大，凝固时又得不到外来液体的补充而留下显微孔洞。缩松破坏了金属的连续性，降低力学性能，严重时引起铸件渗漏。

⑤ 反白口　反白口的组织特征是在共晶团的边界上出现许多呈一定方向排列的针状渗碳体。一般位于铸件的热节部位。形成原因可能是铁水凝固时存在较大的成分偏析，并受到周围固体的较快的冷却，促进了渗碳体的形成。这种缺陷与铁水中残余稀土量过高和孕育不良有关。在反白口区域内，往往都存在较多的显微缩松。

12.2.4　可锻铸铁

(1) 黑心可锻铸铁的石墨及检验

① 石墨形状　在黑心可锻铸铁中，常见的石墨如下。

团球状：石墨较致密，外形近似圆形，边界凹凸。

团絮状：石墨类似棉絮团，外形较不规则。

絮状：石墨较团絮状松散。

聚虫状：石墨松散，似蠕虫状石墨聚集。

枝晶状：石墨由颇多细小短片状、点状聚集而成，呈树枝状。

国家标准根据视场中各种形状石墨的数量，将石墨形状分为五级，见表 12-7。

② 石墨分布及石墨颗数　按标准进行评级。

表 12-7　石墨形状分级

级别	说　明
1	石墨大部分呈团球状，允许不大于 15%体积分数团絮状存在，不允许枝晶石墨存在
2	石墨大部分呈团球状、团絮状，允许不大于 15%体积分数絮状等石墨存在，不允许枝晶石墨存在
3	石墨大部分呈团球状、絮状，允许不大于 15%体积分数聚虫状及小于 1%体积分数枝晶石墨存在
4	聚虫状石墨大于 15%，枝晶状石墨小于 1%体积分数
5	枝晶状石墨大于或等于试样截面的 1%体积分数

(2) 黑心可锻铸铁的基体组织及检验　对黑心可锻铸铁基体组织的检验，主要是对珠光体和渗碳体的残余量及表皮层厚度的检验。

① 珠光体残余量　珠光体残余是由于第二阶段石墨化退火不充分所致。

② 渗碳体残余量　渗碳体残余是由于第一阶段石墨化退火不充分所致。此外，在中间降温阶段冷却太快，会出现二次渗碳体。

③ 表皮层厚度　黑心可锻铸铁的表皮层是指出现在铸件外缘的珠光体层或铸件外缘的无石墨铁素体层。表皮层的形成是铸件在第一阶段石墨化退火温度过高，使铸件表皮奥氏体强烈脱碳所引起的。

思 考 题

1. 简述铸造碳钢的金相检验。
2. 简述铸造高锰钢的金相检验。
3. 球墨铸铁的金相检验包括哪些内容?
4. 球墨铸铁有哪些常见的铸造缺陷?

单元十三　零件表面处理后的金相检验

13.1　钢的渗碳层检验

13.1.1　渗碳层深度的测定

（1）剥层化学分析法　取渗碳随炉的棒状试样，按每次进入深度 0.05mm 车削分别用化学分析法测定碳含量。这种方法对渗碳中的碳浓度分析较准确，常用于调试工艺。

（2）断口法　在圆试棒上开一环形缺口，随炉渗碳后出炉直接淬火，然后打断。由于渗层碳浓度较高，肉眼观察断口呈白色瓷状细晶粒，用读数显微镜测量其深度。此法测量误差较大。

（3）金相法

① 将过共析层、共析层及亚共析层之和作为全渗碳层。由于工艺不同碳浓度梯度在共析、过共析区域的斜率不同，按有关标准中规定：过共析层＋共析层之和不得小于总渗碳层深度的 40％～70％，以保证过渡区不能太陡。

② 在碳钢、合金渗碳钢中，把过共析层、共析层及 1/2 亚共析层之和作为渗碳层总深度。其结果与硬度法测定有效硬化层的结果相近。

③ 从渗层表面测量到体积分数为 50％珠光体处作为渗碳层总深度。在实际操作中，这种方法所观察到的珠光体＋铁素体区域往往是参差不齐的，对判定 50％珠光体界限误差较大。

④ 等温淬火后测量渗碳层深度。18Cr2Ni4W 钢属马氏体型钢，它没有平衡组织，只能在等温淬火后测其深度。这种钢渗碳后随炉冷却，从表面至心部均为马氏体，在基体与高碳区交界处有贝氏体析出，但在金相显微镜下观察其界限不甚清晰。一般是将试样再加热到 860℃后，放入 280℃等温槽，数分钟后水淬，这时对含碳量的质量分数大于 0.3％的区域形成淬火马氏体，而在含碳量近 0.3％区域由于 M_s 点较高则形成回火马氏体，金相试样浸蚀后则有明显的白色（马氏体）区和黑色（回火马氏体）区的界线。

（4）显微硬度法（有效硬化层深度测定法）　显微硬度法是从试样边缘起测量显微硬度值的分布梯度。

① 有效硬化层深度是指：从零件表面到维氏硬度值为 550HV 处的垂直距离。有效硬化层用 D_C 表示，对象可以是渗碳和碳氮共渗，其有效硬化层深度大于 0.3mm 的零件。

② 零件是经过热处理后的最终硬度。

③ 适用于基体硬度小于 450HV 的零件，标准规定的基体硬度位置应离表面硬化有效区域的三倍，即某零件有效硬化层为 1mm 时，基体硬度应在 3mm 处。

④ 基体硬度大于 450HV 时，需经各方协商确定有效硬化层深度。一般是采用以 25HV 为一档加到 550HV 界限硬度值上。

13.1.2　渗碳零件的应用

（1）用做汽车渗碳齿轮的低碳合金钢　如 15Cr、20Cr、20CrMnTi 等钢种，渗碳后表层含碳量的质量分数为0.800%～1.0%。金相检验样品取样分析部位是齿顶角及工作表面。上述这些材料的心部硬度一般为35～45HRC，经渗碳淬火回火工艺后表面硬度为58～63HRC。由于上述材料的特性，金相组织中可观察到少量极细珠光体组织，其厚度0.02mm是允许的。

（2）用做重载齿轮的材料 如20CrMnTi、20CrNiMo、20CrNi2Mo等钢种。相关标准检验项目分别有四项：

① 渗碳层球化处理后金相检验 表层检验部位含碳量的质量分数推荐为0.75%～1.05%，随炉试样尺寸为ϕ15～20mm、长度80～100mm，渗碳出炉后立即放入800～820℃小型炉中随炉冷却到500℃以下，取横向试样制成金相试样。注意小型炉中不得脱碳。

② 渗碳质量检验 齿表面碳含量的质量分数0.75%～1.1%，表面硬度52～62HRC，在齿面硬度为52～56HRC时，推荐有效硬化层深度的硬度界限值500HV。金相组织中观察到的碳化物应分布均匀，不允许连续网状、针状和棱角状碳化物，残余奥氏体的体积分数应在30%以内。心部晶粒度不低于5级，显微组织应为低碳马氏体或下贝氏体加少量游离铁素体，不允许有大量块状、网状或针状铁素体出现。

③ 渗碳金相检验 标准中分别列出：马氏体和残留奥氏体级别图，碳化物级别图和心部组织级别图。规定金相组织为隐针马氏体或细针马氏体加上体积分数小于30%残余奥氏体。马氏体和残余奥氏体1～4合格，碳化物1～3合格，心部组织为分散型铁素体和集中型铁素体1～4合格。

④ 渗碳表面碳含量金相判别 检验部位在表面至0.15mm处，按评级标准图评定。

由于钢种不同对渗碳层的深度测量，除按常规办法外，20CrMo、25SiCrMoV钢可用平衡态测定；12Cr2Ni4WA钢则用等温淬火法；适用于马氏体型钢种的是空冷淬火法，其渗碳层总深度的界限在没有明显下贝氏体处。

13.2 钢的碳氮共渗层检验

13.2.1 金相法

对经760～860℃共渗处理的零件，缓冷后是平衡组织，渗层深度就是三层显微组织厚度之和。共渗后直接淬火的零件，其深度从表面测到有极细珠光体与基体明显交界处。

在薄层碳氮共渗零件上，相关标准规定表层碳含量的质量分数不低于0.5%，氮含量的质量分数不低于0.1%。标准中列出针状马氏体及残留奥氏体级别图和板条马氏体级别图。心部铁素体含量也是重要指标，因此也列出无游离铁素体到70%大块铁素体的参考图。

金相法碳氮共渗深度的测量见图13-1，从试样表面测至心部组织处。

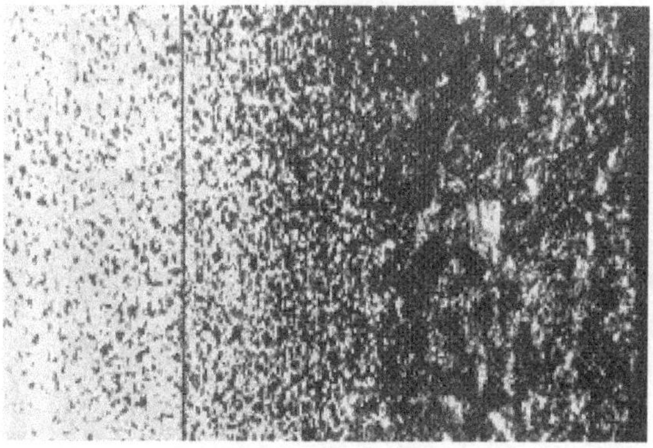

图13-1 碳氮共渗测量图

13.2.2 硬度法

标准规定不能适用硬化层与基体之间无过渡区的零件，取样方法可以是横截面、纵截面、斜截面和有槽斜截面。鉴于硬度压痕间的距离应不小于压痕对角线的 2.5 倍的规定，建议使用长棱锥形压头的努氏显微硬度，更能提高测量精度。

13.3 钢的渗氮层检验

检测渗氮的试样应是与零件材料、处理条件、表面加工精度相同的同炉试样。试样制备过程中不允许磨抛过热、边缘倒角和剥落。检查渗氮层脆性的试样，表面粗糙度 $Ra>0.25\sim0.63\mu m$，不能把化合物层磨掉。标准主要是用于测定渗氮层深度、脆性、疏松和脉状氮化物等。

13.3.1 原始组织检验

主要针对 38CrMoA1 氮化钢的气体硬氮化零件，用于渗氮的工件工作表面不允许有脱碳或粗大的回火索氏体组织，氮化前必须进行调质处理，显微组织为细针状回火索氏体，要求控制铁素体含量体积分数<15%，有些重要零件的铁素体含量<5%。

13.3.2 渗氮层深度的测定

(1) 硬度法 与前述渗碳层硬度法相似，基体硬度的确定是在渗氮层深度三倍距离处，对于渗氮层硬度变化比较平缓的材料，如碳钢或低合金钢零件，从试样表面沿垂直方向测至较基体维氏硬度值高 30HV 处。

(2) 金相法 经浸蚀剂浸蚀试样后，在显微镜下观察从试样表面沿垂直方向测至与基体组织有明显分界处的距离，即为渗氮层的深度。对 08、10、20 和 45 钢等碳素钢，试样必须经过 300℃回火 1h，使扩散层中析出 γ'相，这样观察分界线才比较清楚。

13.3.3 渗氮层疏松检验

疏松等级适用于低温氮碳共渗零件。标准评级图及相关说明，按化合物层内微孔形状、数量及密集程度分为 5 级。图 13-2 为渗氮层疏松 3 级形貌，3 级以下为合格，微孔占化合物层 2/3 的厚度或部分微孔聚集分布者为不合格。

13.3.4 渗氮扩散层中氮化物检验

按扩散层中脉状氮化物的分布情况、形态、数量，评级图分为 5 级。一般零件上允许有少量脉状分布氮化物（2 级）或较多脉状分布氮化物（3 级），见图 13-3。

气体渗氮和离子渗氮工艺的零件必须检验这个项目。

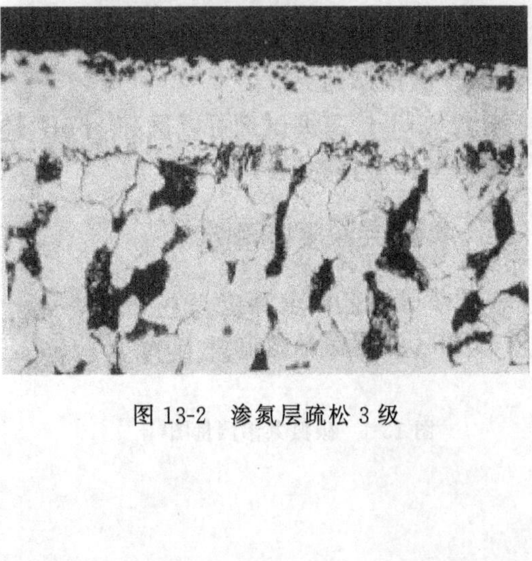

图 13-2 渗氮层疏松 3 级

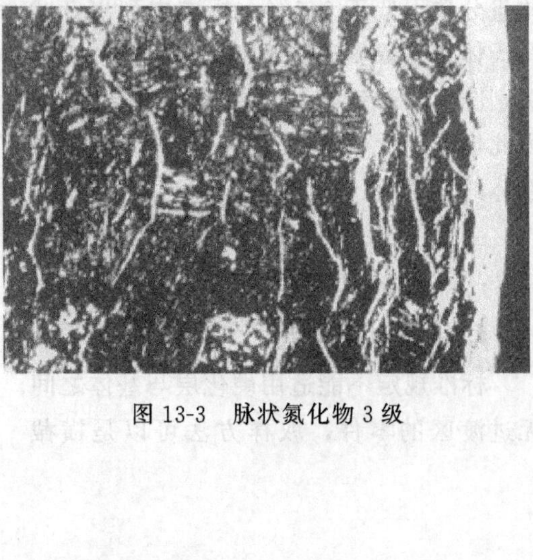

图 13-3 脉状氮化物 3 级

13.4 钢的渗硼层检验

一般渗硼工艺要求渗硼深度为0.1～0.2mm，由于硼化物层是锯齿形的，有关行业标准在金相法中规定了三种测量方法。

① 适用于质量分数≤0.35%含碳量的材料。渗硼层的形貌特征是锯齿形“峰”和“谷”相差很大。测量时，在视场中至少取5个谷的深度，然后取平均值。

② 适用于质量分数为0.35%～0.60%含碳量的材料。渗硼层呈指状，峰谷明显。测量时取5组峰谷，分别测峰和谷的深度，二者平均后，再计算5组平均值。

③ 适用于质量分数>0.60%含碳量的材料。渗硼层略有齿状或波浪状，峰与谷不明显，测量时取5点层深的平均值。

显微硬度法，只限于测渗硼层硬度值，当工件不宜破坏，在保证表面粗糙度 $Ra \leqslant 0.32\mu m$ 时，表面显微硬度范围为1200～2000HV。

13.5 感应加热表面淬火检验

13.5.1 金相法

对淬火前经正火处理的零件，硬化层深度应从表面测到有50%马氏体（体积分数）处为止，如果马氏体处的铁素体含量超过20%，应测到20%铁素体处为止。

对淬火前经调质处理的零件，硬化层深度应测到有明显细珠光体处为止。

对珠光体（体积分数为65%）的球墨铸铁，硬化层深度应测到20%珠光体处。

13.5.2 硬度法

用维氏硬度法作硬度梯度曲线。第一个压痕应距表面0.15mm，每间隔0.1mm逐次测试，从零件表面到硬度值等于极限值的那一段距离作为有效硬化层深度。标准中规定了被测零件的硬化层深度应>0.3mm，离表面3倍于有效硬化层深度处，应低于极限硬度减去100。如果不能满足这个条件，可采用协商后的较高的极限硬度值，以便测定有效硬化层深度。

用洛氏硬度法主要是确定半马氏体硬度，把测到半马氏体硬度的区间作为有效硬化层深度。碳素钢的半马氏体硬度见表13-1，合金钢的半马氏体硬度见表13-2。

表13-1 碳素钢的半马氏体硬度

钢号	半马氏体硬度(HRC)	钢号	半马氏体硬度(HRC)	钢号	半马氏体硬度(HRC)
30	34.8～38.0	50	42.8～46.0	70	50.8～54.0
35	36.8～40.0	55	44.8～48.0	75	52.8～56.0
40	38.8～42.0	60	46.8～50.0	80	54.8～58.0
45	40.8～44.0	65	48.8～52.0	85	56.8～60.0

表13-2 合金钢的半马氏体硬度

碳的质量分数/%	半马氏体硬度(HRC)	碳的质量分数/%	半马氏体硬度(HRC)
0.18～0.22	30	0.33～0.42	45
0.23～0.27	35	0.43～0.52	50
0.28～0.32	40	0.53～0.60	55

13.6 火焰加热表面淬火检验

13.6.1 宏观法

一般取横向试样，经金相磨抛，或磨到 03 号以上细砂纸，用浓度较大的硝酸酒精溶液浸蚀至淬火层发黑，然后用刻度显微镜测量。此法虽然测量精度较差，但能在大范围观察硬化层情况。

13.6.2 金相法

淬火前经正火处理的零件，硬化层深度应从表面测至 50%（面积分数）马氏体为止，如果该处铁素体含量＞20%，应测到在 20%铁素体处作为该零件的试样上的硬化层深度。淬火前经调质处理的零件，硬化层深度应测到出现显著细珠光体处为止。

13.6.3 硬度法

有效硬化层深度是指，从零件的表面到维氏硬度等于极限硬度处之间的距离。标准规定硬化层深度应＞0.3mm。离表面 3 倍于有效硬化层深度处的硬度，须低于极限硬度减去 100。

采用 HRC 硬度试验需经双方协议，有效硬化层界限硬度见表 13-3。

表 13-3 有效层硬度

钢中含碳量的质量分数/%	维氏硬度(HV)	洛氏硬度(HRC)
＞0.25～0.33	350	36
＞0.33～0.43	40	41
＞0.43～0.53	450	45
＞0.53	500	49

思 考 题

1. 钢的渗碳层测定方法有哪些？
2. 钢的渗氮层检验包括哪几项？
3. 感应加热表面淬火淬硬层的测定方法有哪些？
4. 火焰加热表面淬火硬化层深度的测定方法有哪些？

单元十四　焊接件的金相检验

焊接是金属材料间最有效的连接方法。焊接过程是一个加热和冷却过程。它包括在焊缝区金属的熔化凝固结晶所形成焊缝金属，和在焊缝金属邻近部位的母材由于传热所引起的加热及冷却（即热循环）作用而产生的热影响区。

焊接工艺有部分类似于炼钢和铸造，又有部分与钢的热处理相似。但由于焊接过程是一个时间短、变化复杂而完整的物理冶金过程，与普通冶金和通常的热处理有许多不同之处。焊接过程的特点如下。

① 加热温度高。电弧高温可达 4000～7000℃，其熔池液态金属温度约为 1770℃±100℃，远高于通常的炼钢温度。近缝区的熔合线附近一般都在 1350℃以上。

② 加热速度快。焊缝金属熔化与凝固以及热影响区相变均在几秒内完成。

③ 高温停留时间短。一般几十秒之内就从 A_{c3} 以上温度冷却下来。

④ 局部加热、温差大。从冷态开始到加热熔化，形成熔池的温度可达 2000℃以上，母材又是冷态金属，两者温差巨大。并且随热源的移动局部受热区也在不断移动，造成组织转变的差异和整个接头组织的不均匀性。

⑤ 冷却条件复杂。焊缝及热影响区的冷却方式以母材的金属热传导为主，在环境温度下的自然冷却是其次的。因此，在焊缝周围冷金属的导热作用下，焊缝和热影响区的冷却速度很快，有时可达到淬火的程度。焊接后的冷却速度还会受材料本身的导热性、板厚及接头的形状、钢板焊前的初始温度（环境温度或预热温度）等因素的影响，接头的冷却条件相当复杂。

⑥ 偏析现象严重。焊接熔池体积小，焊缝金属从熔化到凝固只有几秒钟时间。在如此短时间内，冶金反应是不平衡的，也是不完善的，使焊缝金属的成分分布不均匀，有时区域偏析很大。

⑦ 组织差别大。焊接过程中温度高，液体金属蒸发，化学元素烧损，有些元素在焊缝金属和母材金属之间相互扩散，近缝区各段所处的温度不同，冷却后焊接区的显微组织差别极大。

⑧ 存在复杂的应力。由于焊接是局部加热，熔池与母材间存在的温差巨大，使焊接接头产生很大的内应力和变形，造成了焊接条件下的复杂转变应力。

焊接过程的以上特点，会直接影响到焊缝金属和热影响区的宏观组织和显微组织、焊接缺陷及焊接接头的性能。因此，研究焊缝的各区组织、焊接缺陷和接头的性能，必须与焊接过程的上述特点联系起来考虑。

焊接金相检验包括焊接接头的宏观检验、显微组织检验以及焊接缺陷的检验。为了尽快地发现与解决焊接质量问题，一般先采用宏观检验分析，必要时再进行显微组织检验。

14.1　焊接接头的宏观检验

焊接接头的宏观检验一般包括：焊接接头的外观质量检查及焊接接头的低倍组织分析两

个方面内容。

14.1.1 焊接接头外观质量检验

焊接产品和焊接接头的外观质量检查是通过肉眼或放大镜对焊接接头进行的检查。

外观检查的内容很多，主要应检查焊接过程在接头区内产生的不符合设计或工艺文件要求的各种焊接缺陷。

GB/T 6417—2005 标准列出的金属熔化焊焊缝缺陷分为以下六大类：裂纹、孔穴、固体夹杂、未熔合和未焊透、形状缺陷及上述以外的其他缺陷等。

形状缺陷是指焊缝的表面形状与原设计的几何形状有偏差。GB/T 6417—2005/ISO 6520-1：1998 标准中列出的形状缺陷有：咬边、缩沟、焊缝超高、凸度过大、下塌、焊缝型面不良、焊瘤、错边、角度偏差、下垂、烧穿、未焊满、焊脚不对称、焊缝宽度不齐、表面不规则、根部收缩、根部气孔、焊缝接头不良共 18 种。

其他缺陷包括：电弧擦伤、飞溅、钨飞溅、表面撕裂、磨痕、凿痕、打磨过量、定位焊缺陷及层间错位 9 种。

缺陷分析还包括对焊接接头的小试样，进行试样断口形貌、冲击、拉伸后试样的外观形态，焊道的表面状态等缺陷进行分析。对大型焊接结构，在运行一段时间后进行焊缝的受腐蚀和裂缝的检查等。

总之，通过焊接接头的外观质量检查，可以了解焊接结构和焊接产品的全貌，产生缺陷的性质、部位及其与焊接结构的整体关系等情况，对评定和控制焊接质量，以及防止重大事故发生都是必需的。

14.1.2 焊接接头的低倍组织检验

14.1.2.1 焊接接头的低倍组织

切取一个熔化焊的单面焊接接头的横截面，经制样浸蚀显示宏观组织，可见焊接接头分为三部分：焊缝中心为焊缝金属，靠近焊缝的是热影响区，接头两边是未受焊接热影响的母材金属，见图 14-1。

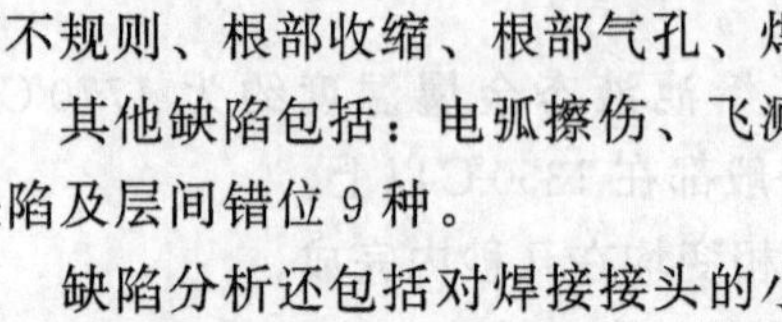

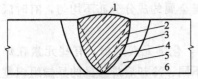

图 14-1 焊接接头宏观结构

1—焊缝金属；2—焊前坡口面；3—母材金属熔化区；4—熔合线；5—热影响区；6—母材

(1) 焊缝金属 熔化焊缝又称焊缝金属，是由熔化金属凝固结晶而成。焊缝金属的组织为铸态的柱状晶，晶粒相当长，且平行于传热方向（垂直于熔池壁的方向），在熔化金属（熔池）中部呈八字形分布的柱状树枝晶。经适当浸蚀后，在宏观试样上可以看到焊缝金属内的柱状晶。

(2) 母材热影响区 是母材上靠近熔化金属而受到焊接热作用发生组织和性能变化的区域。母材热影响区实际上是一个从液相线至环境温度之间不同温度冷却转变所产生的连续多层的组织区。经适当浸蚀后容易受蚀，在宏观试样上呈深灰色区域。

(3) 母材金属 即待焊接的材料。由于该区未受到焊接热作用，因此仍保持着母材原有的组织状态和性能。

14.1.2.2 焊接接头低倍组织检验的内容

焊缝柱状晶的粗晶组织及结构形态；焊接熔合线；焊道横截面的形状及焊缝边缘结合、成形等情况；热影响区的宽度；多层焊的焊道层次以及焊接缺陷，如焊接裂缝、气孔、夹杂物等。接头的断口分析也属于低倍检验，并且可以与其他检验方法（如金相、扫描电镜等微观分析法）综合分析找出接头破断的原因。具体检验项目应根据有关技术要求来确定。

14.1.2.3 奥氏体不锈钢焊接接头低倍检验

这类钢焊接接头低倍组织的特点是，它的热影响区没有重结晶相变区。其热影响区是根据对腐蚀性能的影响来区分，一般包括：过热区、再固溶化温度区、稳定化热影响区和敏化热影响区四个区。

(1) 过热区 它是紧贴熔合线的一个狭区，在经腐蚀后的宏观试样上呈灰黑色的窄带。该区域的温度接近熔化温度，受焊接热作用使奥氏体晶粒合并长大，形成奥氏体粗晶组织。

(2) 再固溶化温度区 该区基本保持原供货固溶状态的奥氏体结构，看不出明显变化。

(3) 稳定化热影响区 此区温度通常低于固溶温度而高于 800℃范围内，对于含稳定化元素 Ti、Nb 的不锈钢会析出碳化物 TiC 或 NbC。

(4) 敏化热影响区 该区一般在 400～800℃范围内。会在奥氏体晶粒边缘析出 $Cr_{23}C_6$ 型碳化物，使晶界贫铬而产生晶间腐蚀。奥氏体不锈钢焊接接头在腐蚀介质中常发生刀蚀而失效，其实质就是由于母材的受敏化温度热影响区析出铬碳化物，使晶界贫铬产生晶间腐蚀引起的晶间腐蚀沟槽。当从表面观察时非常像用刀在焊缝两侧深深地砍了两条刀痕，故称刀蚀。

14.2 焊接区域显微组织特征

熔化焊焊接接头一般有焊缝金属、焊接热影响区和母材三部分组成。

14.2.1 焊缝金属的组织

焊缝是在加热熔化后经过结晶及连续冷却形成的。焊缝从开始形成到室温要经历加热熔化、结晶和固态相变三个热过程。因此，焊缝金属的组织中包含了两种形态：一次组织和二次组织。其中，一次组织又叫初次组织，它是焊缝在熔化状态后经形核和长大完成结晶时的高温组织形态，属于凝固结晶的铸态组织。二次组织属于固态相变组织，是在焊缝由高温态冷却到室温过程中发生的固态相变而形成的，所以它也是室温下焊缝金属的显微组织状态。

14.2.1.1 焊缝金属的一次组织（凝固结晶组织）

焊缝金属的结晶似一个小钢锭，包括晶核形成和晶核长大的过程，由于焊接过程本身的特点，熔池的结晶及焊缝凝固组织具有其特殊性。

① 焊缝组织具有与被焊件母材连接长大和呈柱状晶分布的特征，即焊缝金属的晶粒是和母材热影响区的晶粒相连接长大的。这是由于熔合线附近未熔化的母材金属实际上起着熔池模壁的非自发晶核作用，因此焊缝一次组织的晶粒总是和熔合线附近的母材晶粒连接并保持着同一晶轴。

② 焊缝金属中的柱状晶生长方向与散热最快的方向一致，垂直于熔合线向焊缝中心发展。

③ 焊缝一次组织的形态与成分的均匀度及过冷度有关。焊缝结晶形态有平面晶、胞状晶、胞状-树枝晶、柱状树枝晶和等轴树枝晶。以上五种形态的示意图见图 14-2。常见的焊缝一次组织，以柱状树枝晶最普遍。

在金相显微镜下观察，每个柱状晶内有许多亚晶组成。由于结晶条件不同，柱状晶的亚晶可以有胞状晶、胞状树枝晶和柱状树枝晶三类形态。靠近熔合线的焊缝一次组织冷却速度

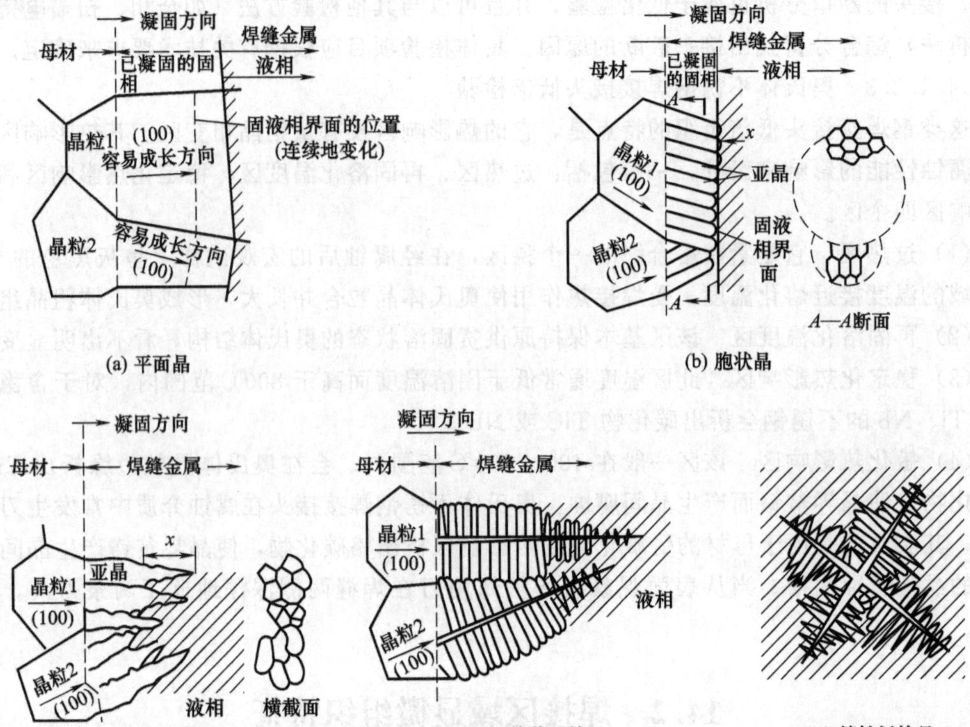

(a) 平面晶 (b) 胞状晶 (c) 胞状-树枝晶 (d) 柱状树枝晶 (e) 等轴树枝晶

图 14-2 焊缝凝固组织微观形态

较快通常为柱晶区。焊缝中出现等轴晶较少，只有在特殊条件下才形成等轴晶，例如在焊缝中心由于冷却速度较慢，尤其在焊缝中心靠近横断面上表面处，有时会出现等轴树枝晶。

④ 焊缝又可分为多层焊和单层焊。单层焊柱状晶较粗大，且有过热特征，如有魏氏组织存在。多层焊由于反复熔化、结晶，有些柱状晶经受了再加热，发生了重结晶，获得了细小晶粒，因此，多层焊有柱状晶也有等轴晶。

低碳低合金钢焊缝一次组织主要为胞状晶和树枝晶。树枝晶又分胞状树枝晶、柱状树枝晶和等轴树枝晶三种。

奥氏体钢的焊缝一次组织，仍保留着凝固后的结晶形态特征，奥氏体胞状树枝晶和胞状晶形态较完整。

14.2.1.2 焊缝金属的二次组织（固态相变组织）

高温奥氏体连续冷却至室温，发生相变使焊缝的高温组织转变成室温组织，即二次组织（固态相变组织）。不同焊接材料的焊缝，它们的二次组织也有差异。

低碳钢焊缝二次组织大部分是铁素体＋少量珠光体。其中铁素体沿原奥氏体晶界析出。从中也可看出一次组织的柱状轮廓，称为柱状铁素体。此外，还可能存在部分魏氏组织铁素体。若固态的冷却速度加快，即使是低碳钢，除出现铁素体外，还会出现贝氏体。

低合金钢，如 16Mn、20g 钢在一般冷却条件下的二次组织是铁素体＋少量珠光体。冷却快时出现贝氏体组织，用硝酸酒精溶液浸蚀时，低合金钢焊缝组织常见有先共析铁素体、层状组分、针状铁素体、粒状贝氏体、珠光体、马氏体等。其中层状组分（如板条铁素体）是从奥氏体晶界出发排列整齐的铁素体板条，具有类似魏氏组织铁素体侧板条的平行排列结构。它是从先共析铁素体为基向奥氏体晶内生长而成的组织。

当钢中合金元素种类多、合金总量也较多时，二次组织中会出现贝氏体和马氏体。尤其是高强度钢一般出现贝氏体，或贝氏体＋马氏体混合组织。

14.2.2 熔合线组织特征

熔化焊焊缝是由焊接填充材料与母材熔合部分相互混合后，形成的熔化组织。这种“混合”是不均匀的，如图 14-3 所示。熔化焊缝（焊缝金属）区内实际上由三部分组成：焊缝中的液态填充金属与母材金属完全混合熔化区；焊缝中未混合的母材金属熔化区；母材中部分熔化区。

由图 14-3 可见，在焊缝与母材热影响区之间存在着一个组织与成分有特征的过渡区，它就是焊接接头中的熔合区，即熔合线。微观上看，熔合线是液固两相共存的熔合区，是焊缝与母材间的过渡区，它处于母材的部分熔化区中与母材的固态晶体相连接的区域。熔合线所处的位置和状态如图 14-4 所示。

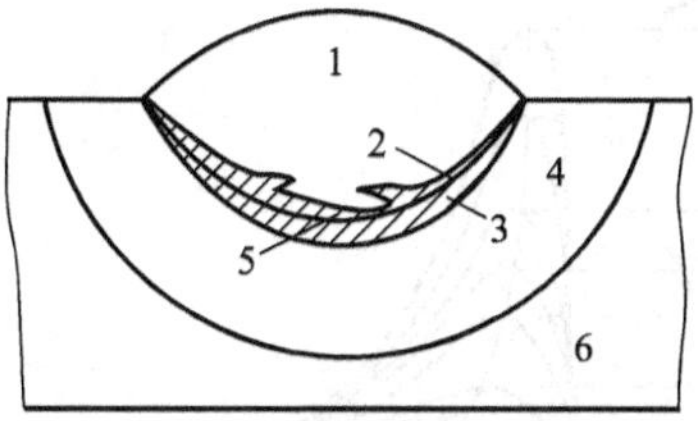

图 14-3 焊接接头金属的区域组成示意图

1—焊缝中的完全混合熔化区；2—焊缝中的未混合熔化区；3—母材中的部分熔化区；4—受热影响的母材区（热影响区）；5—实际的熔化与未熔化部分的分界线；6—未受热影响的母材区

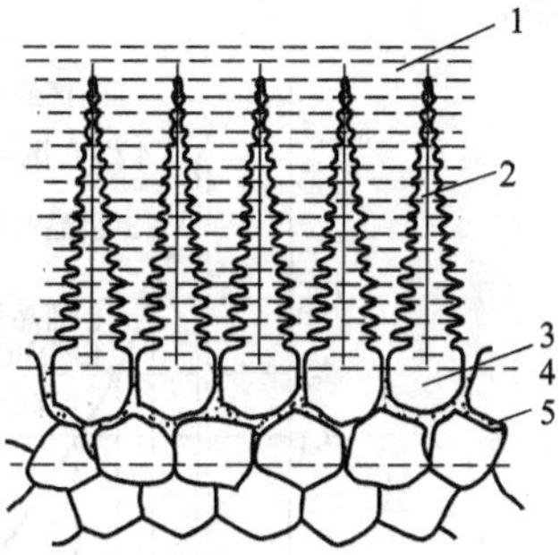

图 14-4 焊缝结晶凝固时熔合区状态示意图

1—熔融的焊缝金属；2—成长中的晶体；3—母材近缝区晶粒；4—熔合线；5—熔化的晶界

部分熔化区由于宽度极小，在金相显微镜下经常看不到，只有在试剂显示下，才可以看到焊接接头的熔合线。

14.2.3 焊接热影响区组织特征

14.2.3.1 焊接热影响区的组织

焊接热影响区是母材在焊接时于不同峰值热循环作用下形成的一系列连续变化的梯度组织区域。

焊件距离熔池远近与受热程度的影响大小成反比，离熔池愈近，受热影响愈大；离熔池愈远，受热影响愈小。远离熔池到一定程度时，被焊件的原始组织未发生变化。

现以 20 钢为例，分析焊接热影响区的组织变化。可用图 14-5 表示热影响区和焊接热循环曲线及铁碳状态图之间的关系。

温度在 A_1 以下的区域，组织仍保持母材（热轧态）的原始组织（铁素体＋珠光体呈带状分布）。

组织发生显著变化的热影响区可划分为四个区域［见图 14-5（a)］。

① 部分相变区（不完全重结晶区）。加热温度范围在 A_{c1}～A_{c3} 之间，20 钢的 A_{c1}～A_{c3} 相当于 750～900℃。冷却后的组织为未发生转变的铁素体＋经部分相变后的细小珠光体和铁素体。

② 相变重结晶区（细晶粒区）。加热温度范围为 A_{c3}～T_{KS}，T_{KS}为晶粒开始急剧粗化的温度。

该区空冷后得到均匀细小的铁素体＋珠光体。相当于热处理中的正火组织，故又称为正火区。

③ 过热区（粗晶粒区）。加热温度范围为 T_{KS}～T_m，T_m 为熔点。加热至1100℃以上直至熔点，奥氏体晶粒剧烈长大，尤其在1300℃以上，晶粒十分粗大，晶粒度均在3级以上。由于晶粒粗大出现粗大的针状铁素体（魏氏组织）＋细珠光体。

④ 熔合区。即熔合线附近焊缝金属到基体金属的过渡部分，温度处于固相线和液相线之间。这个地方的金属处于局部熔化状态，晶粒十分粗大，化学成分和组织都极不均匀，冷却后的组织为过热组织。这段区域很窄，金相观察实际上很难明显区分出来。但该区对于焊接接头的强度、塑性都有很大影响。在许多情况下，熔合线附近是产生裂缝、局部脆性破坏的发源地。

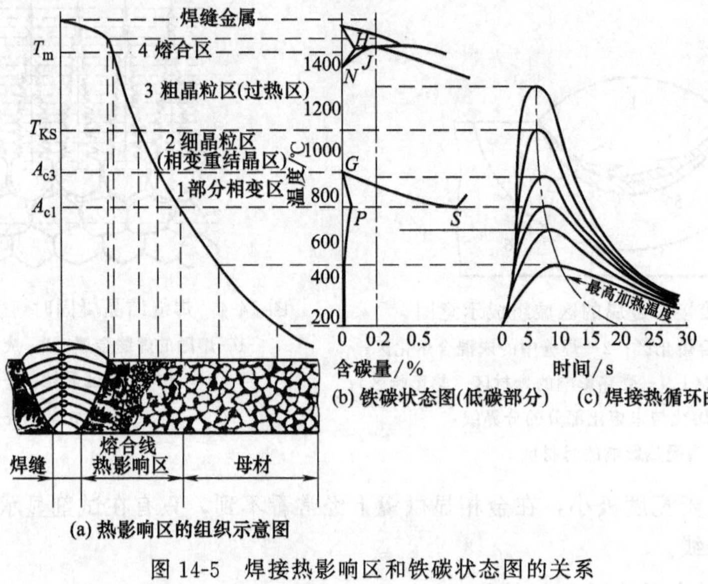

图 14-5　焊接热影响区和铁碳状态图的关系

低碳合金钢的焊缝热影响区的组织类似于低碳钢的情况。20 钢焊缝热影响区的组织见图 14-6。

14.2.3.2　常用钢焊接接头组织形貌特征

焊接件常用低碳钢和低碳合金钢，它们的焊接接头中常见组织为铁素体、珠光体、贝氏体和马氏体。接头中的这些组织往往有其自己的形貌特征。

(1) 铁素体　在焊缝金属和热影响区中常见的是先共析铁素体，包括自由铁素体和魏氏组织铁素体两种。

① 自由铁素体。它是奥氏体晶界上析出的铁素体，常见形貌有块状和网状两种。块状铁素体是在高温下而过冷度又较小的冷却中形成的。

网状铁素体是在形成温度较低而过冷度较大的冷却中形成的。

晶界自由铁素体的数量多少与奥氏体晶粒大小有关，奥氏体晶粒越粗大，自由铁素体越少。焊缝柱状晶越粗大，晶界铁素体越明显，但总量减少。

② 魏氏组织铁素体。低碳钢焊缝金属和热影响区的过热区极易形成魏氏组织铁素体。

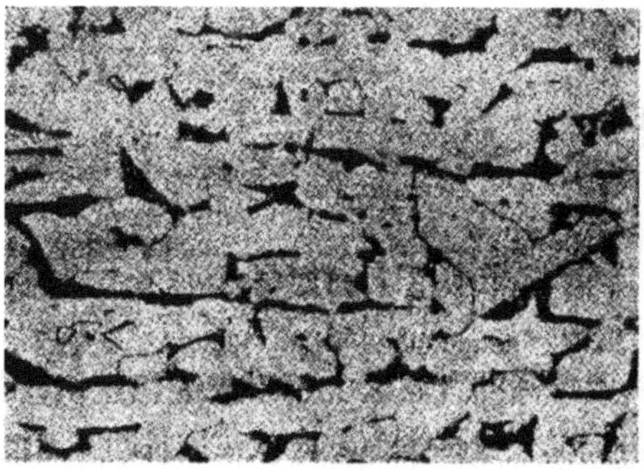

(a) 基本金属(热轧态)：带状分布的铁素体+珠光体

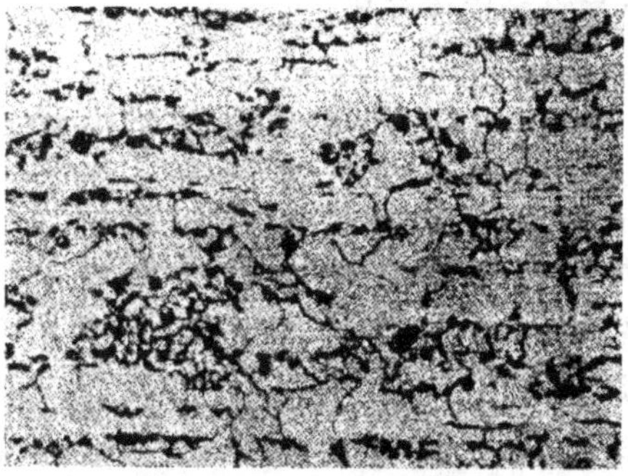

(b) 部分相变区：未发生转变的铁素体+经部分相变后的细小珠光体和铁素体

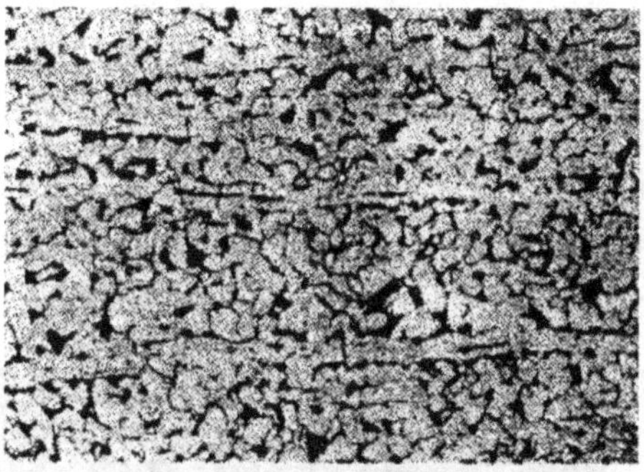

(c) 细晶区(正火区)：细铁素体+珠光体

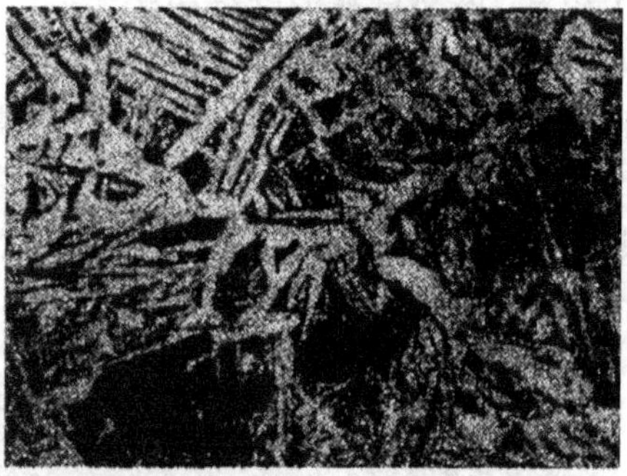

(d) 粗晶区(过热区)：粗大的针状铁素体(魏氏组织)+索氏体

(e) 熔合线附近(左侧为过热区，右侧为焊缝区)

图 14-6　20 钢焊缝热影响区的组织

其形貌为除晶界铁素体外，还有较多从晶界伸向晶粒内部形似锯齿状或梳状的铁素体，或在晶内以针状独立分布的铁素体。这些铁素体往往针粗大且交叉分布。仅在焊缝金属内出现碳偏聚处才可能出现细针状魏氏组织铁素体。

（2）贝氏体　焊接条件下连续冷却有利于形成贝氏体组织，在低碳钢焊缝试样中会出现粒状贝氏体、无碳贝氏体、上贝氏体和下贝氏体等。

粒状贝氏体形貌特征是较粗大的铁素体块内分布许多孤立的“小岛”，外形不规则，形状多样，有块状、条状和粒状等。只有在光学显微镜的高倍下才能看清“小岛”的外形。

（3）马氏体　在低碳合金钢的焊缝金属和热影响区内极易生成马氏体。常见为板条状马氏体。在焊缝金属的碳偏聚区也会出现片状马氏体，在低碳钢和低碳合金钢焊接接头中不会出现隐晶马氏体。由于马氏体的存在会恶化力学性能，极易产生焊接裂纹，因此，在焊接组织中不允许马氏体存在。

14.3 几种典型焊接组织识别

14.3.1 低碳钢焊后的显微组织

两块同牌号低碳钢对接焊后，焊缝组织为块状和网状的先共析铁素体和晶内多量的魏氏组织铁素体，及分布于铁素体之间的珠光体。铁素体主要呈梳状和锯齿状。热影响过热区常见为粗大的魏氏组织铁素体＋细珠光体。重结晶和部分相变区的组织与常规的正火及不完全正火组织相似，见图 14-6。母材组织仍保持热轧或正火态的铁素体＋珠光体带状组织。

14.3.2 低碳合金钢焊接组织

以 16Mn 或 16MnR 钢为例，由于它含有少量合金元素提高了钢的淬透性，因此焊接过热区和焊缝金属区的组织与低碳钢不同。焊缝金属是混合组织，可能由粒状贝氏体＋魏氏组织铁素体＋无碳贝氏体等构成。热影响过热区组织为针状铁素体＋细珠光体＋少量粒状贝氏体。其他部位的热影响区组织与低碳钢基本相同。母材也仍保持原有的热轧或正火组织。见图 14-7。

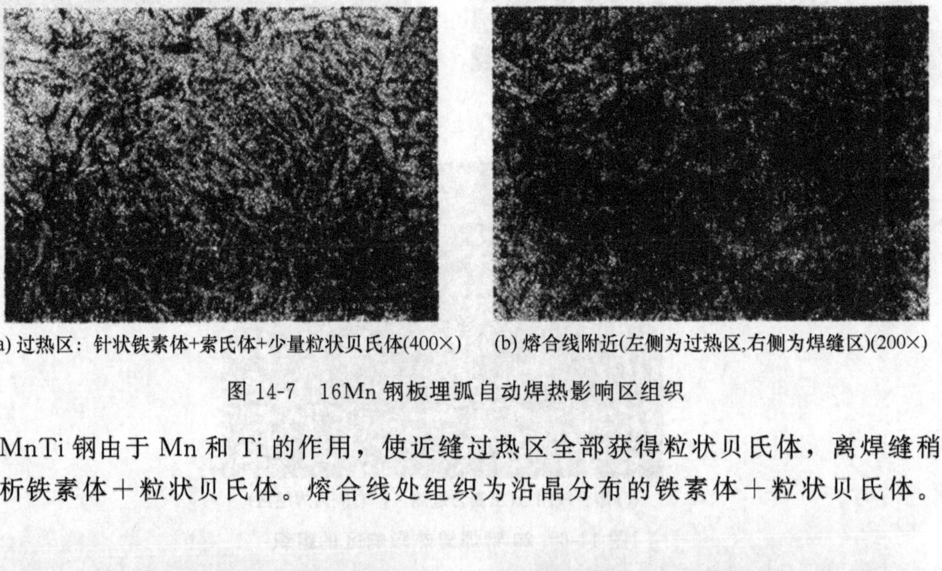

(a) 过热区：针状铁素体+索氏体+少量粒状贝氏体(400×)　　(b) 熔合线附近(左侧为过热区,右侧为焊缝区)(200×)

图 14-7　16Mn 钢板埋弧自动焊热影响区组织

15MnTi 钢由于 Mn 和 Ti 的作用，使近缝过热区全部获得粒状贝氏体，离焊缝稍远处为先共析铁素体＋粒状贝氏体。熔合线处组织为沿晶分布的铁素体＋粒状贝氏体。见图 14-8。

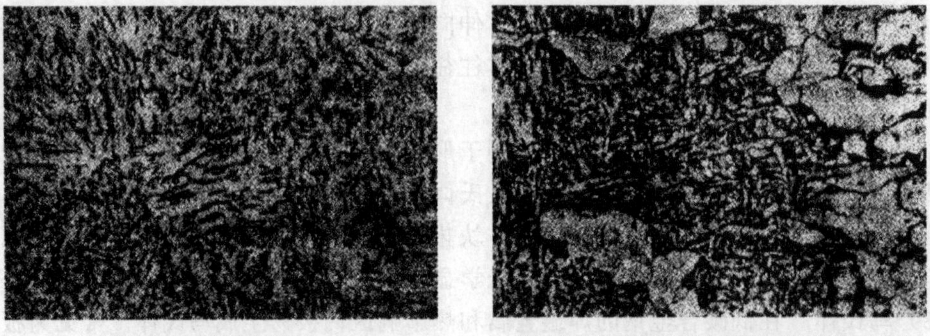

(a) 近缝区过热区粒状贝氏体　　(b) 熔合线处:铁素体(沿奥氏体晶界)+粒状贝氏体

图 14-8　15MnTi 钢埋弧自动焊热影响区组织（板厚 13mm）（400×）

14.3.3 调质钢焊接组织

（1）低碳调质高强度钢 0.16C-3Ni-Cr-Mo-V 船用钢的焊缝金属组织为针状铁素体＋粒状贝氏体。热影响过热区为粗大板条状马氏体。细晶区为细小马氏体。部分相变区为回火索氏体＋细马氏体。母材为调质态的回火索氏体组织。图 14-9 为过热区组织。

（2）中碳合金调质钢 30CrMnSiA 钢的热影响过热区组织为粗大的板条状马氏体和少量粗大的片状马氏体。细晶区为马氏体，离焊缝稍远的细晶区中为未溶碳化物＋马氏体。部分相变区为铁素体＋碳化物＋马氏体。母材为调质态细珠光体＋碳化物。焊后经回火的组织，焊缝金属和热影响区均为回火索氏体。这类钢接头的焊后回火温度通常不超过焊前调质的回火温度。图 14-10 为过热区组织。

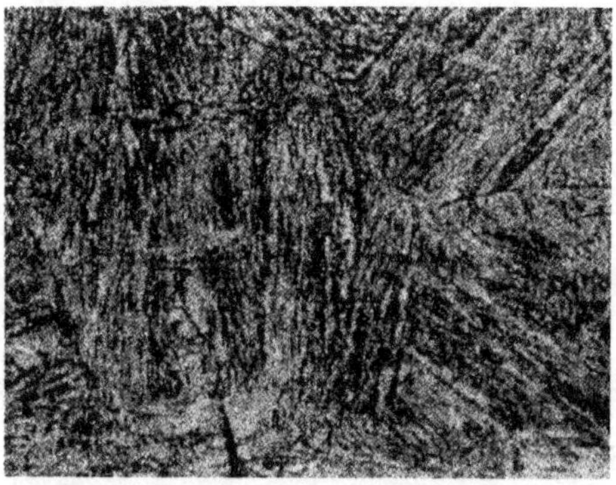

图 14-9 低碳调质高强度钢（0.16C-3Ni-Cr-Mo-V）热影响过热区组织（500×）

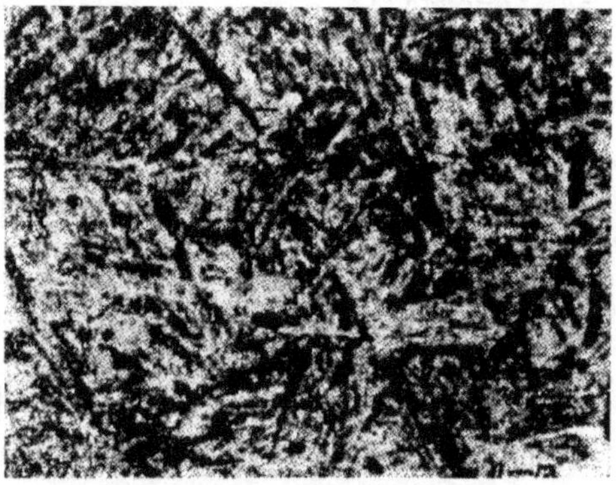

图 14-10 中碳合金调质钢 30CrMnSiA 焊接热影响过热区组织（500×）

14.3.4 1Cr18Ni9Ti 不锈钢的焊接组织

焊缝金属组织为树枝状奥氏体＋枝晶间少量铁素体。为了防止产生焊缝热裂缝和有利于提高抗晶间腐蚀能力，一般奥氏体钢的焊缝金属中希望有体积分数 3%～5%的铁素体。熔合线和热影响区交界明显，且热影响区较窄，其组织为奥氏体＋带状 α 相。母材组织为奥氏体＋少量带状分布的铁素体＋颗粒状碳化物。

14.3.5 异种钢对接焊组织

16Mn 与 1Cr18Ni9Ti 的双面手工焊，由于是两种金属焊接，受浸蚀的程度不一样，为了显示组织需做两次浸蚀，从浸蚀出来的组织看，焊缝区有明显的交界，在 1Cr18Ni9Ti 钢板一侧为树枝状 α 相分布在基体奥氏体上。不锈钢一侧熔合区为热影响区的显微组织，热影响区组织仅比不锈钢母材组织略微粗大一些，α 相稍多于母材。

16Mn 钢焊缝组织为增碳区的细珠光体和上贝氏体。焊缝组织中的柱状晶很明显，热影响区中的上贝氏体也很典型。远离热影响区的母材组织为铁素体和珠光体。

14.4 焊接组织浸蚀方法

14.4.1 浸蚀剂

普通碳钢或低碳低合金钢的焊接接头，采用质量分数 3%～4%硝酸酒精溶液浸蚀就能清晰地显示出其显微组织形貌，由于焊接材料和焊接件种类繁多，应视不同的钢种和焊接方法选择相应的浸蚀剂。

14.4.2 不锈钢对接焊

焊板经固溶处理后，最好用电解浸蚀方法，用质量分数10％草酸水溶液，电压取6V，电解浸蚀时间为20s，可获得清晰的奥氏体晶界，焊缝中树枝状结晶也较明显。

14.4.3 异种钢焊接

对具有两种以上金属材料的焊接，可以分段浸蚀，这种方法存在较多弊病，特别是在两种材料交界处，存在不浸蚀或过浸蚀的问题，经实践证明，可以配制一种复合试剂，这种试剂在配制时要格外小心，且不宜多配，最好用多少配制多少。具体配制方法如下，但须依次加入不可随意配制。

酒精	30mL；	盐酸	15mL；
硝酸	5mL；	重铬酸钾（研磨成细粉状）	5g；
苦味酸	1～3mL；	$FeCl_3$	5g。

配制好的溶液呈深绿色，如果有沉淀出来，说明浓度比例有了变化，可能会影响浸蚀效果。

14.4.4 焊接试样宏观检验浸蚀剂

① 低碳及低合金钢宏观组织：可采用质量分数10％硝酸酒精溶液浸蚀。均在室温浸蚀。

② 奥氏体不锈钢宏观组织：可采用$4gCuSO_4+20mLHCl+20mLH_2O$溶液热蚀。或用质量分数10％的草酸，也可用质量分数10％的铬酸电解浸蚀。

14.5 焊接接头常见缺陷

焊接接头常见的缺陷有裂纹、孔穴、夹渣与夹杂、未焊透和未熔合、形状缺陷及其他缺陷等。

14.5.1 裂纹

焊接裂纹是在焊接应力及其他致脆因素共同作用下，焊接接头中局部地区的金属原子结合力遭到破坏而形成的新界面而产生的缝隙。裂纹在焊缝区最易产生，而且是危害最大的一种缺陷。根据裂纹的尺寸大小大致可分两类：一类为肉眼能见到的宏观裂纹，在一切产品中不允许存在；另一类为在光学显微镜下才能看到的显微裂纹。

根据形成裂纹的温度范围和原因，焊接裂纹可分为：

焊接裂纹
- 热裂纹（高温裂纹）
  - 结晶裂纹（凝固裂纹）
  - 熔化裂纹（液致裂纹）
  - 高温低塑性裂纹
- 冷裂纹（低温裂纹）
  - 氢致裂纹（延迟裂纹）
  - 层状撕裂（高温失塑裂纹）
- 再热裂纹（焊后热处理裂纹或去应力退火裂纹）

14.5.1.1 热裂纹（高温裂纹）

热裂纹一般指在$0.5T_m$（T_m为金属材料的熔点，K）以上温度形成的裂纹，在钢中通常指A_3以上直至凝固温度的范围。

热裂纹发生的部位，常见于焊缝中，有时也出现在热影响区。

(1) 焊缝中的热裂纹分类

① 焊道裂纹。平行于焊缝的称为纵裂纹，垂直于焊缝的称为横裂纹。纵裂纹一般发生在焊缝中心，即中心线裂纹。横裂纹沿柱状晶界，往往与母材晶粒间界相连。

② 弧坑裂纹。有纵、横和星状裂纹，大多发生在弧坑中心的等轴晶区。

③ 根部裂纹。起源于焊缝根部，沿柱状晶界向焊缝扩展的裂纹。

热影响区中的热裂纹有横向及纵向，均沿晶界分布。

(2) 根据热裂纹形成原因，可分为结晶裂纹、熔化裂纹和高温低塑性裂纹

① 结晶裂纹。焊接过程中，熔池凝固结晶时，在液相与固相并存的温度区间，由于结晶偏析和收缩应力应变作用，沿一次结晶晶界形成的裂纹称为结晶裂纹。它只发生在焊缝中(包括弧坑)，有纵裂纹和横裂纹。结晶裂纹的显微特征为沿晶开裂，属晶间裂纹。液相与固相间的温度区间愈大，结晶偏析愈大，冷速愈快，愈易产生结晶裂纹。

② 熔化裂纹。在焊接过程中，由于快速加热和快速冷却，会在母材与焊缝交接处，即熔合区或多层焊缝层间发生局部熔化，并沿晶界扩展的裂纹，称为晶间熔化裂纹。往往在晶间还存在低熔点合金或夹杂，裂纹也易存在或沿其扩展。熔化裂纹主要发生在热影响区，特别是靠近熔合线附近。该裂纹的特征是沿晶界扩展，具有曲折的轮廓。在锰钢的热影响区中熔化裂纹会沿原奥氏体晶界产生。有时熔化裂纹看似穿过晶界，实际上它是沿着原始晶界分布的。

③ 高温低塑性裂纹。在一些高温合金和奥氏体不锈钢焊接接头中，由于金属在高温下塑性丧失导致的热裂纹，称为高温低塑性裂纹。也称高温失塑裂纹。它一般发生在热影响区，但比熔化裂纹的部位离熔合线更远些。裂纹的特点是沿晶界有清晰的光滑的棱边，不像熔化裂纹那么曲折，方向任意。在裂纹附近常伴有再结晶现象。

14.5.1.2 冷裂纹（低温裂纹）

因氢引起的或焊缝由于焊接冷却速度过快而产生的应力裂纹，均称为冷裂纹。它通常是指焊接时在 A_{r3} 以下温度冷却过程中或冷却以后所产生的裂纹。

(1) 氢致裂纹 冷裂纹中最常见的是和氢有关的裂纹，称为氢致裂纹。由于钢板或焊丝焊剂中，未进行必要的烘烤，残存部分水分，经电弧作用而分解出氢，焊缝中有富集氢的因素，加之冷却速度较快，使氢残存在焊缝中，又因氢的存在，产生一定内压，以气泡形式存在于焊缝当中，称为白点。一旦受外力作用而扩展为裂纹，它形成的温度通常在马氏体转变范围，约 200～300℃以下。一般在低合金高强度钢、中碳钢、合金钢等焊接时较易发生，在低碳钢和奥氏体钢焊接中很少发生。

氢致裂纹多发生于热影响区，特别在焊道下（熔合线附近)、焊趾以及焊根等部位，某些情况下也产生在焊缝。

焊道下裂纹常平行于焊缝而在热影响区（靠熔合线）中扩展，不一定贯穿表面，有时呈不连续状，大致平行于熔合线发展。

焊趾裂纹常在焊根附近，或在未焊透等缺口部位产生。

氢致裂纹特征：一般无分枝，通常为穿晶型（指相对于原奥氏体晶粒而言)。但对于不易淬火钢存在混合组织时，裂纹常沿原始奥氏体晶界或混合组织的交界面扩展。氢致裂纹的显微形态是断续分布的。

氢致裂纹可以在焊接后立即出现，但常常延迟至几小时、几天、几周，甚至更长时间以

后再出现，或者是逐渐出现，越来越多。所以又称为延迟裂纹。具有延迟性质的冷裂纹比一般裂纹具有更大的危险性，必须充分重视。

（2）层状撕裂　焊接结构件，尤其厚板焊接时，拘束应力大，残余应力高。在焊接热影响区或靠近热影响区部位，由于母材受厚度方向应力，在平行轧制方向产生具有层状和台阶状形态的裂纹称为层状撕裂，它产生于常温。裂纹大部分呈穿晶分布，具有典型的冷裂纹特征。层状撕裂在焊接母材中萌生发展，裂纹平行轧制方向呈台阶扩展形态。层状撕裂的板材，通常具有严重的带状组织。层状撕裂的产生，首先是在板厚方向巨大应力作用下使夹杂物与基体剥离萌生成水平裂纹，再沿着带状组织分层扩展，不同层间的裂纹由细而直立裂纹连接起来，使整个裂纹成为阶梯状。

14.5.1.3　再热裂纹

对于焊后经过去应力退火，或虽不经任何热处理但处于一定温度下服役的焊接件，在焊缝的热影响区（粗晶区）产生沿原奥氏体晶界分布的纵向裂纹，称为再热裂纹或去应力退火裂纹。再热裂纹不是发生在焊接过程中，而是在焊缝再次加热时产生的。一些含 Cr、Mo、V 等合金元素的高强度钢、耐热钢等，在焊后进行去应力退火时，往往在热影响过热区出现纵向分布的再热裂纹。

再热裂纹的金相特征：裂纹常发生于热影响过热区靠近焊缝的粗晶区，沿粗大的原奥氏体晶界开裂并扩展，裂纹属晶间型。裂纹多带分叉，边缘有楔型开裂特征。有时在奥氏体晶界上呈不连续显微孔穴开裂点串集成晶间裂纹。还有可能在三晶粒交界处呈楔型开裂等形貌。典型的再热裂纹多发生在焊趾和焊根部。焊根再热裂纹起源于根部，在近缝的粗晶区内形成多道大致并行、沿奥氏体晶界扩展的裂纹。在接近表面的裂纹内有严重氧化现象——灰色氧化物。离表面较远处，晶界开裂多道并行，裂纹无氧化现象。这是根部再热裂纹的重要形态特点。

国家标准 GB/T 6417—2005 列出的第 1 类缺陷是裂纹，共以下七种。

① 微观裂纹　在显微镜下才能观察到的裂纹。

② 纵向裂纹　基本上与焊缝轴线平行的裂纹。可能存在于焊缝金属中、熔合线上、热影响区中、母材金属中。

③ 横向裂纹　基本上与焊缝轴线垂直的裂纹。可能位于焊缝金属、热影响区、母材中。

④ 放射状裂纹　具有某一公共点的放射状裂纹。可能位于焊缝金属、热影响区、母材中。

⑤ 弧坑裂纹　在焊缝收弧坑处的裂纹。可能是纵向、横向、星形的。

⑥ 间断裂纹　群-组间断的裂纹。可能位于焊缝金属、热影响区、母材中。

⑦ 枝状裂纹　由某一公共裂纹派生的一组裂纹，它与间断裂纹群和放射状裂纹不同。可能位于焊缝金属、热影响区、母材中。

14.5.2　孔穴

孔穴包括气孔和缩孔。气孔（熔池中的气泡在凝固时未能逸出而残留下来所形成的空穴）包括：球形气孔、均布气孔、局部密集气孔、链状气孔（与焊缝轴线平行的成串气孔）、条形气孔（长度方向与焊缝轴线近似平行的非球形的长气孔）、虫形气孔（由于气孔在焊缝金属中上浮而引起的管状孔穴，通常成群地出现并呈人字形分布）、表面气孔七种。缩孔是熔化金属在凝固过程中收缩而产生的，分为：结晶缩孔（冷却过程中在焊缝中心形成的长形收缩孔穴，可能有残留气孔，它通常在垂直焊缝表面方向上出现）、微缩孔（在显微镜下观察到的缩孔）、枝晶间微缩孔（在显微镜下看到的枝晶间微缩孔）、弧坑缩孔（指焊道末端的凹陷，且在后续焊道焊接之前或在后续焊道焊接过程中未被消除）四种，共十一种孔穴缺陷。

14.5.3 固体夹杂

固体夹杂包括夹渣（残留在焊缝中的熔渣，可分为线状、孤立及其他形式三种）、焊剂或熔剂夹渣（残留在焊缝金属中的焊剂或熔剂，与夹渣一样可分三种）、氧化物夹杂（凝固过程中在焊缝金属中残留的金属氧化物）、皱褶（在某些情况下，特别是铝合金焊接时，由于对焊接熔池保护不良和熔池中紊流而产生的大量氧化膜）、金属夹杂（残留在焊缝金属中的来自外部的金属颗粒），共五种固体夹杂缺陷。

14.5.4 未熔合和未焊透

（1）未熔合　在焊缝金属和母材之间或焊道金属之间未完全熔化结合的部分。可分为侧壁未熔合（图 14-11 中 4011）、层间未熔合（图 14-11 中 4012）、焊缝根部未熔合（图 14-11 中 4013）。

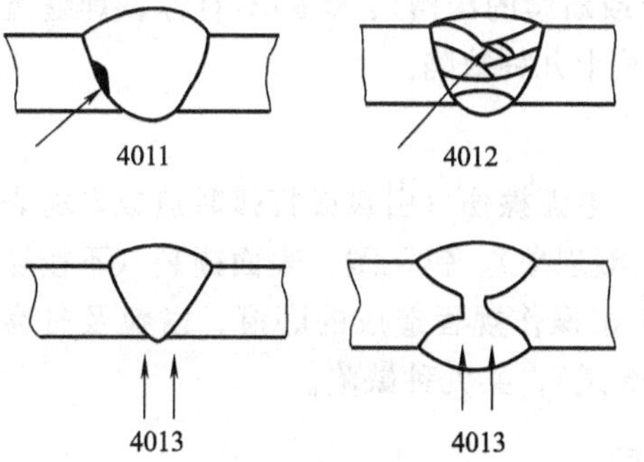

图 14-11　未熔合示意图

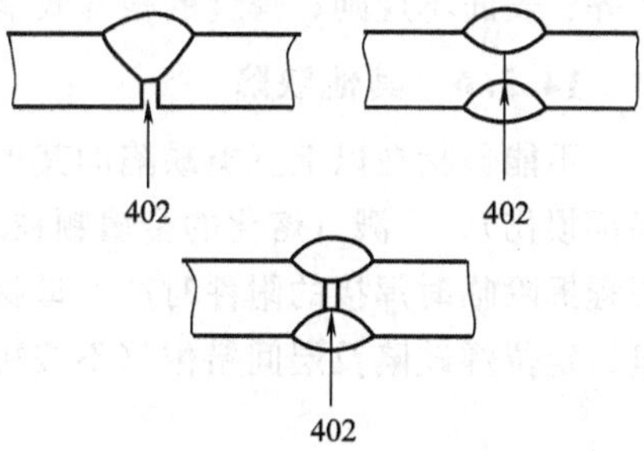

图 14-12　未焊透示意图

（2）未焊透　焊接时接头的根部未完全熔透的现象（图 14-12 中 402）。

14.5.5 形状缺陷

指焊缝的表面形状与原设计几何形状有偏差。它包括以下五类缺陷。

（1）咬边　因焊接操作不当造成的焊趾（或焊根）处的沟槽。可分为连续咬边（图 14-13 中 5011）和间断咬边（图 14-13 中 5012）两种。

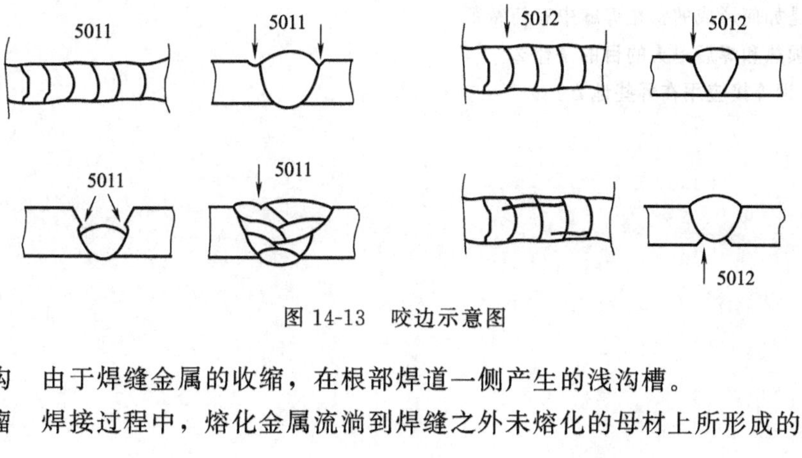

图 14-13　咬边示意图

（2）缩沟　由于焊缝金属的收缩，在根部焊道一侧产生的浅沟槽。

（3）焊瘤　焊接过程中，熔化金属流淌到焊缝之外未熔化的母材上所形成的金属瘤。见

图 14-14 中 506 所示。

(4) 烧穿　焊接过程中，熔化金属自坡背面流出，形成穿孔的缺陷。见图 14-15 中 510 所示。

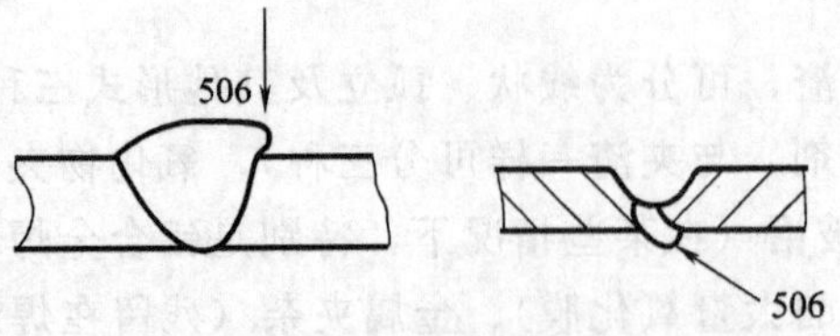

图 14-14　焊瘤示意图

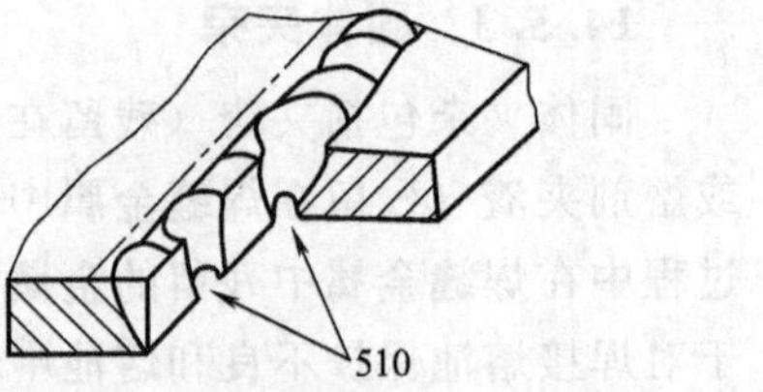

图 14-15　烧穿示意图

(5) 焊缝接头不良　焊缝衔接处的局部表面不规则。如图 14-16 中 517 所示。还有焊缝超高、角焊缝凸度过大、焊缝根部的下塌、局部下塌、焊缝型面不良、错边、角度偏差（表面不平行或不成预定角度)、焊缝金属的下垂、未焊满（填充金属不足在焊缝表面形成连续或断续的沟槽)、焊脚不对称、焊缝宽度不齐、表面不规则、焊缝的根部收缩及根部气孔，共十九种缺陷。

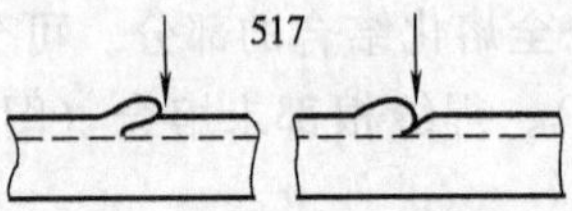

图 14-16　焊缝接头不良示意图

14.5.6　其他缺陷

不能包括在以上五类缺陷的其他缺陷。它们有：电弧擦伤（引弧或打弧时造成母材表面局部损伤)、飞溅（熔化的金属颗粒或熔渣向周围飞溅现象)、钨飞溅、表面撕裂（不按操作规程拆除临时焊接的附件时产生母材表面损伤)、不按操作规程造成的磨痕、凿痕及打磨过量、定位焊缺陷及层间错位（不按规定程序熔敷的焊道)，共九种缺陷。

思 考 题

1. 焊接工艺有何特点？
2. 焊缝、熔合线、母材三个区域组织有何特征？
3. 焊缝结晶形态有哪几种？
4. 焊接件在热影响区出现马氏体组织时，对焊接件质量有何影响？
5. 焊接件中常见的裂纹缺陷有哪几种？
6. 再热裂纹是如何引起的？
7. 未焊透有哪些特征？有何危害性？
8. 气孔是如何形成的？在焊缝中有何特征？
9. 焊前预热和焊后退火的目的是什么？
10. 异种钢焊接应用在哪些地方？

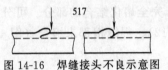

参 考 文 献

[1] 汪守朴主编. 金相分析基础. 北京：机械工业出版社，1990.
[2] 机械工业理化检验人员技术培训和资格鉴定委员会编. 金相检验. 北京：中国计量出版社，2008.
[3] 戴建树主编. 焊接生产管理与检测. 北京：机械工业出版社，2011.